精鹰传媒 编著

# 3ds Max/After Effects
# 电视包装技术全解析

人民邮电出版社
北京

**图书在版编目（CIP）数据**

3ds Max/After Effects电视包装技术全解析 / 精鹰
传媒编著. -- 北京：人民邮电出版社，2014.9
　ISBN 978-7-115-36299-5

Ⅰ. ①3… Ⅱ. ①精… Ⅲ. ①三维动画软件②图象处
理软件 Ⅳ. ①TP391.41

中国版本图书馆CIP数据核字(2014)第166702号

## 内 容 提 要

　　本书以精鹰传媒近几年成功的电视包装项目作为案例，详细介绍了大型电视创业类节目、大型纪实片、大型电视活动、民生新闻、娱乐、电视杂志类节目、少儿剧场和王牌剧场类节目等电视包装案例中极具代表性的电视包装创作技法。

　　全书共23章。第1章介绍了电视包装的具体内容和制作的一些基本流程；第2~22章直击电视包装的重点技术内容，将电视包装中各种不同风格和不同表现手法的案例分为建模、材质、动画、特效以及合成5个部分的技术重点，以小实例的形式由浅入深地进行分类剖析；第23章讲解了一个节目片头的制作要点，涉及建模、材质、动画、特效以及合成等技术的综合使用方法。

　　本书内容丰富、结构严谨、文字精练，主要运用的软件有 3ds Max 和 After Effects，既适合有一定软件基础的初学者使用，也适合有电视包装从业经验的设计师阅读使用。

◆ 编　　著　精鹰传媒
　　责任编辑　杨　璐
　　责任印制　程彦红

◆ 人民邮电出版社出版发行　　北京市丰台区成寿寺路 11 号
　　邮编　100164　电子邮件　315@ptpress.com.cn
　　网址　http://www.ptpress.com.cn
　　北京捷迅佳彩印刷有限公司印刷

◆ 开本：787×1092　1/16
　　印张：21.25
　　字数：622 千字　　　　　　　　　　2014 年 9 月第 1 版
　　印数：1 – 3 000 册　　　　　　　　2014 年 9 月北京第 1 次印刷

定价：99.00 元（附光盘）

读者服务热线：(010)81055410　印装质量热线：(010)81055316
反盗版热线：(010)81055315

近年来，电视行业竞争激烈、网络视频如雨后春笋般纷纷涌现、微电影强势来袭，多元化影视产品纷沓而至，伴随而来的是影视包装行业的迅速崛起。精湛的影视特效技术走下电影神坛，被广泛应用于影视包装领域，这使电视、网络视频和微电影的视觉呈现更加精致、多元，影视特效已成为影视包装中不可或缺的元素。逼真的场景、震撼人心的视觉冲击、流畅的动画等丰富的观影经验使人们对电视和网络视频的要求提升到了一个新的高度，而每一个更高层次的要求都是影视包装从业人员要迎接的新挑战。

随着中国影视包装行业的迅速发展，对专业化人才的需求越来越多，这使得大量人才加入到影视包装制作的行列。他们在实践过程中难免会遇到一些困惑，如理论如何应用于实践、如何随心所用各种已经掌握的技术、怎样将艺术设计与软件技术融会贯通、怎样搭配各种制作软件并灵活应用等。

有鉴于此，精鹰传媒精心策划并编写了系统的、针对性强的、亲和性好的系列图书教材——《精鹰课堂》。这套教材汇聚了精鹰传媒多年来的创作成果，可以说是精鹰传媒多年来的实践精华和心血所在。在精鹰传媒即将走过第一个十年之际，我们回顾过去，感慨良多。作为影视包装发展进程的参与者和见证者，我们一直希望能为影视包装技术的长足发展做点什么，因此，我们编写并出版了《精鹰课堂》之"3ds Max/After Effects影视包装技术全解析"，希望它能帮助您创建出无数种引人注目的动态图形和震撼人心的视觉效果，使您能用紧密集成和高度灵活的2D和3D合成，展现出各种预设的效果和动画，而且，我们也希望能通过本书和更多影视特效设计师分享我们的经验和心得，为影视特效人才的培养出一份力。从创作思路到After Effects的运用，从制作技巧到项目的完整流程，我们都是以真实案例为参考，向影视特效学习者一一呈现影视特效制作的步骤与过程，以帮助影视特效设计师们解开心中的困惑，使他们在技术钻研、技艺提升的道路上走得更坚定，更踏实。

解决人才紧缺问题，培养高技能岗位人才是影视包装行业持续发展的关键，精鹰传媒的分享也许微不足道，但这何尝不是一种尝试：让更多感兴趣的年轻人走近影视特效制作、为更多正遭遇技艺瓶颈的设计师们解疑释惑、与行内兄弟一同探讨等。精鹰传媒一直把培养影视包装人才视为使命，我们努力尝试，期盼中国的影视包装迎来更美好的明天。

佛山精鹰传媒股份有限公司

2014年8月

随着CG行业的发展和中国影视产业的不断改革，影视产业的专业化已得到纵深发展。从电影特效到游戏动画，再到电视传媒，对专业化人才的需求越来越大，对CG领域的专业化人才也有了更高的要求，而现实是，很大一部分进入这个行业的设计师，因为缺乏完整而系统的学习，所以不能将理论与实践相结合，不能随心所欲地应用各种已掌握的技术，或者不能很好地将艺术设计与软件技术汇通融合，这导致很多设计师的潜力得不到充分发挥。

2012年伊始，精鹰传媒开始筹划编写系统的、针对性强的、亲和性好的系列图书教材——《精鹰课堂》。这套教材汇集了公司多年来的创作成果，可以说是精鹰传媒多年来的实践精华和心血所在。在《精鹰课堂》的编写中，我们立足于呈现完整的实战操作流程，搭建系统清晰的教学体系，包括技术的研发、理论和制作的融合、项目完整流程的介绍和创作思路的完整分析等内容。

本书是一本全面解析电视包装中三维技术和后期技术的图书，书中案例融入了我多年来从事影视、栏目、活动和广告等包装制作的全部创作技法和制作经验，具有较高的参考价值。由于本书涉及到各类不同风格的电视包装实例，因此，本书将不同风格案例的技术精髓提炼出来后，以"实例+技术要点"的形式，并以分类剖析的方式、由浅入深地对于每一个技术要点进行了详细的解析，具体到每一个参数的作用和设置，力求满足任何阶段使用者的需求。同时我在这里建议读者不必完全按照教程中的步骤和参数进行操作，可以根据具体情况糅合自己的想法，适当改变步骤顺序或者参数数值；也建议读者在本书的基础上多多加以实践，学会举一反三，所谓实践出真知，在完成了一个实例的制作之后，希望读者在掌握电视包装创作的核心技术点的同时，融会贯通，将此知识点熟练运用到其他实例的制作中，这样才能真正掌握这些电视包装技法表现的精髓。

本书得以顺利出版，要感谢精鹰传媒总裁阿虎对于《精鹰课堂》的大力支持，也要感谢精鹰传媒的每一位同事，因为精鹰传媒的每一个作品都凝聚着他们的努力和创造，没有他们的付出，就不会有《精鹰课堂》的诞生。

书中难免有一些不足之处，恳请读者批评指正，我们一定虚心接受。我们在精鹰传媒的网站（www.4006018300.com）上开设了本书的图书专版，会对读者提出的有关阅读及学习的问题提供帮助与支持。

我们会坚持为客户做"对"的事，提供"好"的服务，协助客户建立品牌的永久价值，使之成为行业的佼佼者，这就是我们矢志不渝的使命。

莫立

2014年8月

## 第 2 章 | 绿色卡通地球的建模

实例：绿色卡通地球的建模
对齐到物体脚本和 YK-paint 笔刷工具的应用

## 第 3 章 | 复古场景的建模

实例：复古场景的建模
复古场景的三维创建
怀旧效果的后期处理

## 第 4 章 | 麦克风模型的设计及制作

   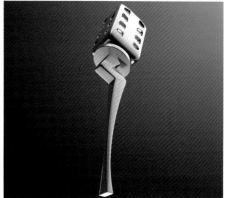

实例：麦克风模型的设计及制作
从平面到三维模型的创建
麦头四面孔洞的雕刻

## 第 5 章 | 常用电视包装材质的表现

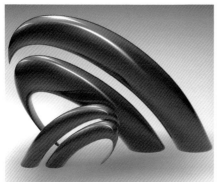 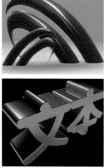 

▲5.2
实例：不锈钢拉丝金属的制作
利用标准材质快速渲染炫酷质感

▲5.3
实例：制作车漆材质
利用标准材质制作真实车漆材质

## 第 6 章 玻璃材质的表现

实例：玻璃材质的表现
对齐到物体脚本和 YK-paint 笔刷工具的应用

## 第 7 章 地球的材质表现

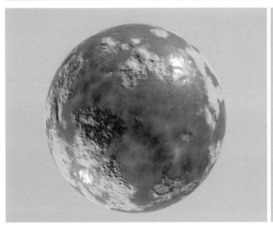 

实例：地球的材质表现
具有凹凸质感的地球表面的制作
有深浅变化的海洋效果制作

## 第 8 章 布料的模拟

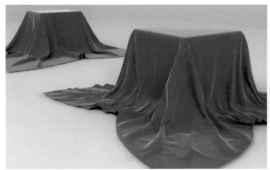 

实例：布料的模拟
桌布和窗帘的模拟
窗帘拉开动画的真实模拟

## 第 9 章　城市的生长动画

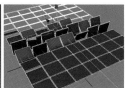
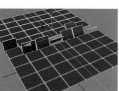
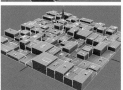
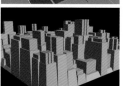

实例：城市的生长动画
Greeble 和 AutoKey 工具的介绍
城市依次生长的酷炫动画制作

## 第 10 章　克隆动画

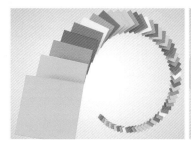

▲10.2
实例：利用参数阵列脚本制作克隆动画
Parametric Array【参数阵列】脚本介绍

▲10.3
实例：利用 PF 粒子系统制作克隆动画
利用 PF 粒子巧妙、快捷的实现克隆阵
列效果

## 第 11 章　分子连接特效

实例：分子连接特效
利用骨骼制作分子链特效
利用连接控制器制作分子链特效

第 12 章　跳动的音符

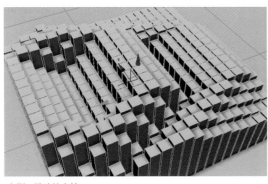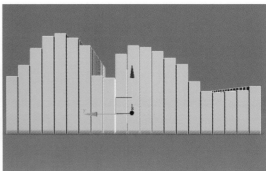

实例：跳动的音符
方块高度和位置属性的节奏动画制作
sKeyShift【关键帧转移】脚本详解

第 13 章　火焰特效

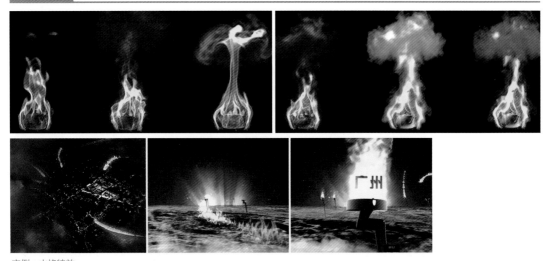

实例：火焰特效
利用 Phoenix FD【凤凰火焰】工具实现真实火焰燃烧的效果

第 14 章　飞流直下——瀑布

实例：飞流直下——瀑布
在 AE 中利用 pIAE 插件快速模拟二维瀑布
在 3ds Max 中利用粒子系统快速模拟真实瀑布

## 第 15 章　文字爆破特效

实例：文字爆破特效
运用 RayFire 破碎工具实现震撼爆破效果

## 第 16 章　冲击光粒子特效

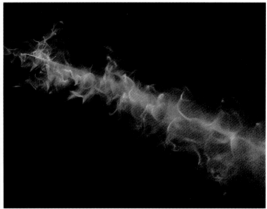

实例：冲击光粒子特效
利用 PF 粒子和 Krakatoa 渲染器制作酷炫冲击光粒子

## 第 17 章　万箭齐发

实例：万箭齐发
利用粒子系统模拟真实射箭的全过程

## 第 18 章  城市特效的合成

▲18.3
实例：车流与城市的合成
在后期中将车流合成到三维城市中

▶18.4
实例：科技元素与城市的合成
在后期中将科技元素合成到城市场景中

## 第 19 章  照片的转接技法

实例：照片的转接技法
通过控制摄像机来实现不同照片组之间的转换

## 第20章　合成穿梭的流光特效

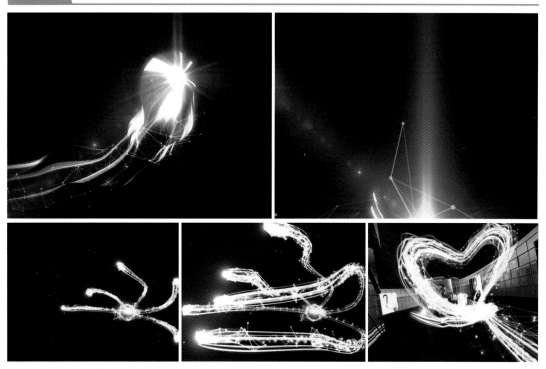

实例：合成穿梭的流光特效
在三维中制作流体动画
在后期中利用 Plexus 滤镜实现流光网格效果

## 第21章　酷炫光效星球的合成

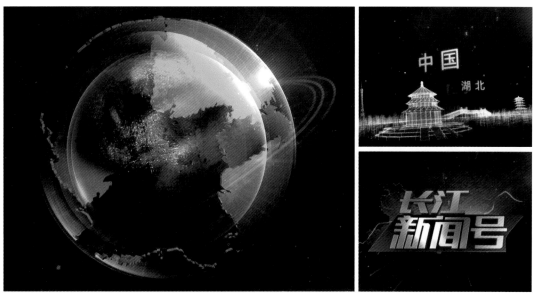

实例：酷炫光效星球的合成
在后期表现一个神秘绚丽的光效星球

**第 22 章**　光效的合成

◀22.2
实例：绚丽 AE 光效的制作
利用 Particle【粒子】特效制作在城市中穿梭的光线

▲22.3
实例：光效转场动画的合成
利用穿梭的光线巧妙转换两个不同场景

▲22.4
实例：辉光特效的应用
辉光特效的立体表现

**第 23 章**　《中国电影排行榜》栏目的包装技术解析

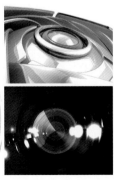

▲23.2
实例：制作镜头模型
表现具有金属质感的镜头打开动画效果

▲23.4
实例：制作镜筒的玻璃材质
表现一个有玻璃镜片构成的镜头质感

光盘中是本书所有23个章节实例的相关素材文件，包括所介绍案例的MAX工程文件或AE工程文件，还有各章节实例的效果图文件，读者可一边学习书中的制作分解思路，一边使用工程文件练习制作过程。

光盘主要有两个文件夹，"工程文件"中的文件是本书所有实例教学的工程源文件，所有MAX文件均需3ds Max 2012（64位）以上的版本打开使用，所有AE文件均需After Effects CS6以上的版本打开使用；"实例效果图"中的文件是各章节中所介绍到的实例的最终效果图。

每个章节文件夹中可能包含AE打包文件或MAX工程文件，AE文件夹中包含该实例中的所用到的完整素材文件，MAX文件夹中包含一个max源文件和max文件所用到的贴图纹理文件。如果打开的AE或MAX文件丢失缺少的素材文件，只需要到对应章节的AE或MAX文件夹中找到相应的素材文件即可。

"工程文件"中有22个子文件夹，分别对应本书第2-23章节的实例。每个章节文件夹包含了章节中所介绍到的案例的MAX工程文件或AE打包文件。

"实例效果图文件"中包含书中所有章节介绍到的实例的最终效果图。例如序号为"2.1、2.2、2.3"的文件是对应第2章中所介绍到的实例。

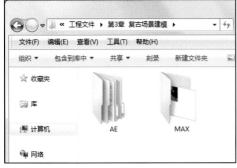

# 目录

Contents

# 第1章

# 电视包装的概述

**本章内容**

本章首先概述了电视包装的理论知识，包括电视包装的概念、要素、作用和发展史，让读者对电视包装有一个简单的认识；然后将电视包装在创作中与艺术的结合进行了分类解析，让读者具体了解电视包装的多种应用形式；最后分享了电视包装创作的一些经验总结，让刚接触或有疑惑的CG创作者能克服不良的电视包装创作习惯，高效地完成电视包装材质的创作。

　　随着计算机技术的发展，已有越来越多的人投入到电视包装制作行业中了，尤其是熟练掌握PC技术和三维软件技术的人。电视包装有着独特的艺术魅力和强大的吸引力，遗憾的是，并不是每个进入电视包装行业的人都能做好电视包装。造成这种现象的原因是多方面的，其中最重要的一个原因就是人们缺乏对完整而系统的电视包装教学体系的学习，以致不能将理论与实践很好地结合起来，也不能将理论灵活地应用到电视包装实践中，导致理论与实践相脱节。

## 1.1　什么是电视包装

　　电视包装在电视节目诞生的那一天就产生了，伴随着电视传媒机构市场化的浪潮，电视媒体的品牌形象包装应运而生。为了方便工作中的沟通和表达，人们将电视媒体品牌形象包装简称为电视包装。电视包装包括视觉形象设计和电视品牌的营销策略等方面，小到电视栏目的品牌包装，大到电视频道品牌和电视传媒整体形象的包装。目前，电视包装已成为电视台和电视节目制作机构最常用的概念之一，比较常见的电视节目、栏目、频道的包装效果如图1-1所示。

图1-1

电视包装使电视屏幕呈现出异彩纷呈的效果，它在电视媒体的作用下遍地开花，因为电视营销不仅关注屏幕上的画面，而且，还关注屏幕下的宣传。电视包装提供了一套图形识别体系与声音识别体系，可激发受众对频道的联想，是一个全方位的复合体系。

当然，电视包装并不能解决电视媒体面临的所有问题，电视包装只是电视媒体品牌塑造与营销架构下的一个重要环节，而非全部。

# 1.2　电视包装的要素

说到包装，人们大概都知道它的意思，但很少有人对电视包装的定义、内涵、外延和作用等作过深入的研究和探讨。其实，"包装"一般是指对产品进行包装，之所以把"包装"用到电视上，是因为产品的包装和电视的包装有着共同之处。电视包装的定义是对电视节目、栏目、频道，以及电视台的整体形象进行外在形式要素的规范和强化，这些外在的形式要素包括声音（语言、音响、音乐及音效等）、图像（固定画面和动画）和颜色等。

## 1. 形象标志

无论是节目、栏目还是频道，它们都有一个最基本的 CI 形象标志，形象标志是构成包装的要素。在不同的情况下，形象标志会有各种变化，但构成"包装"的要素一般是比较固定的。频道的形象标志一般会出现在角标位置和节目结尾的落幅上。好的形象标志设计能让人印象深刻且过目不忘，可以使观众快速地判断出自己正在看的是什么节目、什么频道、什么台，便于观众快速捕捉到想要看的节目，所以，形象标志的设计对于电视包装来说是非常重要的。形象标志一般被放在电视屏幕的左上角位置，有时，也被用在频道的包装宣传片中或在频道中滚动使用。通常，一个台的形象标志的播出频率高且影响力大，以起到推广和强化频道的作用，它能增强节目或栏目的时间感和节奏感，也能使不相关的节目或栏目融合在一起，以此来增强频道的整体性。在电视包装中，形象标志的设计和制作是一个重点。形象标志设计的基本要求是醒目、简洁、突出特点、有时代感，如果地方台或专业频道的形象标志能体现出一些地方特色或专业特色就更好了。体现出地方特色与专业特色的形象标志的应用如图1-2所示。

图1-2

## 2. 颜色

可以根据电视频道、栏目、节目的定位来确定电视包装的主色调。主色调可以是单色的，也可以是复合色的。中央台一套是以新闻为主的综合频道，所以，其主色调为蓝色，凸显了一种冷静、客观的形象；CNN的主色调也是蓝色；文艺性的频道和栏目一般是以暖色调为主色调，色彩相对艳丽一些；凤凰台就是以艳丽的黄色作为主色调；北京有线台推出的生活频道是以淡蓝和淡黄色为主色调，推崇的是纯净和时尚，它的受众为城市观众及青年观众。

颜色是电视包装设计的基本要素之一，对它的基本要求是颜色协调、鲜明、抢眼，但不刺眼，并且，能与整个节目、栏目或频道的基调相吻合，能与节目、栏目、频道的风格保持一致或给予有效的补充。颜色协调、鲜明、抢眼的电视包装主色调如图1-3所示。

图1-3

### 3. 声音

电视包装中的声音包括语言、音乐、音响及音效等元素，声音在电视包装中起着非常重要的作用。在电视包装中，声音应该与形象设计、色彩搭配成为一个有机整体，这样，观众无需看到画面就能判断出频道和栏目，能使观众产生亲切感。要达到上述效果，就要让声音符合频道或栏目的定位，力求达到高质量；而且，要保持相对的长久和稳定，用时间培养观众，这样才能最终塑造出声音的形象品牌。

设计音乐形象时，还应突出地域、民族及人文特色，汲取多年流传下来的音乐精华，注意，声音的节奏应与节目本身、频道的风格和节奏统一，此外，旋律也应尽量简洁，力求使人过耳不忘，耳熟能详。

除了上述的3个元素之外，电视的包装设计还应注意一些民族的习惯和禁忌，例如，在运用各种动物标志时，应注意该动物是否是该民族的禁忌或触及了他们的信仰。

## 1.3 电视包装的作用

随着计算机技术的发展，涌现出了一系列的三维动画软件和后期合成软件，这些软件的出现增加了电视包装的制作途径，也丰富了电视包装的效果。在电视包装的设计与制作过程中，主要会用到实拍元素、3D元素和平面元素，用后期软件对这些元素进行合成与特效处理后，就能制作出观众所看到的绚丽多彩的电视包装作品了。这些电视包装效果不仅丰富了观众的视觉感受，而且改变了电视频道、栏目或节目的播出效果。

电视包装的具体作用有4点：一是突出电视节目、栏目、频道的个性；二是增强观众对电视节目、栏目、频道的识别能力；三是确定电视节目、栏目、频道的品位；四是使包装的形式与节目、栏目、频道互为关联，融为一体。

电视包装还有一些电视节目所起不到的作用，例如，电视包装的创意新颖、独特、制作精良，许多著名电视台的电视节目、栏目、频道的包装都能体现出该台主创人员的最高制作水平。有些好的电视包装，甚至可以说是一件精美的艺术品。以Syfy频道为例，它是一个广受关注的频道，以全天候播放科幻、奇遇、惊悚及超自然类型的电视节目为主打。为了凸显该频道专于超自然类节目的特点，其电视包装中用到的元素及抽象的展现手法无一不在释放想象的空间。该频道的电视包装将频道LOGO以立体的形式紧密地融入到大自然中，以使人们能深刻地记住该频道。Syfy频道的电视包装及LOGO模型如图1-4所示。

图1-4

综上所述，用一句话来概括电视包装的作用的话，电视包装的作用就是通过新颖、独特的创意和先进精良的制作来提高收视率，从而确立电视节目、栏目、频道在观众心目中的地位。

# 1.4 电视包装的发展史

电视包装的发展大致可以分为以下4个阶段。

### 1. 简约时代

所谓简约，就是对画面的简单叠画处理。其特点是运用了大量的动态素材，但总是给人一种平面的感觉。早在20世纪七八十年代，国外已开始用Flame、宽泰、Avid等特效软件进行电视节目的后期制作了，当时，国外的电视包装人员主要使用一种"叠画"的方式进行后期合成。随后，国内一批批电视包装制作人员相继出现，叠画风格的电视包装迅速成为当时的主流。这是最容易学习的风格，叠画风格的电视包装如图1-5所示。

### 2. 三维质感时代

现在的电视包装技术在很大程度上依赖于计算机的图形技术。在电视包装刚产生时，计算机刚开始普及，计算机动画技术还属于新鲜事物。最早接触计算机动画的人员大都是学习计算机专业的，他们热衷于计算机动画制作技术的竞争，这些人中的大多数人都能够娴熟地操作三维软件和后期软件，可是，由于缺乏美术修养，因此，他们在电视包装的制作过程中很少考虑画面的美感。一个制作精良且富有美感的三维效果的电视包装如图1-6所示。

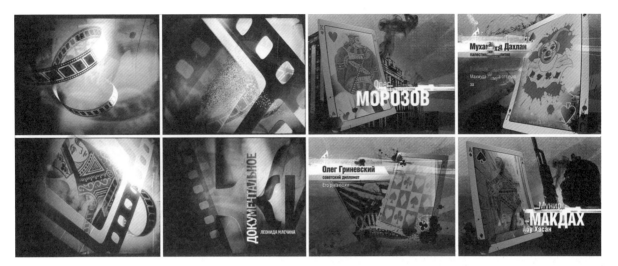

图1-5

图1-6

### 3. 设计时代

电视包装发展到20世纪90年代末期，三维热潮已逐渐退去。随着具有艺术设计背景的人员加入到这一行业中，电视包装开始强调画面的设计，注重画面的构图、色彩搭配等。这一时期的代表作有中央电视台的《东方时空》片头、浙江卫视的频道宣传片等，让人印象最深刻的是KTSF电视台的26频道，它是首家服务于亚裔社群的、制作现场直播中文节目的电视台。该频道的系列宣传ID时画面表现与频道和栏目的内容定位相贴近，并且，构图精美，有很强的艺术感染力。KTSF电视台26频道的电视包装的画面设计如图1-7所示。

图1-7

### 4. 品牌时代

21世纪初，随着同行业竞争的加剧及网络成为传媒领域主导力量的发展态势，电视媒体开始注重品牌的建设，将企业形象识别系统引入电视包装行业中。这时，评判电视包装好坏的标准已不仅仅是片子所呈现出来的艺术效果了，更重要的是看其是否有利于提升电视媒体的整体知名度和影响力。电视包装已成为电视频道的企业形象识别系统，是电视媒体打造强势媒体、参与市场竞争、获取更大利益的有效手段。一个成功将设计制作转变为电视频道的企业形象识别系统的电视包装效果如图1-8所示。

图1-8

电视包装经过了近二十年的发展，已经基本完成了从原本不自觉的、无意识的、局部的、零散的包装行为到自觉的、有理念的、有筹划的包装思路的转变。电视包装从产生初期的注重技术、强调物体元素的质感；到20世纪九十年代末注重设计、强调画面构图；发展到现在，逐渐形成了按照市场营销的原理将频道看作一种品牌，强调频道形象的号召力，参与电视媒体品牌营销的新格局。

# 1.5 电视包装的制作流程详解

诗情画意或震撼心魄的电视包装作品所传达的视觉效果直接关系到观众欣赏节目的兴趣，也关系到一档节目的品位和层次。创意就是视频包装的灵魂，意境就是视频包装的生命。如果要用软件对这些视频包装作品的设计理念进行还原，并且生动、绚丽地将其呈现出来，就需要一套完整的制作流程。

## 1.5.1 电视包装项目的执行流程

电视包装制作的初学者在制作过程中容易犯各种各样的错误，最容易犯的就是流程上的错误，例如，制作一个需要粒子效果的片子时，制作周期是7天，他却花3天去看粒子教程，花两天去调整一个材质，花一天去和项目负责人争论，最终，用剩下的一天进行渲染，渲染后发现合成出来的效果不佳，狼狈不堪，无法交活。之所以会犯这样的错误，是因为这些人缺乏工作经验，对电视包装的制作流程不太了解。电视包装项目的执行流程如图1-9所示。

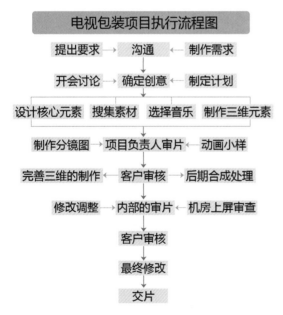

图1-9

电视包装的执行阶段的主要工作就是具体制作出每一条片子，这就需要有一套完整而科学的制作流程，完整的制作流程应包括以下步骤。

（1）沟通。客户对项目提出制作方面的要求，执行者提出制作方面的需求，经过双方的讨论与沟通后，确定项目是否可执行。

（2）确定创意。制作人员应先熟悉创意，再和策划人员及项目负责人讨论、交流，确定如何执行创意，并且制定出相关的详细制作计划。如果执行过程中有技术难点的话，则可先进行效果的测试，看看可行性有多大。由于创意图通常是由不擅长三维制作的人员所绘制的，而且，只有几个分镜头，因此，三维制作人员有理由相信自己的作品会比创意图更好看，并且，应有这样一个信心：让成片在创意图的指导下做得更好。

（3）设计核心元素。每一个片子都有一个核心元素，核心元素是定版部分的设计，定版的设计主要包括标识元素。当然，如果客户提供了LOGO，就不需要进行这一步了。

（4）搜集素材。元素是动画的基础，不同的元素组合方式可以形成不同的分镜头，因此，这个阶段要尽可能多地收集相关素材，如片子里要用到的视频、贴图、标准字、动态素材和音乐等。

（5）选择音乐。音乐可对动画的表现起到画龙点睛的作用，这一步也可在第4步的搜集素材中进行。这里将它单独作为一个步骤，是因为音乐的选择非常重要。在制作任何一个电视包装项目时，如果提前选对了一个合适的音乐，不仅可以很好地确定片子的韵律和节奏，而且，也可以使片子的制作事半功倍。

（6）制作三维元素。根据前期的策划方案，将主要的元素用三维软件制作出来并设置好材质和镜头动画。这一步主要是为分镜图做准备，因此，不用将三维元素制作得太精细。

（7）制作分镜图。用准备好的素材和制作好的三维元素来制作分镜图，分镜图的设计要力求精美，以提高客户的满意度。

（8）确定动画小样。用三维软件来搭建场景，完成后，不要急于调整物体的材质，要先设计好每一个镜头的动作，将音乐的节奏转化成剪辑的语言，用镜头讲故事，制作出完美、流畅的动作效果。先调整出一个经过剪辑的带音乐的片子，再请项目负责人进行审看，让项目负责人给出需要调整和改进的意见。

（9）客户审核。这是一个重要的环节，客户可能提出一些反馈的要求，因此，要继续修改分镜图，以满足客户的需要。这一步主要用于确定当前包装的整体定位是否准确。

（10）完善三维的制作。对前期准备的三维模型、材质和动画进行精细的调节，最终，将其渲染并输出成三维成品。

（11）后期合成处理。在后期阶段将最终的分镜图方案合成出来，以完成最终的成片效果。

（12）内部审片。完成项目后，将其交予项目负责人，负责人会在审片后提出修改意见，让制作人员进行修改。修改后，将成片发给客户，让客户给出修改意见。

（13）修改调整。这种修改有时候是局部的微调，有时候则是重新制作。

（14）机房上屏审查。在监视器上，一切问题都会突显出来，如安全框问题、颜色问题等。审查后，再对成片进行修改，让作品的各方面都符合播出要求。

（15）客户审片。把成片交给客户，让客户给出最终的修改意见。

（16）最终修改。经过这一步修改后，片子就可以定下来了。

（17）交片。交片后要对自己的制作文件进行整理并归档，以备后续的修改。

## 1.5.2 电视包装的基本制作流程

上面介绍的电视包装方案执行流程是一个电视包装作品最理想的、科学的制作流程，但在实际操作时，往往会由于一些特殊的原因而导致电视包装不按照这种科学的制作过程来进行，大多是停留在模仿国外电视台的包装制作手法上。很多电视包装的制作周期相当短，这就使很多制作公司或制作者对本来很完整的制作流程进行精简，省略了创意的讨论或分镜脚本的绘制。

针对这种时间周期短的电视包装项目，有经验的包装设计师会有一套自己的制作流程，这也是一般电视包装项目的基本制作流程，该制作流程一般分为5个阶段。

### 1. 动画创意阶段

创意阶段会占用整个动画制作的很多时间和精力。创意阶段要对节目的性质、内容及所要面对的收视群体进行理性的判断和研究，从而确定动画的设计定位。

创意阶段要考虑整个动画的艺术风格和技术支持，并且，根据节目的创意思想确定动画是用图解的表现方式，还是用视觉冲击力的表现方式，或是用两者相结合的表现手法。可以先找到合适的音乐，再配合音乐的节奏进行动画的设计；也可以先根据创意制作出动画，再配以合适的音乐。明确了这些以后，就可以进行下一步——分镜头脚本的创作了。

### 2. 分镜头脚本创作阶段

分镜头脚本的创作相当于动画的效果预览，将直接关系到最终动画的成败，因此，要在这个阶段明确动画的整体风格、节奏和特殊效果等，并且，直接在稿纸上进行快速的手绘设计，完成基本的分镜效果。分镜头脚本设计的重要性在于：它蕴涵着动画的核心规律——视听语言艺术，也就是说，要通过动画影片里的场景气氛、构图、景别、角度、灯光、色彩、运动、音响和剪辑点的位置等，来表现动画作品在针对某个具体节目时的独特的视听艺术感受。动画的分镜头脚本设计如图1-10所示。

分镜头脚本写得越细致，动画的制作过程就越轻松，对动画所要表现的中心思想和艺术视觉效果的把握也越准确。而且，还可以有效地避免由于分镜头脚本过于粗糙，而造成动画制作过程中频繁翻工的后果。

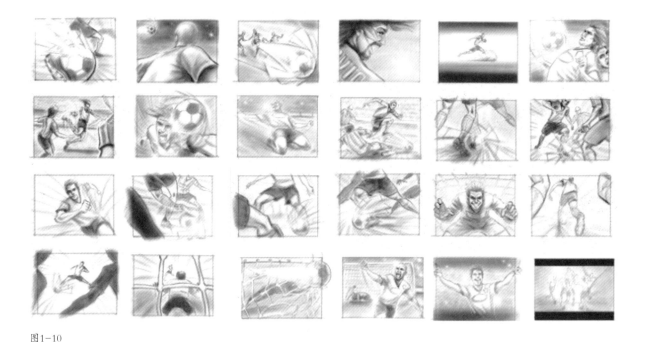

图1-10

### 3. 动画设计阶段

动画是一个经过高度概括的艺术综合体。高水平的动画作品中往往蕴藏着丰富的设计思想，它不仅包含了绘画、实用美术、雕塑等造型艺术的精华，而且，从电影、摄影、文学创作中汲取了营养，因此，动画的设计阶段要抓住动画的叙事结构、动画艺术的精髓和本原。

动画设计主要有场景设计和动作设计等。场景设计是先描绘出场景的结构图、主机位和局部细节，再考虑各种特殊效果和不同影调的质感、灯光、雾效等动画元素之间的协调关系；动作设计应先充分考虑到物体的物理特性、惯性、重力因素及曲线轨迹的规律等，再表现出视觉元素动作变化的节奏感、韵律感与运动轨迹分布的呼应关系。在设计动作时，要考虑到主次关系，否则，会杂乱无序。可以通过方向、大小、形象、曲直、位置之间对比与统一的微妙关系，使场景形成律动的美感和充满张力的视觉效果。动画作品的设计过程与最终合成的效果如图1-11所示。

图1-11

### 4. 动画制作阶段

任何一个好的动画都不可能由一个软件完成，通常情况下，动画都是由几个软件配合完成的，并且，应汲取各个软件的技术特长。用不同的软件制作同一个画面后，所得到的效果是不同的，如图1-12所示。

图1-12

### 5. 动画合成阶段

在动画制作过程中，后期合成软件将决定其完成效果及制作效率等。一些功能强大的三维动画制作软件的强项都是对三维物体的三维空间表现。由于影视内容所涉及的具体对象和表现方式不同，因此，不可能仅用三维软件来完成所有的制作，这时，就要用到后期合成软件了。用三维制作软件与后期合成软件制作所得的最终动画合成效果如图1-13所示。

图1-13

后期合成软件可以实现动画效果并极大地提高制作效率，它既可以对用三维软件制作的半成品进行各种变形、调色、抠像、修饰、加入文字动画等处理；也可以对某个具体的视觉元素进行跟踪，以达到预想的效果；还可以通过添加其他的视觉元素来进行逻辑关系上的调整；甚至还能模拟出各种自然效果，如烟雾、下雨、光影变幻和闪电等。总而言之，后期合成软件有着三维软件所不能比拟的功能。

## 1.6　电视包装技术与艺术的结合

电视包装的创作无论是用写实还是写意的表现形式，最终都需要通过高科技手段来实现。

随着信息网络技术、数字压缩技术在电视领域的广泛应用，电视包装的制作技术也发生了革命性的变化。从计算机字幕的普遍运用到三维动画技术的引进、再到非线性编辑系统的产生，都给电视频道、栏目等节目的艺术创作带来了技术上的飞跃。

### 1. 计算机字幕的应用

20世纪80年代后期，用计算机图形图像技术结合电视信号处理技术的字幕编辑方法多达几十种，甚至上百种。后期制作人员可以从字库里挑选适合栏目特征的字型、字体并进行字幕设计，还能够从丰富多样的美术图库中采集适当的画面、图案及活动素材并将它们作为画面背景的点缀。计算机字幕的应用为电视包装的创作提供了广阔的空间。计算机字幕的三维应用效果如图1-14所示。

图1-14

### 2. 三维动画的应用

三维动画是计算机高新技术与艺术相结合的产物，它是将图形图像学和计算机辅助设计原理融入到绘画、摄像等艺术门类的专业表现技巧中，并且，用计算机营造出具有三维空间感的虚拟物体和场景。三维动画的应用不仅实现了传统方法无法实现的复杂效果，而且增强了电视包装的艺术感染力。用三维空间模拟虚拟场景的动画效果如图1-15所示。

图1-15

### 3. 非线性编辑系统的应用

　　非线性编辑系统是一种以计算机为操作平台的电视节目后期制作系统，它可将图像、音效、特技、字幕等工作集中于一个环境之中，拥有传统系统的全部功能，给电视包装的制作带来了极大的方便。非线性编辑系统能完成常规画面的剪辑、多层画面的叠加及转换、多通道二维/三维字幕特技效果的制作、色键抠像、高品质音效编辑和合成等，还可结合计算机三维动画技术和虚拟现实技术来完成包装的艺术表达，使包装的创意和构思得到淋漓尽致的展现，体现出了高新技术在电视包装制作中不可或缺的作用。

　　BECTN频道宣传片的分镜头画面如图1-16所示。该频道宣传片的背景为深蓝渐变色，光线从四周切入屏幕中。整个画面的构图精美、别致，个性突出，内涵丰富，呈现出了完美的视觉效果；节奏明快、大气庄重的音乐突显了其恢弘的气势，实现了技术与艺术的完美结合，充分体现了该频道栏目思想性强的主要特征及凝重庄严的个性。该宣传片从色彩和材质的运用到光影明暗的调整、再到动画的应用，都配合了三维运动变化字幕的使用。各种图形图像与音乐的合成、超现实的画面和自由转换的空间感，都为频道笼罩上了神秘、绚丽的光彩。

图1-16

# 1.7 制作电视包装的经验

电视包装是一个广义的概念，它需要各个方面的共同配合，那么，创作时需要注意哪些方面呢？

### 1. 注重资料的收集与应用

这里讲的资料包括文字资料、图片资料、影片资料、音乐资料、音响资料，以及以前制作好的宣传片及制作模板。所有这些资料都是我们要加以收集和整理的，可分门别类地建立好资料档案。

### 2. 注重前期策划及文案工作

在以往的包装制作实践中，我们往往比较注重制作的技巧与方式的变换，而很少关注宣传片的策划与文字创作。实际上，良好的、统一的、整体的创意策划也是形成电视频道包装风格的重要条件。与我们以前遇到的节目策划不同，这种包装策划需要制作人员的全力参与。

### 3. 注重各类制作软件的配合使用

我们在选择一套软件并将其作为某一包装宣传片的主要制作环境时，要尽量配合使用其他的多种制作软件，如3D Studio MAX、Cinema 4D、Maya、After Effects、Combustion、Shake、Premiere、Photoshop等，以制作出不一样的效果。将软件结合起来使用，不仅可以丰富包装的效果，还可以缩短制作的周期。

### 4. 了解狭义包装与广义包装的关系

从概念上讲，制作播出的频道节目的包装宣传片是狭义的节目包装，广义的包装还包括节目制作的本身。对一家普通的电视播出机构来说，每天播出的节目长度在18个小时左右，而播出的包装宣传片一般不会超过1小时，所以，广义的节目包装对电视媒体来说至关重要。

### 5. 处理好编播与制作的关系

对于一个电视频道来讲，编播与制作的关系是极其重要的。从事节目包装工作的人员必须提前了解频道节目的编排情况（包括季度计划、月计划、周计划等），以便根据节目编排表的规定来进行宣传片的制作。另一方面，节目编排部门应尽量利用节目的时间间隔，合理安排包装宣传片的播出时间及播出频率，并且，要严格按计划完整播出。

### 6. 处理好包装效果与制作的关系

在现实工作中，要求的效果与制作时间之间往往存在较大的矛盾。一方面，随着人们审美品位的提高，观众对包装宣传片的效果要求越来越高；另一方面，中小型电视台的节目播出计划变化较快，而制作片子的期限却越来越短。在这样的情况下，就要预先算出生成效果所需的时间，在时间允许的情况下，尽可能作出好的效果，如果操作很熟练，就能把有限的时间用到刀口上了。

# 第2章

# 绿色卡通地球的建模

**本章内容**

◆ 介绍对齐到物体脚本工具
◆ 介绍YK-paint笔刷插件
◆ 创建绿色卡通地球模型

## 2.1 项目创作分析

下图所示为一个气象节目的包装设计。整个动画的演绎是在地球表面的城市间穿梭进行的，穿梭的过程中会出现各种气象符号元素并产生各种季节的变化，随着镜头的拉远，整个绿色地球模型渐渐展现出来，最后，文字定版于蓝天白云间。在该包装设计中，没有过于复杂的特技效果，主要是围绕地球模型来进行动画演绎的。该地球模型的创建是用夸张的表现手法将各种建筑、植物等模型随机、合理地分布在圆形球体的表面。如何快速地完成地球表面元素的创建，以及准确、合理地布置元素的位置，是本章将重点讲解的内容。该气象包装的分镜画面如图2-1所示。

图2-1

这个地球模型看似复杂,其实,可通过"对齐到物体脚本"和"笔刷插件"这2个工具来完成该地球模型的创建。这两个工具的功能十分强大,两者相辅相成,配合使用能够完成各种复杂模型的创建。对齐到物体脚本工具有对齐和复制的功能,也就是说,该工具可在对齐物体的同时复制对齐的物体;而笔刷插件则主要通过程序数据来创建花、草、树、石头、建筑等模型,因此,这2个工具非常重要,也非常实用。地球模型的制作思路为:先用笔刷插件工具绘制出所需要的模型;再用对齐到物体脚本工具轻松地将模型对齐到地球表面的任意位置并在地球表面任意复制模型;最后,完成地球模型的创建。本章案例的效果如图2-2所示。

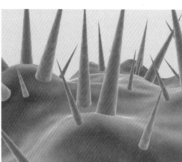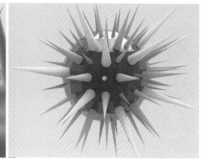

图2-2

## 2.2 介绍对齐到物体脚本工具

制作地球模型之前,应先了解对齐到物体脚本工具,该工具和3ds Max自带的法线对齐工具很相似,但它的使用方法要比法线对齐工具的使用方法简单、方便得多,下面,先了解一下3ds Max法线对齐工具的使用方法。

**STEP 01** 在场景中创建一个球体和一个较粗的圆锥,以及两个较纤细的树木模型,如图2-3所示。

再将鼠标指针移到球体上,单击鼠标左键,在弹出的对齐对话框中单击确定。此时,圆锥体底部就被对齐到球体的表面了,如图2-5所示。

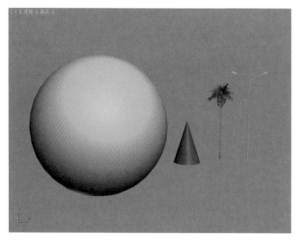

图2-3

**STEP 02** 选中圆锥体后,选择工具栏中的法线对齐工具,如图2-4所示。

**STEP 03** 将鼠标指针移到圆锥体底部,单击鼠标左键后,圆锥体的底部将出现一条与底部垂直的蓝色法线;

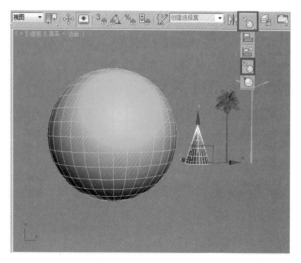

图2-4

**注意:** 单击球体表面时,会出现一条绿色法线,这是圆锥体与球体对齐的位置。

图2-5

**STEP 04** 用同样的方法将纤细的树木对齐到地球表面。先选中场景中的树木模型，再单击法线对齐工具。此时，要将其底部放大后才能单击到它，如图2-6所示。

图2-6

用法线对齐工具将纤细的树木对齐到地球表面的效果如图2-7所示。

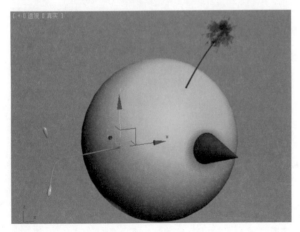

图2-7

**STEP 05** Snap2Object【对齐到物体】脚本工具可用于选择物体并将其对齐到指定物体的表面，也可用于配合键盘的按键来改变物体对齐的轴向，还可用于随机在物体的表面进行复制操作。

在场景中创建一个平面和一个圆锥体，如图2-8所示。

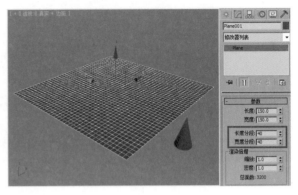

图2-8

**STEP 06** 将"Snap2Object .ms"脚本文件拖到3ds Max的视图中；打开Snap2Object Tool【对齐到物体工具】的工具面板或在MAX脚本的MAXSCRIPT脚本菜单栏中选择运行脚本命令，以运行需要运用的脚本文件，如图2-9所示。

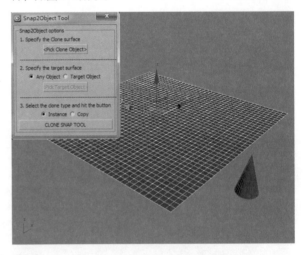

图2-9

**STEP 07** 工具面板中的Snap2Object options【对齐到物体选项】里有3个选项，第一个选项是Specify the Clone surface【指定克隆对象】。该选项下的Pick Clone Object【拾取克隆对象】按钮用于添加克隆对象，如图2-10所示。

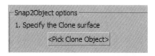

图2-10

第二个选项是Specify the target surface【指定目标对象】，该选项下有2个选项，分别是Any Object【任何对象】和Target Object【目标对象】。只有选择了Target Object【目标对象】后，其下面的Pick Target Object【拾取目标对象】按钮才能被激活，如图2-11所示。

图2-11

第三个选项是Select the done type and hit the button【选择克隆类型和单击按钮】，其中的克隆类型包括Instance【实例】和Copy【复制】两种。该项下的CLONE SNAP TOOL【克隆对齐工具】按钮用于执行克隆操作，如图2-12所示。

图2-12

STEP 08 将第一个选项Specify the Clone surface【指定克隆对象】指定为圆锥体；将第二个选项Specify the target surface【指定目标对象】指定为平面并选择Target Object【目标对象】选项，如图2-13所示。

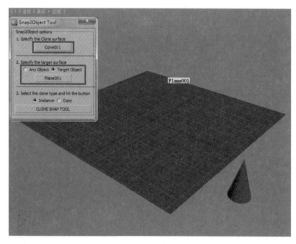

图2-13

STEP 09 单击CLONE SNAP TOOL【克隆对齐工具】按钮后，该按钮会变成橙色的。将鼠标指针放到该按钮上后，会出现一段英文提示"Clones the object and snaps to the face of the other object"【将克隆对象对齐到其他物体的表面】，如图2-14所示。

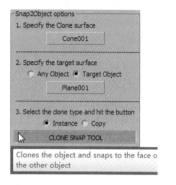

图2-14

将光标指针移到视图的平面上后，指针将变成十字叉形，同时，圆锥体将随指针的移动而移动。单击平面即可将圆锥体克隆到平面上，如图2-15所示。

图2-15

当指针移出了平面的范围后，原本随指针移动的圆锥体将停在平面的边缘位置上。这说明克隆的圆锥体是不能移出平面范围的，如图2-16所示。

STEP 10 随意地单击平面后，即可复制出任意数量的圆锥体。若要停止克隆，则只需单击鼠标右键，单击鼠标右键后，随指针移动的圆锥体便会停在被单击的位置上，如图2-17所示。

场景中所有克隆出的圆锥体都是可以单独移动位置的，如图2-18所示。

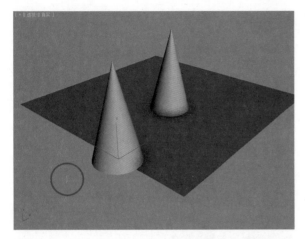

图2-16

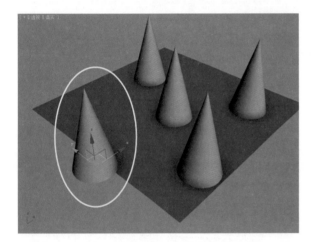

图2-17

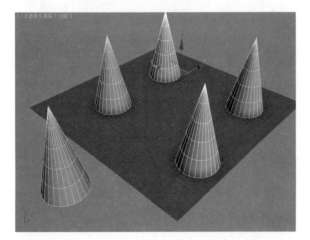

图2-18

**STEP 11** 此时，场景中所有的圆锥体都是由实例复制所得的，因此，调节其中任意一个圆锥体的高度和大小后，其他圆锥体也会随之发生变化，如图2-19所示。

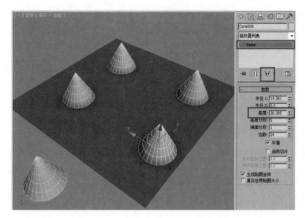

图2-19

**STEP 12** 如果选择的是对齐到物体工具面板中的Copy【复制】选项，那么，所得到的圆锥体将不会被关联，这样，便可以单独地对每个圆锥体进行调节了。如果选择的是Instance【实例】选项，并且，要单独调节场景中的物体时，则只需单击该物体修改器面板中的唯一按钮，使其脱离与其他物体的关联即可，如图2-20所示。

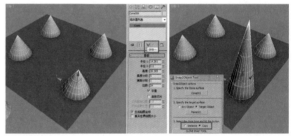

图2-20

**STEP 13** 物体可以在平面上产生多重角度的克隆效果，这些角度的变化由键盘上的Alt、Ctrl和Shift3个键来控制。按住键盘上的Alt键后，平面上的圆锥体将沿y轴旋转90°，并且，圆锥体的中心轴与地面平行，如图2-21所示。

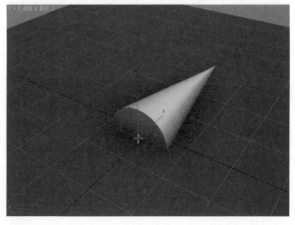

图2-21

**STEP 14** 按住键盘上的Ctrl键后，可以看到圆锥体沿x轴旋转了90°且与地面平行。按住键盘上的Alt + Shift组合键后，可以看到圆锥体的方向与按住Alt键时的方向是相反的。按住键盘上的Ctrl + Shift组合键后，可以看到圆锥体的方向与按住Ctrl键时的方向是相反的。按住键盘上的Shift键后，可以看到圆锥体沿z轴旋转了180°，整个圆锥体垂直地翻转过来了，如图2-22所示。

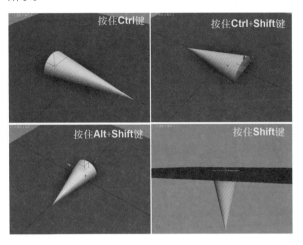

图2-22

**STEP 15** 将场景中的平面调整为高低不平的3D效果。给平面添加一个Noise【噪波】修改器，再在其上面创建一个细长的圆锥体。噪波的设置如图2-23所示。

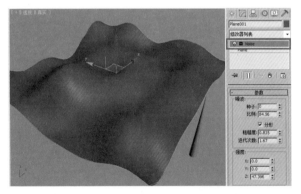

图2-23

**STEP 16** 在对齐到物体工具的工具面板中将细长的圆锥体指定为克隆对象，并且，保持噪波平面为目标对象。单击Snap2Object【对齐到物体】按钮，再将视图中圆锥体对齐到凹凸平面的任意位置。此时，可以看到圆锥体始终与具有3D效果的凹凸表面对齐，如图2-24所示。

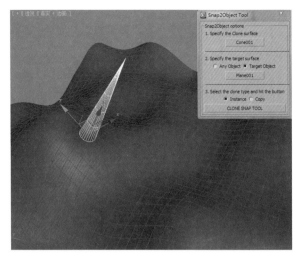

图2-24

**STEP 17** 给地面添加一个编辑法线修改器后，圆锥体与地面相接部分的蓝色法线与圆锥体重合且平行。这说明了此时的圆锥体与3D地面是平行的，如图2-25所示。

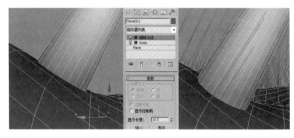

图2-25

**STEP 18** 用上述方法对圆锥体进行任意的对齐复制，再单独调节部分圆锥体的大小，得到的效果如图2-26所示。

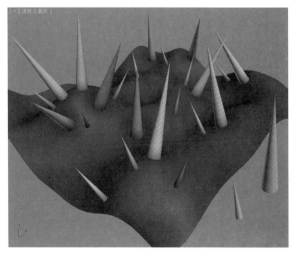

图2-26

用同样的方法将任意大小且颜色不同的圆锥体复制并对齐到圆球的表面上，效果如图2-27所示。

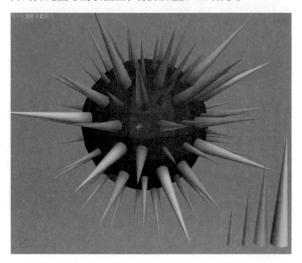

图2-27

STEP 19 分别给两个场景中的元素指定任意的材质，渲染后得到的效果如图2-28所示。

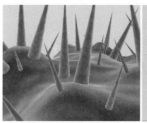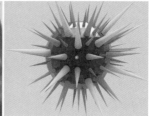

图2-28

# 2.3 介绍YK-paint笔刷插件

下面，对YK-paint笔刷插件进行介绍。该插件可以快速地在场景中创建出一些物体模型，如花、草、树木、石头、简单的地面建筑和路灯等。该笔刷插件是基于MAX-SCRNPG技术编写的，它的渲染速度快，支持V-Ray、mental ray和默认渲染器这3个渲染器。安装好该插件后，菜单栏中将出现一个YK Tools【YK工具】菜单。

STEP 01 在场景中创建一个圆球体，如图2-29所示。

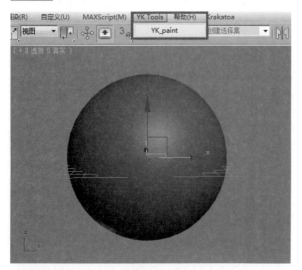

图2-29

STEP 02 在YK Tools【YK工具】菜单中选择YK-paint笔刷工具，打开YK-paint笔刷窗口。该笔刷工具窗口

主要包括3个部分，第一部分是单位设置栏，该栏用于设置笔刷工具所创建的模型的尺寸单位；第二部分用于预设模型参数；第三部分是所有的模型组，如图2-30所示。

图2-30

**STEP 03** Units【单位】栏用于改变场景中所创建元素的大小。由于电视包装对元素的尺寸大小没有严格的要求，因此，这里不需要对尺寸进行设置，如图2-31所示。

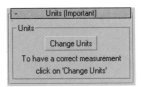

图2-31

**STEP 04** 笔刷窗口的右边是笔刷的模型库，库里的每一栏中都有许多不同种类的模型。在默认的参数设置下，可通过单击任意模型将其添加到场景中；在视图窗口中的任意位置单击鼠标左键并拖动鼠标，即可创建出相应的模型，如图2-32所示。

图2-32

**STEP 05** 图2-33所示为用各种不同的笔刷模型在默认的参数设置下所创建的一个简单场景。模型的创建速度非常快，而且，渲染出来的模型是带材质的。

图2-33

**STEP 06** Fill【填充】栏用于指定填充创建元素的对象，也就是说，可以将YK Paint笔刷窗口右侧的植物或建筑填充到指定对象的表面。单击Pick Geometry【拾取几何体】按钮，选择场景中的茶壶，再在弹出的Confirm【确认】对话框中选择"是"。这样，茶壶就被指定为填充对象了，如图2-34所示。

图2-34

**STEP 07** 在单击Fill【填充】按钮前，必须选择任意一个模型，如图2-35所示。

图2-35

**STEP 08** 单击Fill【填充】按钮后，会弹出一个Loading【加载】状态条，当蓝色条填充满整个状态条时，模型的加载便完成了，如图2-36所示。

图2-36

**STEP 09** 此时，可以看到茶壶的表面长满草了，而且，草的生长方向几乎与茶壶表面平行，如图2-37所示。

图2-37

**STEP 10** 渲染一帧后，可以看到茶壶表面的小草已经有了漂亮的材质，如图2-38所示。

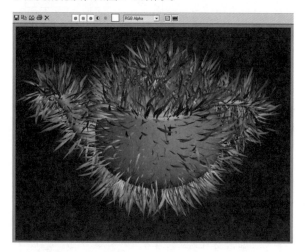

图2-38

**STEP 11** 手动在茶壶的表面创建模型。在模型库中选择一种草模型，再单击视图中茶壶的表面。此时，可以看到草都"长"在地面上了，如图2-39所示。

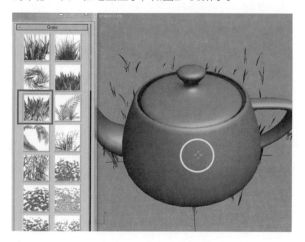

图2-39

**STEP 12** 要让草"生长"在茶壶的表面，需要用到另一个参数。单击Land【地面】栏下的Pick Land【拾取地面】按钮后，单击茶壶，在弹出的对话框中单击"是"按钮。这样，茶壶便取代了默认的地面，如图2-40所示。

图2-40

**STEP 13** 在模型库中选择任意一种草模型，再在场景中的茶壶上单击鼠标左键并拖动鼠标，即可在茶壶表面创建出漂亮的草模型，如图2-41所示。

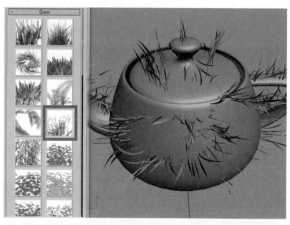

图2-41

**注意：** 在Land【地面】栏的指定对象上创建模型后，就不能再到场景中的地面上创建任何模型了。

**STEP 14** 在默认的参数设置下，每一次创建出的模型都是成组的。如果想单独对模型进行调整，就需要在组菜单中选择打开项或解组项。在场景中打开成组的模型组后，即可对局部的模型进行调节，如图2-42所示。

**STEP 15** 如果要让创建出来的模型不是成组的，并且是已经塌陷的，就需要点选Result【结果】栏中的Collapse【塌陷】项，如图2-43所示。

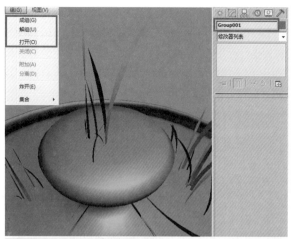

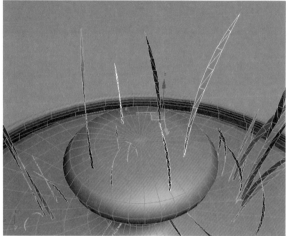

图2-42

**注意：** 如果先设置好参数，再到模型库中选择模型，那么，前面设置好的参数就会恢复到默认的设置。

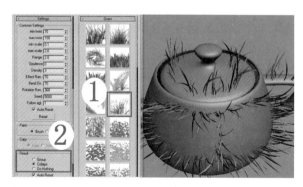

图2-43

**STEP 16** 此时，从修改器列表中可以看到，创建出来的草模型已经是塌陷的可编辑网格了，如图2-44所示。

**STEP 17** Result【结果】栏下有一个很重要的选项——Auto Reset【自动重设】选项，取消勾选该选项后，新选择的模型将继承之前创建出来的所有模型的参数设

置，而无需重新设置，如图2-45所示。

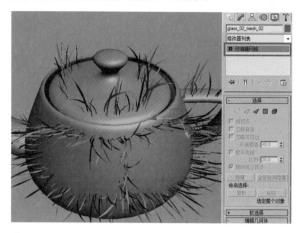

图2-44

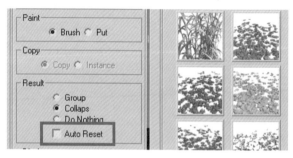

图2-45

**STEP 18** Paint【绘制】栏下有两个选项：Brush【刷】和Put【放置】，这两项用于定义绘制的两种动作。选择Brush【刷】选项后，按住鼠标左键即可在场景中随意刷出想要的模型；选择Put【放置】选项单击鼠标左键即可在场景中创建模型元素，如果想继续创建，可再次单击鼠标左键。可在Copy【复制】栏下将复制的属性设置为Copy【复制】或Instance【实例】，如图2-46所示。

图2-46

**STEP 19** Settings【设置】栏主要用于设置笔刷模型的大小范围、密度和旋转等参数，如图2-47所示。

图2-47

**STEP 20** 在模型库中选择任意一种草模型；然后，将Settings【设置】栏中的Range【范围】值设为50，Density【密度】值设为20；再在茶壶上单击鼠标左键并拖动鼠标，便可看到场景中出现了一个较大的笔刷效果，如图2-48所示。

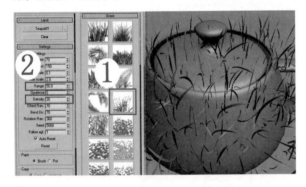

图2-48

**STEP 21** Settings【设置】栏中的min scale【最小缩放】和max scale【最大缩放】可用于设置笔刷模型的大小，而下面的Auto Reset【自动重设】的功能和Reset【结果】栏中的自动重设项的功能是一样的，如图2-49所示。

图2-49

**STEP 22** Effect Ran【作用范围】用于设置植物扭曲变化的范围大小。当把该值设为0时，草模型没有任何的弯曲效果，变得十分笔直；当把Rotation Ran【旋转范围】值设为0时，草模型的弯曲方向和旋转方向将统一，如图2-50所示。

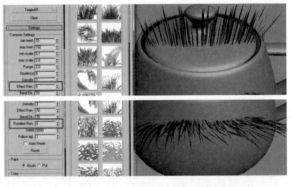

图2-50

**STEP 23** 模型库中的所有模型如图2-51所示。

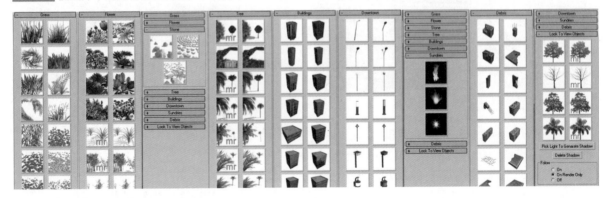

图2-51

STEP 24 到目前为止，大家可能认为YK-paint笔刷工具可以完美地表现出物体表面的效果，但实际上，该笔刷工具对于建筑的创建还存在着一些误差，在创建建筑、树木、路灯等模型时，不能很准确地使模型与曲面对象的表面相垂直，如图2-52所示。

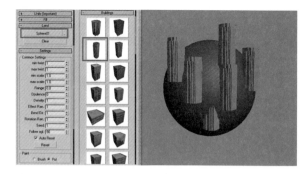

图2-52

# 2.4 创建绿色卡通地球模型

从以上对Snap2Object【对齐到物体】工具和YK-paint笔刷工具的介绍中可以得知，这两个工具都有着非常强大的功能，Snap2Object【对齐到物体】工具刚好弥补了YK-paint笔刷工具的对齐缺陷，下面，将通过这两个工具的配合来完成地球模型的创建。

STEP 01 用YK-paint笔刷工具创建好场景所需的建筑、树木和路灯模型，其他的花、草、石头等小模型则可用 YK-paint笔刷工具创建出来，效果如图2-53所示。

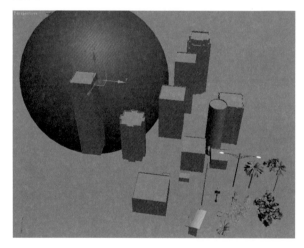

图2-53

STEP 02 调整模型的坐标轴。选择场景中创建好的所有模型后，单击3ds Max的层次面板中的（仅影响轴）按钮，如图2-54所示。

STEP 03 选择工具栏中的对齐工具，单击任意模型的底部；在弹出的对齐对话框中，勾选Z位置项，让所有模型的坐标中心对齐到模型的底部位置，如图2-55所示。

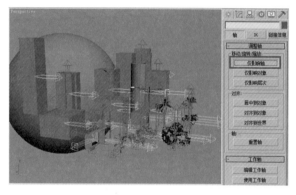

图2-54

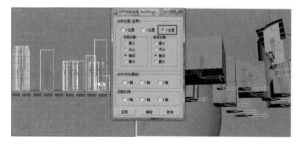

图2-55

STEP 04 选择Snap2object【对齐到物体】工具，将球体指定为克隆对象并将其中一个建筑模型指定为目标对象；单击CLONE SNAP TOOL【克隆对象工具】按钮，将建筑模型对齐到球体的表面，得到的效果如图2-56所示。

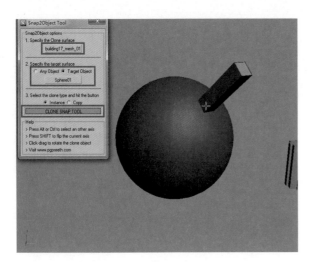

图2-56

STEP 05 用同样的方法将其他所有模型都对齐到球体上，再用YK-paint笔刷工具在球体上创建花、草、石头模型，以点缀球体。这样，一个看似复杂的地球模型就被快速地创建出来了，效果如图2-57所示。

 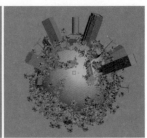

图2-57

STEP 06 渲染后，最终的效果如图2-58所示。

图2-58

# 第**3**章

## 复古场景的建模

**本章内容**
- 在三维中创建场景模型
- 在AE中处理场景
- 添加怀旧效果

## 3.1 项目创作分析

图3-1所示为一档对话类型栏目——那些年那些事的包装设计。该栏目是以嘉宾口述那些年发生的难忘故事为主，因此，此栏目的包装设计主要是将回忆作为创作的亮点。该栏目的包装设计用到了金黄的色调和陈旧的建筑，将所有"那些年"发生的故事都浓缩为一张张旧照片，整个动画的演绎洋溢着一股浓浓的岁月温情。

图3-1

本章的创作难点是用艺术的处理手法对一幕幕"那些年"的旧人、旧事、旧场景进行还原，使人产生身临其境的感觉。本章将以第一个镜头中的场景为例，讲解如何巧妙地用三维建模和后期处理来还原复古场景。在电视包装设计中，模型的创建不一定非常准确，只要能达到视觉效果的要求并突出主题即可。还原后的复古场景的效果如图3-2所示。

图3-2

# 3.2 在三维中创建场景模型

要在三维中完成的主要是创建场景中的模型并对其渲染，以及导出创建的摄像机。场景的创建主要是对楼房模型进行制作和渲染，渲染后的效果如图3-3所示。

图3-3

**STEP 01** 在场景中创建一个蓝色的、薄薄的立方体并将其作为地面；再创建一条细长的橙色立方体并将其作为道路一侧的石阶；另一侧的石阶可用一个矩形的路径调整而成，两块石阶中间的部分为道路，如图3-4所示。

**STEP 02** 给地面的石阶指定材质。地面材质的制作很简单，先给地面设置一个较低的高光效果；再给漫反射颜色、高光级别和凹凸贴图指定相同的地面贴图。给高光颜色指定贴图的目的是使地面高光根据贴图的明暗关系

而均匀地分散开，以避免出现地面局部高光过度的效果；给凹凸贴图指定贴图的目的是使地面看上去比较真实，如图3-5所示。

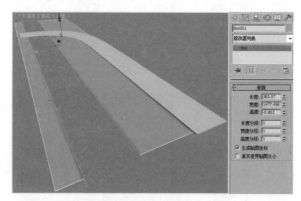

图3-4

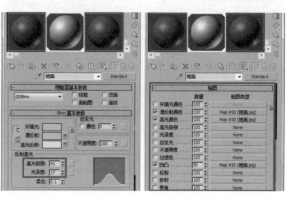

图3-5

**STEP 03** 给地面指定另一张水泥质感的纹理贴图，贴图的设置如图3-6所示。

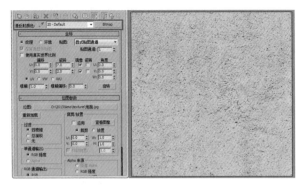

图3-6

**STEP 04** 石阶材质的制作方法和地面的制作方法一样，它的高光要设置得略高于地面，如图3-7所示。

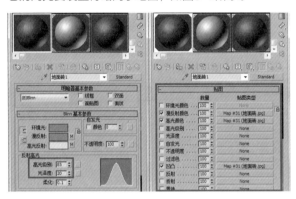

图3-7

**STEP 05** 给石阶指定一个地面纹理砖块的贴图。由于石阶比较长，因此，这里要将石阶垂直方向上的贴图纹理重复数设置得比较大，如图3-8所示。

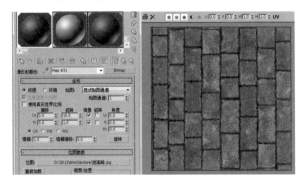

图3-8

**STEP 06** 渲染一帧，得到的街道地面和石阶的材质效果如图3-9所示。

**STEP 07** 制作建筑模型。由于该场景比较大，模型比较多，因此，建筑的创建要尽量少使用网格。创建一个长、宽、高分段数分别为3、6、7的立方体，如图3-10所示。

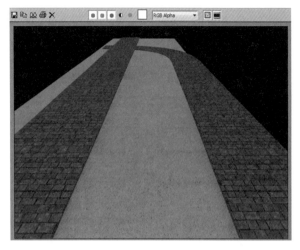

图3-9

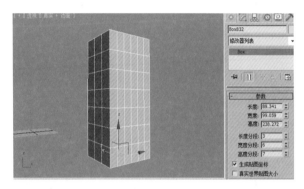

图3-10

**STEP 08** 给立方体添加一个编辑多边形修改器，在顶点编辑模式下调节立方体的顶点。这里将立方体分为三层，顶点的位置如图3-11所示。

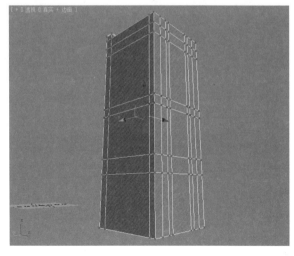

图3-11

**STEP 09** 调节楼房的凹凸结构。先选择楼房正面的面，用挤出的方法让3个楼层的正面凹进去；再用倒角的方法调节第一、二层中间的隔层，这里给第一、二层制作一个凹进去的效果。为了让隔层有更多的细节，可靠将倒角效果重复制作多次，如图3-12所示。

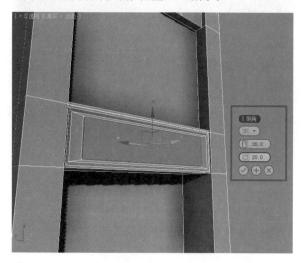

图3-12

**STEP 10** 图3-13所示为第二层和第三层之间的间隔层，从图中可以看出第三层凹面的中间已经有了一个凸起的小隔层了，这个小隔层将作为第三层小阳台的内部结构。

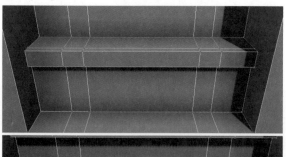

图3-13

**STEP 11** 楼房的顶部是20世纪五六十年代的偏西式的小洋楼风格，因此，可在楼顶做一个凹槽效果，该效果在正常的摄影机视角下是看不到的，这种细节可根据实际需要来进行调节，如图3-14所示。

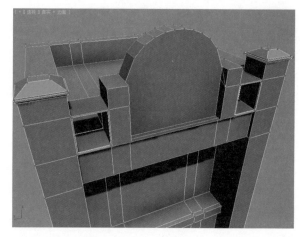

图3-14

**STEP 12** 给楼层设置材质。先设置好楼房模型的材质ID号，分别将需要指定不同材质的楼房的面选取出来；再在可编辑多边形的修改器下的多边形材质ID栏下设置ID号。每设置好一个ID号后，必须按下回车键，以确定ID号的设置，否则，ID号将设置不成功，如图3-15所示。

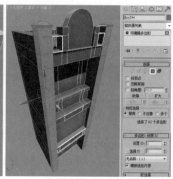

图3-15

**STEP 13** 给楼房指定一个多维子对象材质。用前面制作地面材质的方法给楼房对应的ID号指定材质，如图3-16所示。

**STEP 14** 此时的楼房只有一个基本的结构，因此，楼房的材质主要体现在墙面的效果上。各种墙的贴图如图3-17所示。

**STEP 15** 渲染一帧，得到的楼房效果如图3-18所示。

**STEP 16** 给楼房添加细节，即在楼房的主要结构处添加一些装饰性的元素。给楼房的顶部添加西式楼顶的结构细节，让楼房的结构显得更有层次，更生动；给楼房的两侧添加两根木质结构的柱子，这两根柱子要单独用立方体进行创建，效果如图3-19所示。

图3-16

图3-17

图3-18

图3-19

**STEP 17** 用路径挤出的方法得到楼顶的几个主要元素，如图3-20所示。

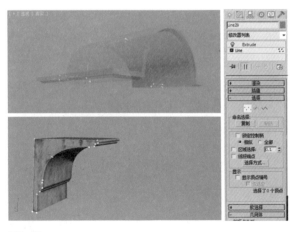

图3-20

**STEP 18** 给楼房的3个正面添上门窗，门窗的结构要偏中式风格，如图3-21所示。

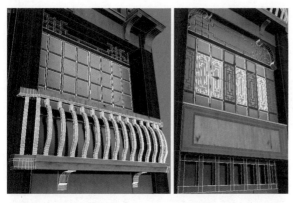

图3-21

STEP 19 给楼房的门窗添加木材质的贴图，相关的木材质贴图如图3-22所示。

图3-22

STEP 20 制作完楼房的模型后，给楼房的周围添加一些小石子，以装饰环境，效果如图3-23所示。

图3-23

注意：这些用于装饰的小石子只是一些面的贴图效果。

STEP 21 石头的贴图如图3-24所示。

图3-24

STEP 22 至此，第一个楼房模型及其环境元素便已全部制作完成了，渲染一帧后得到的效果如图3-25所示。

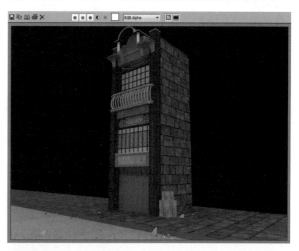

图3-25

STEP 23 用同样的方法制作出第二个楼房模型，渲染后得到的楼房效果如图3-26所示。

STEP 24 将第一个楼房复制出一个并将其放在第二个楼房的右边。这样，3个楼房模型便构成了一个整体，一栋简单的中西结合的小洋楼便制作完成了，效果如图3-27所示。

STEP 25 创建好场景中的全部建筑后，将它们整齐地排列在道路两旁的石阶上。场景中的建筑可以重复，但尽量不要把重复的建筑放在一起。创建一个摄像机并将摄像机设置成以低视角摆放，也就是以正常人的视角看整个场景，效果如图3-28所示。

图3-26

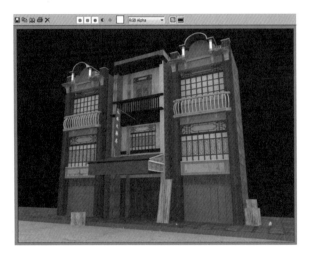

图3-27

图3-28

**STEP 26** 从整个场景的顶视角效果图中可以清晰地看到各个建筑的摆放位置,如图3-29所示。

图3-29

**STEP 27** 用final Render渲染器默认的全局光照明对场景中的建筑进行渲染,但由于场景中暂时没有灯光,因此,渲染所得的效果还不够真实。虽然场景在全局光的作用下产生了微弱的投影效果,但此时的投影呈现出来的是一种散漫、模糊的状态,所以,看不清具体的建筑投影,如图3-30所示。

图3-30

**STEP 28** 在场景中创建一盏聚光灯,将聚光灯放在投影的左上方位置。这里要勾选[启用聚光灯]选项和[启用阴影]选项,并且,将阴影类型设为[FR阴影贴图]方式。由于是在FR全局光的照明下,场景中已有了自然的天光效果,因此,这里可以将灯光的倍增值减小到0.15,如图3-31所示。

**STEP 29** 摄像机视角下的渲染后的场景效果如图3-32所示。

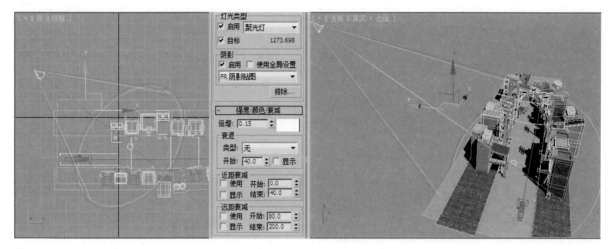

图3-31

图3-32

**STEP 30** 给摄像机设置一个从第0帧到第150帧缓缓向前推进的动画，如图3-33所示。

**STEP 31** 渲染并输出场景动画。这里除了要输出整个建筑场景，还要输出摄像机的动画。在后期合成处理中将给场景加入人物元素，因此，这里也要使人物与场景的透视相匹配。选择创建面板的下拉列表中的MAX2AE；再在场景中创建一个Helper Layer【助手层】，助手层的位置可任意放置，如图3-34所示。

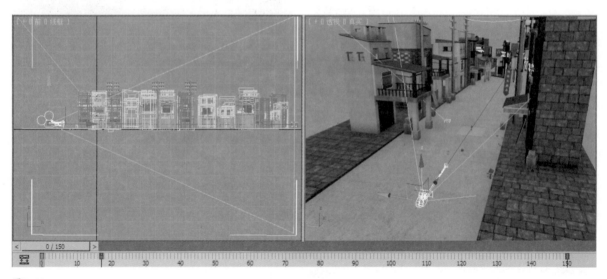

图3-33

图3-34

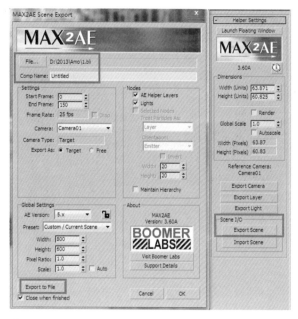

图3-35

**STEP 32** 单击助手层的修改面板中的Scene I/O【场景导入导出】栏下的 Export Scene【导出场景】按钮；在弹出的场景导出面板中设置好导出文件的路径及导出文件在AE中的合成文件名。单击Export to File【导出到文件】按钮后，三维中的灯光、摄像机和助手层就会以一个Comp【合成】层的方式被导入到AE中，如图3-35所示。

## 3.3 在AE中处理场景

在AE中要进行的处理主要是给场景添加人物元素，使之与三维建筑场景相匹配；然后，对场景进行调色处理，使场景有一种旧时代的怀旧效果，如图3-36所示。

图3-36

### 3.3.1 添加人物元素

人物元素是场景中的一个主要视觉元素，这些人物都是单帧的图片元素。下面，将介绍如何用三维场景中的摄像机使这些人物图片与场景的三维空间相匹配。

**STEP 01** 创建一个镜头1合成层，将之前在三维中输出的建筑模型和石头元素导入到该合成层中。再导入一张天空背景图片，将其放在建筑模型的背后，天空背景图片要与场景的色调和明暗关系相匹配，天空中的云彩也要尽量与场景的复杂度形成对比。复杂的场景与天空中简洁的云彩相配合会让场景显得较为空旷，如图3-37所示。

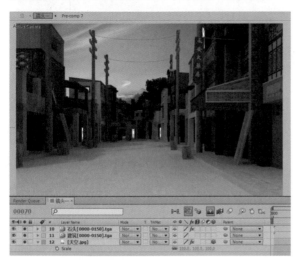

图3-37

STEP 02 选择文件菜单中的Scripts【脚本】中的BLIF_Import.jsx脚本，将其导入到三维中导出的助手层中，如图3-38所示。

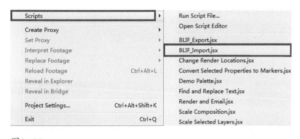

图3-38

STEP 03 打开导入的Untitled合成层（这是在三维中导出助手层时对comp的命名），将Untitled合成层中的摄像机粘贴到镜头1合成层中。这样，镜头1合成层便具有了和三维场景一样的摄像机透视效果了，如图3-39所示。

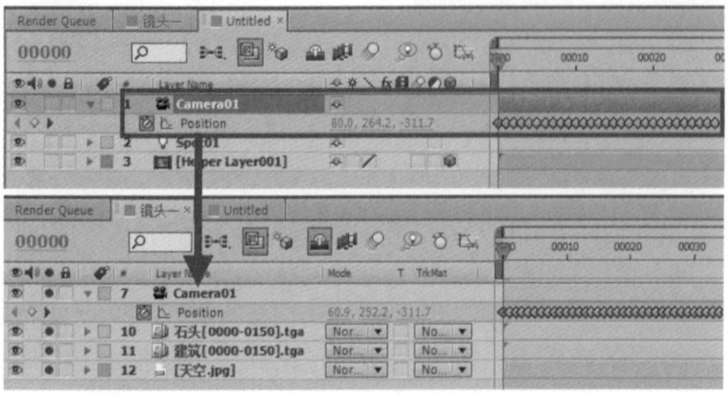

图3-39

STEP 04 给场景添加人物元素。导入一张人物图片到镜头1合成窗口中后，打开人物图片层的三维开关，让人物置身于摄像机的透视图中，再调整好人物的位置。由于要做一个由远到近的推进动画，因此这里需要给人物设置一个模糊动画。给人物添加一个Gaussian Biur【高斯模糊】特效，将第0帧到第10帧的Blurriness【模糊】值设置为从3到0，让人物有一个从模糊到清晰的动画效果，如图3-40所示。

图3-40

STEP 05 制作人物的投影。复制人物层并将复制所得的人物层作为投影人物层。调整人物的旋转角度，让其看上去与地面平行。给人物绘制一个mask【遮罩】，给投影人物做一个虚化处理；然后，给人物添加Fill【填充】效果，把人物处理成黑色调。这样，人物的投影便制作完成了，如图3-41所示。

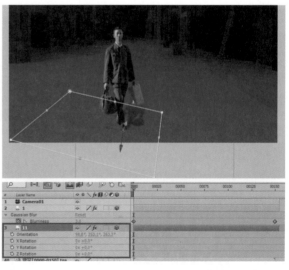

图3-41

STEP 06 给投影人物做特效处理。这里给投影人物添加一个Fast Blur【快速模糊】效果，对其生硬的边缘进行虚化处理，让投影人物与地面更加融合，如图3-42所示。

注意：这里的投影人物是没有设置模糊动画的。

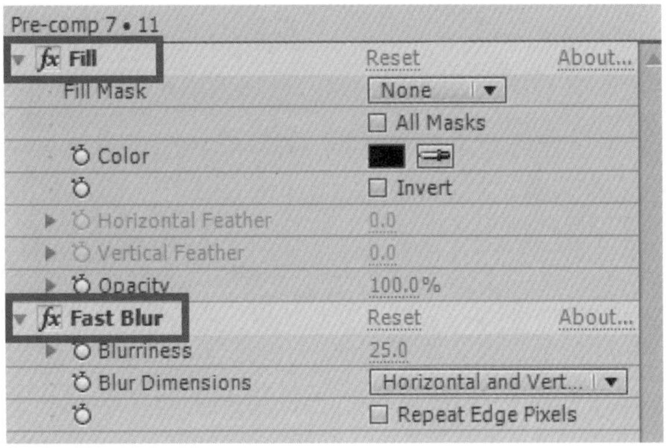

图3-42

**STEP 07** 导入更多的人物图片到镜头1合成窗口中并在场景中将它们的位置排列好，再根据人物在场景中的远近关系对它们设置不同的模糊动画，人物的投影的制作方法和第一个人物投影的制作方法是一样的，如图3-43所示。

图3-43

**STEP 08** 由于场景中的人物有一个模糊效果，因此，这里也要给建筑场景设置一个模糊效果。把建筑层复制一层，再给其绘制一个mask【遮罩】；框选场景中心视觉较远的部分，给其设置一个模糊效果。这样，整个场景的透视模糊效果就完成了，如图3-44所示。

**STEP 09** 在产生透视模糊效果的建筑层的特效面板中，把建筑层的亮度调高一点，如图3-45所示。

图3-44

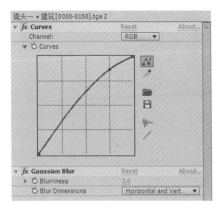

图3-45

**STEP 10** 拖动时间滑块，可以看到人物元素很好地与场景的透视动画相吻合了，整个场景显得生动了许多。场景中很多黑色的天线也是跟随场景的变化而进行透视运动的，如图3-46所示。

图3-46

### 3.3.2 添加天线元素

天线元素可以在三维中进行制作，这里之所以把它放到AE中来制作是为了强调AE对后期细节处理的重要性。很多时候，细节看起来很不起眼，但却非常重要。在三维中处理细节比较麻烦，因此，用后期软件来合成这些细节是非常必要的。

STEP 01 新建一个合成层，将[镜头1合成层]中的摄像机和建筑层粘贴到该合成层中。新建一个形状层，在时间线窗口的空白处单击鼠标右键，在右键菜单中选择New【新建】列表中的Shape layer【形状图层】，如图3-47所示。

图3-47

STEP 02 用钢笔工具在形状层上画一条路径。展开形状层，单击其参数目录下的Add【添加】旁边的小三角形，在弹出的对象列表中选择stroke【描边】并将stroke Width【描边宽度】设为1，使图形层上的路径有一个细长的描边效果，如图3-48所示。

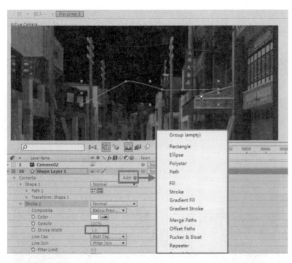

图3-48

STEP 03 打开形状层的3D开关，调整路径的位置，将其摆放在道路的两侧，如图3-49所示。

STEP 04 用同样的方式制作天线，分别将它们摆放在道路的两侧。摆放好天线的位置后，对有问题的天线路径进行调整，如图3-50所示。

STEP 05 将制作好的天线合成层拖到镜头1合成层中，

再给天线层添加Fill【填充】效果，将天线的颜色设置为黑色，如图3-51所示。

图3-49

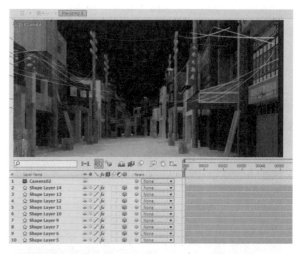

图3-50

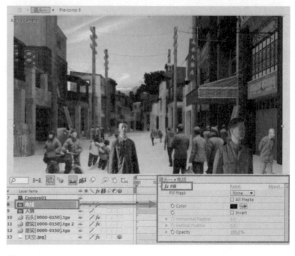

图3-51

**注意：** 应关闭天线层中的建筑背景的显示开关。

### 3.3.3　调整画面色调

准备完全部的场景元素后，就要对画面的色调进行处理了，这是最重要的一个步骤。此时，画面还没有怀旧的效果，要调出怀旧的效果，除了要将色调处理成金黄色以外，还要在画面中添加一些杂点和划痕特效。

**STEP 01** 调整画面的色调。新建一个固态层并打开固态层的调节层开关，将其转换为调节层。给调节层添加一个Looks调色特效，在Looks调色特效的编辑栏中选择一个怀旧的金黄色调效果预设，如图3-52所示。

图3-52

**STEP 02** 新建一个淡黄色的固态层，用椭圆形mask【遮罩】圈出场景的中心部分；将图层的模式改为add【加】，得到一个较亮的画面效果，如图3-53所示。

图3-53

**STEP 03** 此时的画面效果整体都过亮了，因此，需要给其添加一个暗角效果。新建一个黑色固态层，用mask【遮罩】选取出中心部分；将mask【遮罩】的羽化值

加大到217，同时，将暗角层的不透明度降低到54%；然后将图层模式设置为linear burn【线性加深】。得到的画面暗角效果如图3-54所示。

图3-54

**STEP 04** 再次对画面的整体色调进行调整。新建一个调节层，给其添加一个Looks调色特效，在特效列表中选择一个带有噪点的金黄色效果预设。这样，画面中心部分的亮度便相对减小了，效果如图3-55所示。

图3-55

**STEP 05** 此时，画面中的天空还是比较亮的，下面，单独给天空添加一个色阶处理，降低天空的亮度，如图3-56所示。

**STEP 06** 给画面添加一个旧电影的效果，使画面呈现出岁月的沧桑感，如图3-57所示。

**STEP 07** 给新建的旧电影调节层添加一个MisFire Grain【纹理】特效，给画面添加一些杂点效果，使画面具有电影胶片的颗粒感。颗粒感不能完全体现出旧电影的效果，所以，这里再给旧电影调节层添加一个MisFire Basic Scratches【基本划痕】特效。基本划痕特效是旧电影最典型的效果，它可以让画面随机出现一些竖条的划痕效果。不要将这里的划痕数量设置得太多，具体的参数设置如图3-58所示。

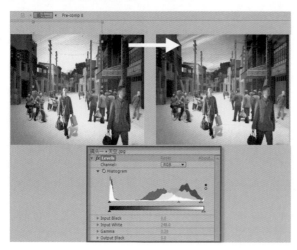

图3-56

图3-57

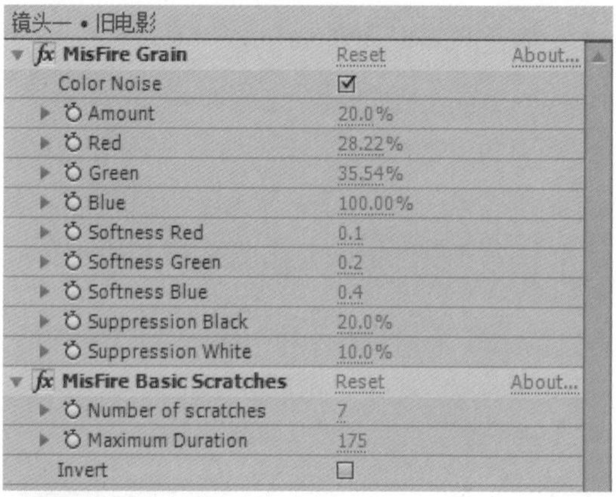

图3-58

STEP 08 至此，怀旧场景便制作完成了，最终的效果如图3-59所示。

图3-59

# 第4章

# 麦克风模型的设计及制作

**本章内容**
- ◆ 麦头模型的制作
- ◆ 麦杆模型的制作

## 4.1 项目创作分析

本章要介绍的是一个麦王争霸全球粤语歌唱类大型活动的LOGO元素的制作，该LOGO是由一个"粤"字和麦克风元素相结合并演变而来的。在该LOGO中，"粤"字的上部与麦克风的头部巧妙地结合在一起，设计师们在不减少任何笔画的情况下，对"粤"字上部的笔画进行了规范设计；而"粤"字下部分的笔画则被巧妙地拉伸，变成麦杆。整个LOGO的设计形象、直观，又意味深长，该LOGO的平面图如图4-1所示。

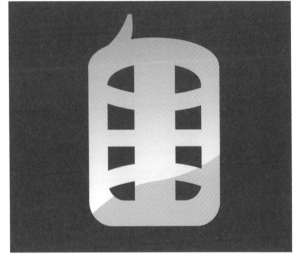

图4-1

本章将重点讲解如何制作LOGO的立体化模型，而LOGO模型的制作难点便是麦头模型的制作。如果要在一个平面上刻画出"粤"字形的麦头，是相当简单的，但如果要在一个立体模型的4个面上都刻画出同一个图形，就有一定的难度了。该立体模型的麦头设计如图4-2所示。

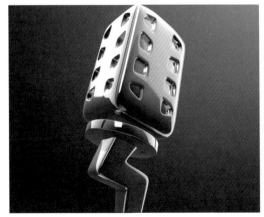

图4-2

## 4.2　制作麦头模型

在制作LOGO的立体模型时，要将"粤"字上的一小撇去掉，这样做主要是为了美观，如图4-3所示。

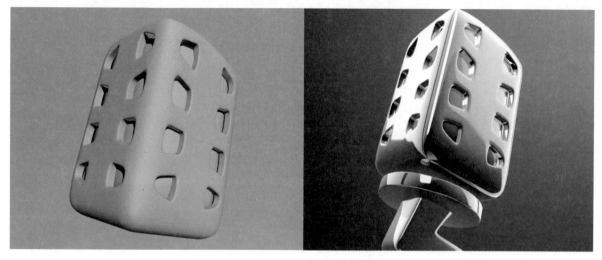

图4-3

STEP 01 制作麦克风的头部模型。在场景中创建一个立方体，将其长、宽、高的分段数值都设为3，如图4-4所示。

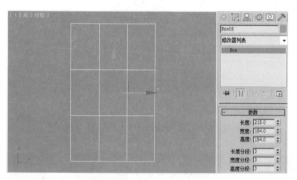

图4-4

STEP 02 给立方体添加一个编辑多边形修改器，选取立方体顶部外圈的12个顶点，再将这12个顶点同时向下移动一点，这样，在接下来的圆滑处理中，立方体顶部的圆滑弧度可以更大一些，如图4-5所示。

STEP 03 给立方体添加一个网格平滑修改器，将细分量栏下的迭代次数设为2，将细分方法设为经典，使圆滑处理后的立方体效果以网格分段模式显示，以便尽早地观察到网格的分布是否有误，如图4-6所示。迭代次数可以增加网格的密度，如果要在后面对网格进行编辑，那么，不宜将该值设置得过高。

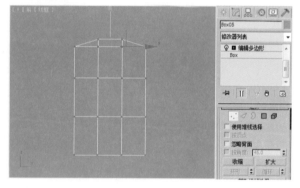

图4-5

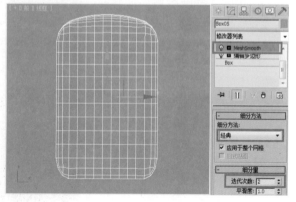

图4-6

STEP 04 如果将细分方法设为NURMS，那么，立方体的表面将不显示标准的网格数量，这样不利于后面的网格编辑，如图4-7所示。

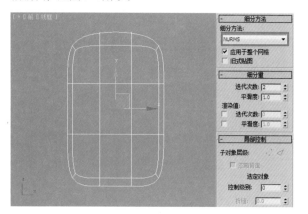

图4-7

STEP 05 在网格的细分方法为NURMS的情况下，给模型添加一个编辑多边形或编辑网格修改器，让模型以网格的模式显示出来，如图4-8所示。

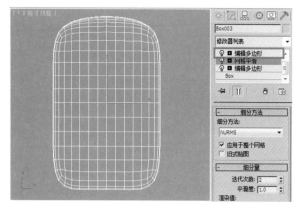

图4-8

**注意：** 虽然细分方法为NURMS时的结果和细分方法为经典时的结果是一样的，但对于更为复杂和高精的模型来说，这很可能导致软件突然崩溃，除非电脑的配置够高，因此，应提前观察网格的分段显示，以使后面的建模更加顺利。

STEP 06 导入麦克风头部的设计图稿并将其作为视口的背景。切换至前视图，按键盘上的Alt + B组合键，打开视口背景的设置面板；在背景源栏中将"麦头设计.JPG"文件导入进来，再在纵横比栏下点选匹配位图选项，如图4-9所示。

STEP 07 此时，前视图中出现了一张麦头的设计图稿，但这里的立方体比设计图稿中的麦头小了许多，如图4-10所示。

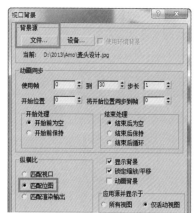

图4-9

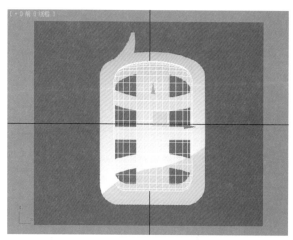

图4-10

STEP 08 把立方体放大到和设计稿中的麦头同样大小。此时会发现，立方体的边缘刚好和麦头相吻合。如果立方体的边缘没有与麦头相吻合的话，那么，可以回到立方体的多边形编辑模式下，对立方体的大小进行调整，如图4-11所示。

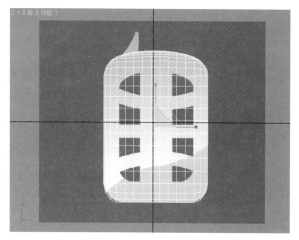

图4-11

**STEP 09** 调整立方体的网格。给立方体再添加一个编辑多边形修改器,在前视图中调整立方体网格的顶点,将网格调整成麦头中的"米"字形状,如图4-12所示。

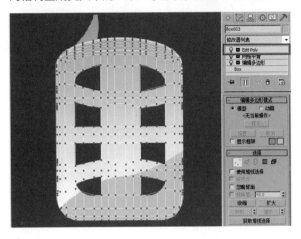

图4-12

**注意:** 由于"米"字是一个对称图形,因此,在调节顶点时,应尽量让"米"字的两边对称,也就是说,要尽量同步调整两边的顶点。

**STEP 10** 选中与麦头图稿相对应的镂空部分的面,将其删除,如图4-13所示。

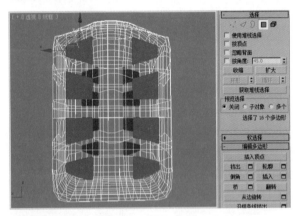

图4-13

**STEP 11** 此时,已得到一个基本镂空的麦克风头部模型了,但麦克风头部模型只有前后两个面是镂空的,如图4-14所示。

**STEP 12** 在编辑多边形修改器的面编辑模式中删除右边部分的面;再给模型添加一个对称修改器,勾选参数栏中的翻转选项,让剩余的左半部分模型沿x轴进行复制并翻转。如果不勾选该选项的话,那么,复制所得的模型将不会翻转过来。激活对称修改器的镜像模式,此时,可以在视图中通过移动轴的位置来调整镜像

右半部分模型与左半部分模型的接缝大小,如图4-15所示。

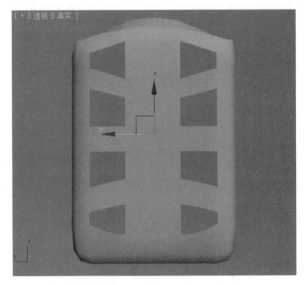

图4-14

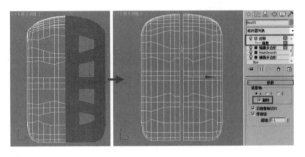

图4-15

**注意:** 对模型对称的两个部分进行调节是制作对称模型的过程中经常会碰到的一个问题。为了让模型对称,往往需要花费很多时间来对齐网格的顶点和边线。针对这种对称模型,可用编辑修改器中的对称修改器,对模型进行镜像复制。

**STEP 13** 镜像模式下的左右两部分的衔接宽度如图4-16所示。从图中可以看出,它们的衔接部分是非常圆滑的。

**STEP 14** 在修改器列表中,还有一个镜像修改器,它也是用于制作对称效果的,如图4-17所示。

**STEP 15** 该镜像修改器与对称修改器的区别在于,它不能处理左右两部分模型之间的焊接缝隙,也就是说,当向左移动的镜像部分的模型与原模型相接时,衔接的部分会产生交叉的效果,因此,镜像修改器没有处理衔接缝隙的功能,它仅有一个沿任意轴向复制的功能而已,如图4-18所示。

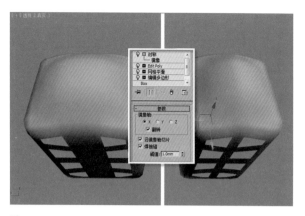

图4-16

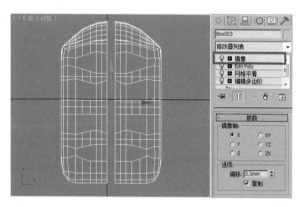

图4-17

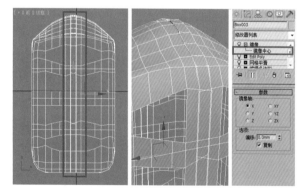

图4-18

STEP 16 调整立方体另外两个面的网格,它们的制作方法和前面的一样,制作过程中要尽量保证其中心的"米"字型清晰可见,如图4-19所示。

STEP 17 至此,麦克风头部的基本镂空模型就已经制作完成了,但由于没有设置任何厚度,因此,没有立体感,如图4-20所示。

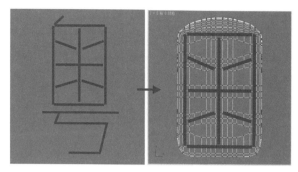

图4-19

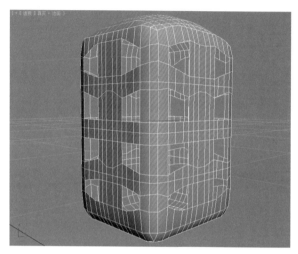

图4-20

STEP 18 给立方体添加一个壳修改器,让单薄的镂空模型的表面有一个厚度。将壳参数栏下的内部量设为100,这样,镂空模型的表面就会向内部挤出一个厚度。如果加大外部量的数值,那么,镂空模型的表面会向外挤出厚度,但立方体的体积就会变大许多,因此,应设置内部量,以保证模型的体积不变,如图4-21所示。

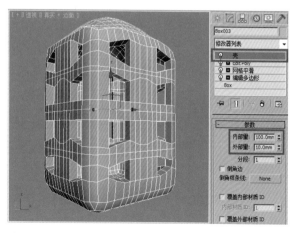

图4-21

**STEP 19** 此时的系统单位使用的是毫米，所以，部分数量值的后面有一个mm【毫米】的单位。在自定义单位下选择单位设置；再在单位设置面板的显示单位比例栏下点选通用单位选项（即系统默认单位），如图4-22所示。

图4-22

**STEP 20** 此时，可以看到壳参数栏下的参数值发生了变化，数值后面的mm【毫米】单位没有了，而且，数值也变小了，但模型的实际厚度没有改变，如图4-23所示。

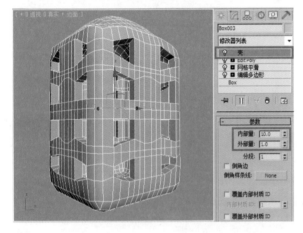

图4-23

**STEP 21** 给立方体添加一个网格平滑修改器，将细分量栏下的迭代次数设为3。此时，立方体变得非常圆滑，之前挤出的厚度也被处理了，挤出的厚度变得不明显了，如图4-24所示。

**STEP 22** 这里所需要的厚度圆滑效果是指对厚度的边缘及转角部分进行圆滑处理，并且，圆滑的程度不能太大。下面，用最常见的边切角方法来制作厚度的圆滑效果。在[壳]修改器的修改面板中，将镂空模型复制出一个；再对其中一个模型进行调整。进入编辑多边形的边编辑模式下，选中立

方体模型镂空部分的边线段，如图4-25所示。

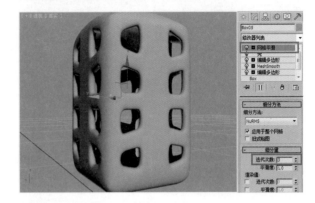

图4-24

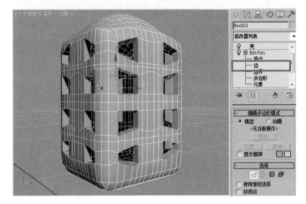

图4-25

**注意：** 不能选中挤出厚度内部的边线段，因为内部的线段是由壳修改器挤出的厚度，而不是由编辑多边形修改器挤出的。

**STEP 23** 选中边线段后单击鼠标右键，从右键菜单中选择切角设置；将切角的数量设为1，即将选中的线段细分一次，如图4-26所示。

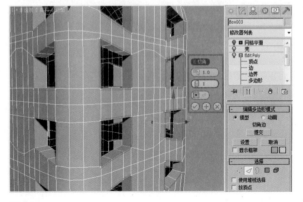

图4-26

**STEP 24** 给立方体添加了网格平滑修改器后，镂空部分

边缘的圆滑效果有所改善，但转角部分的圆滑效果还是有问题，如图4-27所示。

过于方正。下面，用另一种方法来完成所需的圆滑效果，如图4-30所示。

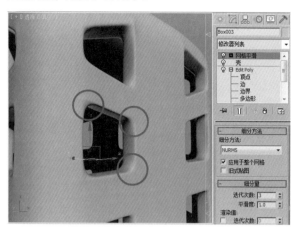

图4-27

**STEP 25** 因为在选中边线段时，没有选择转角处的线段，所以，转角处的圆滑效果不流畅，如图4-28所示。

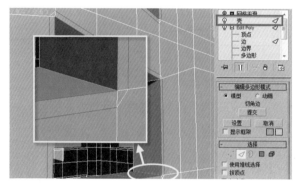

图4-28

**STEP 26** 在保证镂空部分的边缘被选中的前提下，选中转角处的线段；然后，对它们进行切角处理，将切角数量设为1，如图4-29所示。

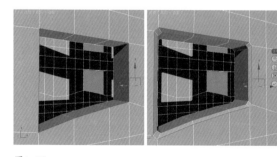

图4-29

**STEP 27** 处理好圆滑效果后，立方体虽然有了一个正确的圆滑效果，但其圆滑效果并不是我们所需要的。此时的圆滑效果显得过于呆板，而转角处的圆滑效果则显得

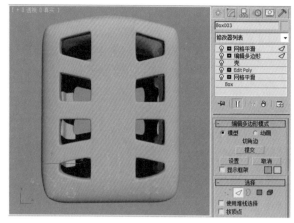

图4-30

**STEP 28** 将另一个复制所得的镂空模型显示出来，将它的壳修改器面板的参数栏下的分段值加大到5。此时，可以看到镂空模型挤出的厚度上出现了一些分段的网格线，如图4-31所示。

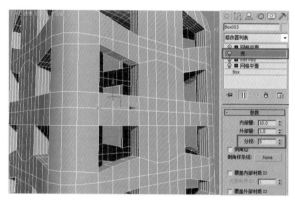

图4-31

**STEP 29** 开启镂空模型的网格平滑修改器的显示开关后，可得到一个非常漂亮的平滑效果，而且，网格部分的转角处也变得很圆滑了，如图4-32所示。

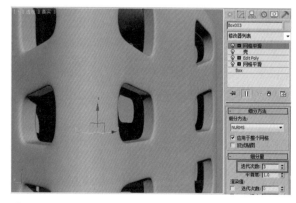

图4-32

**STEP 30** 至此，麦克风头部的镂空模型便已制作完成了，下面，将该模型复制一个并删除网格平滑处的其他修改器，将复制所得的模型作为麦头内部的模型，如图4-33所示。

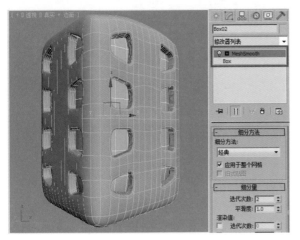

图4-33

**STEP 31** 将内部模型绑定到镂空模型上，以便于麦头的整体移动，最终的麦头模型效果如图4-34所示。

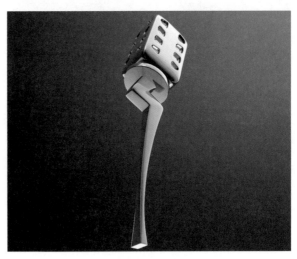

图4-34

## 4.3 制作麦杆模型

麦杆模型的制作比较简单，该部分模型主要是由一个立方体变形而来，再在麦杆转折的部位做一些细节的处理即可，效果如图4-35所示。

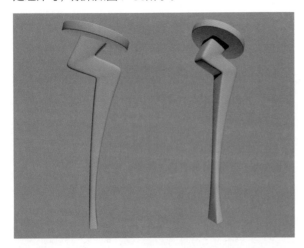

图4-35

**STEP 01** 创建一个立方体，将其长度的分段数设为6，将宽度和高度的分段数都设为1。立方体的大小设置如图4-36所示。

**STEP 02** 给立方体添加一个[编辑多边形]修改器，在视图中调整好网格顶点的位置后，对模型边缘的线段进行

切角处理，得到的效果如图4-37所示。

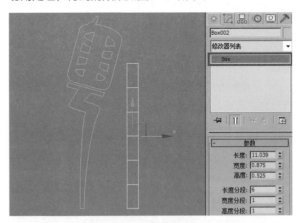

图4-36

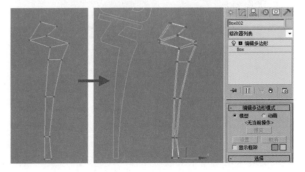

图4-37

**STEP 03** 调整好模型的切角效果后，对转折处的顶点进行调整。将转折处朝外部分的顶点间距拉大一点，这样的话，进行完圆滑处理后，其圆滑的弧度就会变得大一些；反之，若将转角处向内部分的顶点间距缩小一点，其圆滑处理后的弧度则将变得小一点，如图4-38所示。

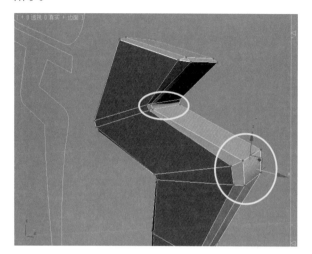

图4-38

**STEP 04** 给麦杆顶部的线段做一个细节处理。选中顶部最外圈的线段，对其进行切角处理。将切角的数量设为0.03，这样，麦杆顶部的圆滑弧度就会变得非常小了，如图4-39所示。

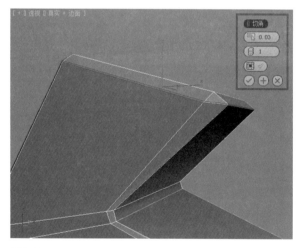

图4-39

**STEP 05** 给麦杆添加一个FFD4×4×4修改器并激活FFD的控制点模式。对麦杆侧面的厚度进行调整，调整效果如图4-40所示。

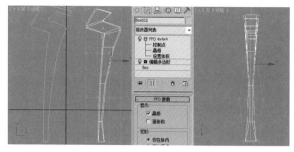

图4-40

**STEP 06** 给麦杆添加一个涡轮平滑修改器，将迭代次数设为3，得到的圆滑效果如图4-41所示。

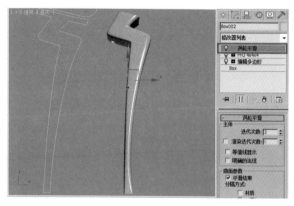

图4-41

**STEP 07** 在麦杆的顶部添加一个倒角圆柱，将其作为麦托，圆柱的大小设置如图4-42所示。

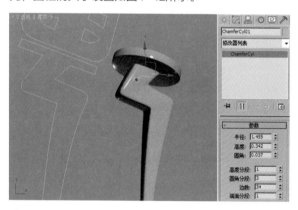

图4-42

**STEP 08** 将麦头模型放在麦杆模型的麦托上，选择工具栏中的法线对齐工具，单击麦头模型的底部和麦托；在弹出的[法线对齐]对话框中保持参数为默认设置即可，如图4-43所示。

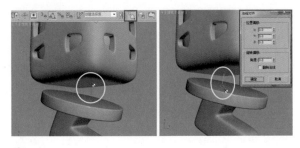

图4-43

**STEP 09** 在参考坐标系中选择局部，再调整麦头模型在麦托上的位置，如图4-44所示。

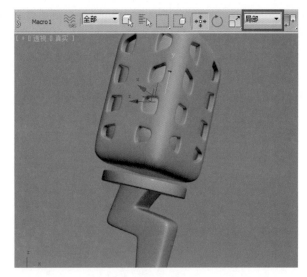

图4-44

**STEP 10** 至此，一个三维的麦克风LOGO模型便制作完成了，如图4-45所示。

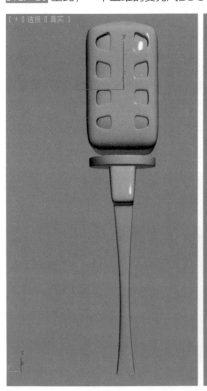 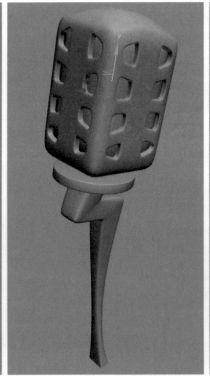 

图4-45

# 第 **5** 章 | 常用电视包装材质的表现

**本章内容**
◆ 制作金属材质
◆ 制作车漆材质

## 5.1　项目创作分析

　　金属材质和车漆材质是电视包装中最常用的两种材质，电视包装中运用到的金属材质大多是不锈钢质感，它是一种较光滑且具有很强反射效果的材质。这种材质的高光和反光都很敏感，容易受到环境的影响。金属材质会根据表面质感的光滑程度而呈现出不同的光泽感，例如，磨砂、拉丝和古旧的金属有着不同的材质表面，因此，它们所呈现出来的光泽感、高光效果和反射效果也会有所不同。本章将主要介绍一种光滑、高反射且略带一点拉丝效果的不锈钢金属材质及车漆材质，车漆材质实际上是一种被抛光并上蜡的汽车金属漆材质，它具有非常平整、光滑的表面质感并能够很好地反射出周围的环境。它和普通漆的区别在于，普通漆的颜色通常比较纯正，即使有很强的反射效果，漆面本身的光泽也会比较平淡；而金属漆含有一种让质感更加闪亮的粉末颗粒，这种颗粒可在光线的折射作用下使质感变得更加丰富、通透和富有光泽感。这两种材质的质感表现如图5-1所示。

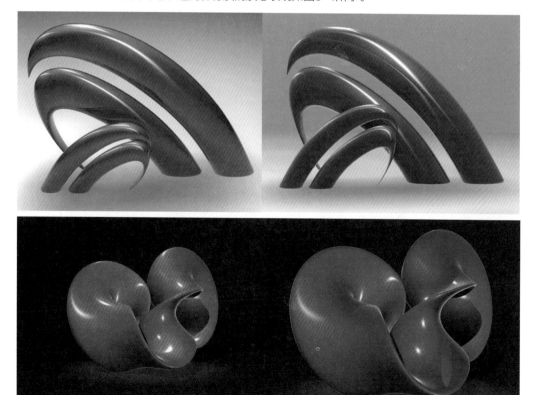

图5-1

## 5.2 制作金属材质

我们要制作的金属材质是一种带有拉丝效果的材质，可用3ds Max的标准材质制作而成。该材质的渲染速度快，制作出来的效果也非常的炫酷，如图5-2所示。

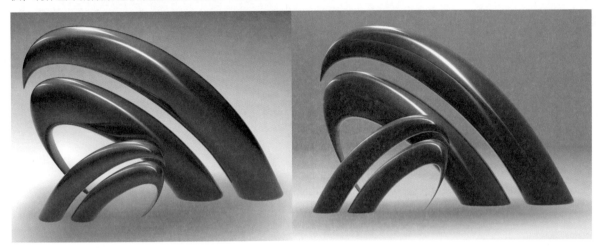

图5-2

STEP 01 制作金属材质。先制作地面材质，地面材质比较简单，它是一个具有透明变化效果的平面。在场景中导入LOGO模型，再创建一个平面并将其作为地面，如图5-3所示。

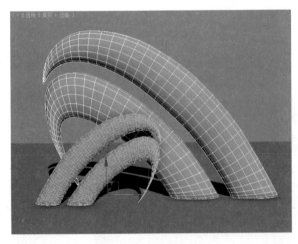

图5-3

STEP 02 打开材质编辑器，选择一个材质球，给其不透明度添加贴图，将贴图类型指定为一个衰减贴图，如图5-4所示。

STEP 03 在衰减参数栏中，将衰减的黑色和白色的位置调换一下；将混合曲线栏中的衰减曲线调节成一个往下凹的弧线。这样，地面材质便设置完了，不透明度的衰减贴图的设置如图5-5所示。

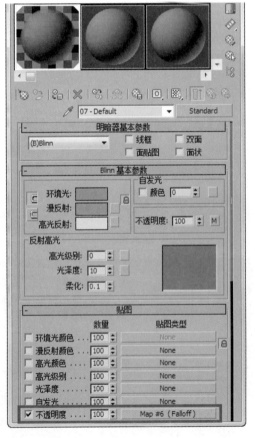

图5-4

图5-5

**STEP 04** 制作不锈钢金属材质。指定一个新的材质球给 LOGO模型，再将明暗器基本参数栏中的材质球的明暗器设置为（ML）多层明暗器。该明暗器可以通过控制金属材质的高光效果来得到各种不同的炫酷高光效果，如图5-6所示。

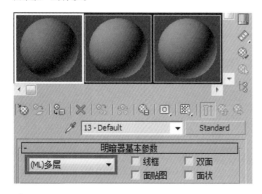

图5-6

**STEP 05** 设置材质的高光，默认的高光形式为圆形高光。在多层基本参数栏下的第一高光反射层中将高光级别设置为300，这样便可得到一个范围比较大的高光；将光泽度设为50，以缩小高光的范围；将各向异性设为90，让高光生成为比较细长的条形高光，如图5-7所示。

**STEP 06** 用默认的渲染器渲染一帧后，可以看到在高级别的高光效果下，高光依然可以比较均匀地分布在模型的表面，这说明各向异性参数可以很好地阻挡高光的散射效果，如图5-8所示。

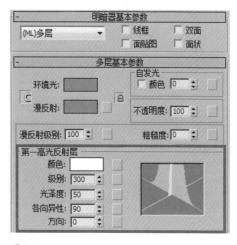

图5-7

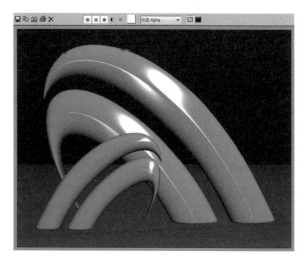

图5-8

**STEP 07** 图5-9所示为各向异性值为0的情况下的渲染效果，从图中可以很明显地看到，各向异性不对高光进行控制时，高光便显得毫无规则了。

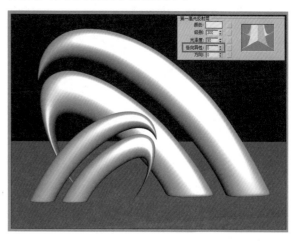

图5-9

STEP 08 在第二高光反射层栏中，将高光颜色设为灰蓝色，高光级别设为95，光泽度设为40，各向异性设为50。此时，会得到一个亮度较小、范围较大的高光，将其作为第一层高光的光晕效果，如图5-10所示。

图5-10

STEP 09 从材质球表面可以清晰地看到两层高光的效果，如图5-11所示。

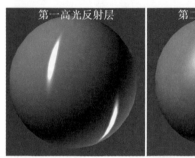

图5-11

STEP 10 两层高光叠加后的效果如图5-12所示。

STEP 11 渲染一帧，可以看到渲染后的材质效果和之前的材质效果的区别不大，只是多了一些高光的光晕效果，这是一般金属材质固有的特性，如图5-13所示。

图5-12

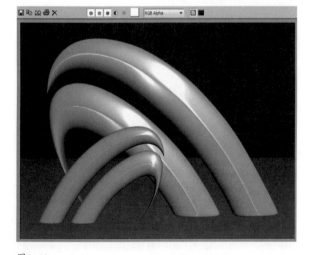

图5-13

STEP 12 给LOGO模型设置一个颜色。进入漫反射颜色的衰减贴图设置面板中，将衰减色中的白色设为蓝灰色，如图5-14所示。

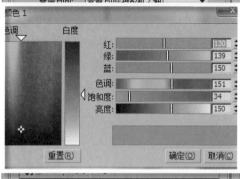

图5-14

STEP 13 渲染一帧后，可以看到LOGO模型已变成蓝灰色了，而模型的边缘却非常黑，如图5-15所示。

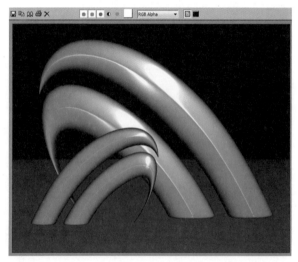

图5-15

STEP 14 给LOGO模型添加反射效果。给反射贴图类型指定一个衰减贴图，以提亮模型边缘的黑色，如图5-16所示。

图5-16

**STEP 15** 渲染LOGO模型，从渲染效果中可以看到LOGO模型变亮了很多，模型的边缘也变得非常的白亮，但此时的LOGO模型没有任何反射效果，如图5-17所示。

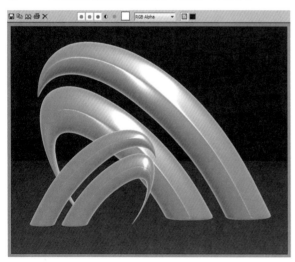

图5-17

**STEP 16** 到反射的衰减贴图设置面板中，给白色添加一个光线跟踪贴图，光线跟踪器的参数保持默认设置即可，如图5-18所示。

**STEP 17** 再次渲染LOGO模型，此时的LOGO模型的白亮部分都已具有反射效果了。这样，一个简单的金属质感就制作完成了，但材质的光泽度还不够明显，高光部

分也曝光过度，跟最终所需要的材质效果还有一定的差距，如图5-19所示。

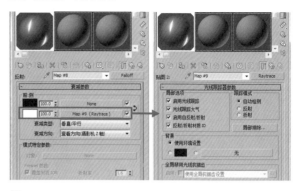

图5-18

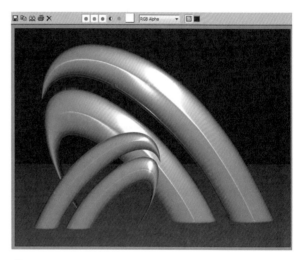

图5-19

**STEP 18** 换一个角度对LOGO模型进行渲染，渲染后的质感跟之前的金属质感相比有了比较明显的区别，而且，材质的光感也减弱了许多。LOGO模型的另一个角度的渲染效果如图5-20所示。

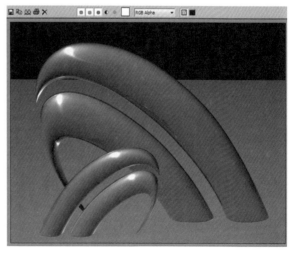

图5-20

**STEP 19** 给凹凸贴图指定一个噪波贴图，让材质表面产生一些拉丝的效果。在噪波贴图的坐标栏下，将$x$、$y$轴向的瓷砖数设为0，保持$z$轴的瓷砖数为1。这样，噪点便可被无限拉伸了。到噪波参数栏下，将噪波大小值设为0.01，如图5-21所示。

**STEP 20** 此时，材质的光泽度还不够。灯光是体现材质的最重要因素，所以，给场景添加3盏泛光灯，再分别把3盏泛光灯放置在LOGO模型上空的不同位置，如图5-22所示。

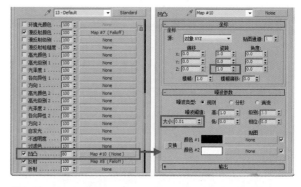

图5-21

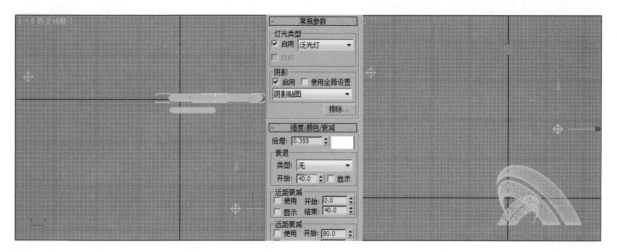

图5-22

**STEP 21** 渲染一帧后，LOGO材质的色泽暗了很多，材质的表面在受到灯光的影响后出现了很多高亮的光点，但是，材质表面的拉丝效果也不明显了，如图5-23所示。

理贴图效果，如图5-24所示。

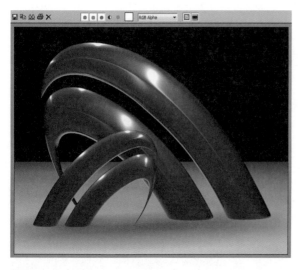

图5-23

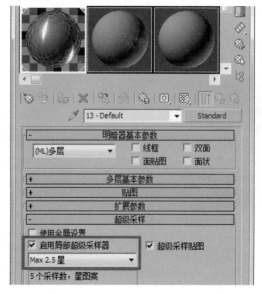

图5-24

**STEP 22** 到金属材质球的超级采样栏下，勾选启用局部超级采样器选项，以高质量地渲染出材质表面的凹凸纹

**注意：** 超级采样器是抗锯齿技术中的一种，它可用更小的采样点来增强抗锯齿效果，尤其是对非常平滑的反

射高光设置凹凸贴图时，超级采样器特别有用，但渲染时间也会更长。

**STEP 23** 再次渲染LOGO，可以看到材质表面的拉丝效果出来了，但拉丝效果有点突兀，这影响了材质的视觉效果，如图5-25所示。

图5-25

**STEP 24** 到超级采样栏下，将采样器设为Hammersley。此时，得到的材质拉丝效果就更真实、更漂亮了，如图5-26所示。

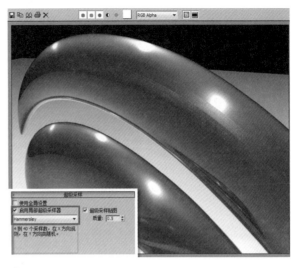

图5-26

**STEP 25** 至此，材质表面的拉丝效果已经得到解决了，但材质表面的高亮光点问题还没有解决。如果降低灯光的亮度，那么，材质的光泽度会不够高；如果减少灯光的数量，仅提亮某一盏灯光的亮度，则会导致材质曝光过度，因此，这里只能通过改变材质的参数来调整材质表面的高光效果。 到多层基本参数栏下，将第一高光反射层的方向值设为45，以改变材质高光的显示角度。渲染一帧后可以发现，材质表面的高亮光点变成了细长的高光条，加上几条白色的高光条后，整体质感的视觉效果漂亮了很多，如图5-27所示。

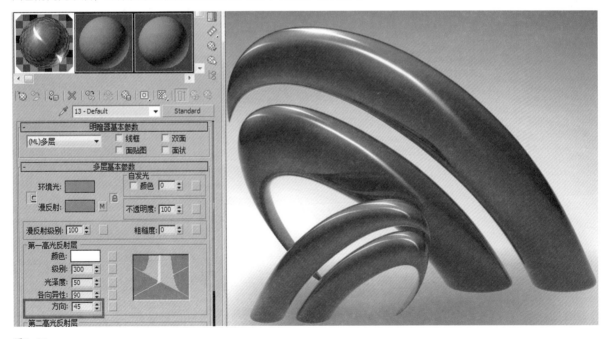

图5-27

**STEP 26** 制作完金属材质的质感后，要给制作好的金属材质赋予一个立体文字，渲染后的文字效果如图5-28所示。

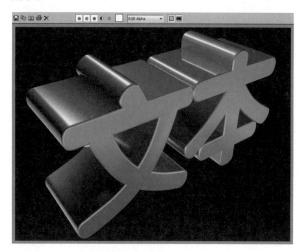

图5-28

**STEP 27** 将镜头推进到文字的侧面，可以清晰地看到金属材质的拉丝效果，如图5-29所示。

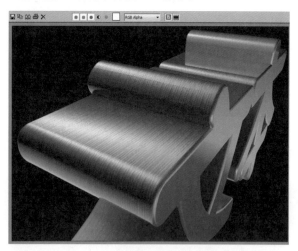

图5-29

**STEP 28** 此时，文字材质表面的拉丝效果只有侧面才有，下面，制作文字正面的拉丝效果。到材质的凹凸贴

图设置面板中，将噪波x轴向的瓷砖数设为1，z轴的设为0，再将z轴的角度值设为90°，如图5-30所示。

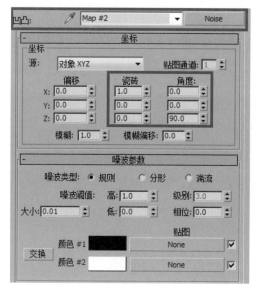

图5-30

**STEP 29** 再次渲染文字材质后，即可看到文字正面的材质表面也出现了拉丝效果，如图5-31所示。

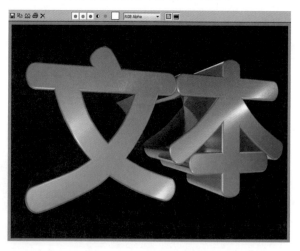

图5-31

# 5.3 制作车漆材质

车漆材质指的是汽车表面的车漆质感，这里主要用3ds Max的标准材质来制作这种材质。车漆材质是一种表面非常平整、光滑的材质，其含有的粉末颗粒可以让质感变得更加闪亮，更有光泽感，如图5-32所示。

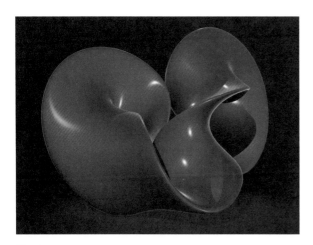

图5-32

**STEP 01** 新建一个场景，在材质编辑器中选择一个新材质球，将材质球的明暗器设置为[（ML）多层]，如图5-33所示。

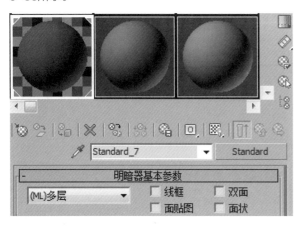

图5-33

**STEP 02** 导入模型文件到场景中，将材质赋予给模型。对第一高光反射层的参数进行简单的设置，将高光级别设为100，光泽度设为80，各向异性设为70。这样，便可得到一个亮度不高且有点细长的高光，得到的渲染效果如图5-34所示。

**STEP 03** 给材质添加一些噪波效果，以模拟金属漆质感中的金属粉效果，这样既可以让车漆有一些金属的效果，也可以让材质有全局光照射的效果。给漫反射颜色添加一个衰减贴图，将衰减颜色设为紫色，即改变材质原有的颜色。给紫色部分指定一个噪波贴图；在噪波贴图的参数栏中将噪波类型设为分形，再将噪波的大小值设为0.1。将噪波的2个颜色分别设置为深紫色和浅紫色，如图5-35所示。

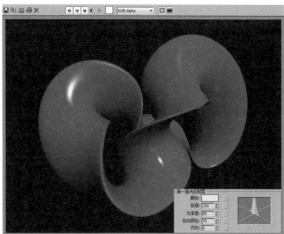

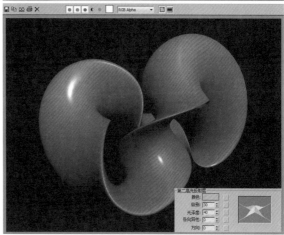

图5-34

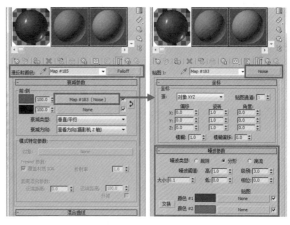

图5-35

**STEP 04** 渲染LOGO模型，从渲染效果图中可以看到，材质的效果比较深邃和沉稳，但暗部还是有点过黑了，而且，材质表面完全没有烤漆质感的反射效果，如图5-36所示。

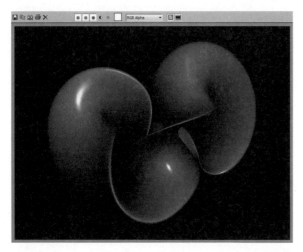

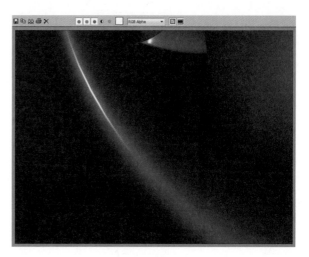

图5-36

**注意：** 材质表面上的噪点只有在特写镜头下才能被清晰
地看到，如图5-37所示。

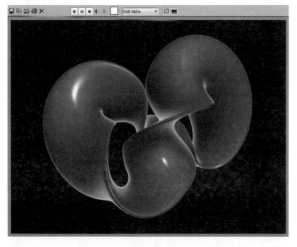

图5-37

**STEP 05** 下面来解决材质"不透气"的问题。给反射指
定一个衰减贴图，再将衰减贴图的混合曲线调整成一个
向内凹的弧线，如图5-38所示。

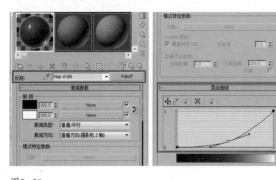

图5-38

**STEP 06** 渲染一帧后，模型原来较暗的部分就变得非常
的白亮了，如图5-39示。

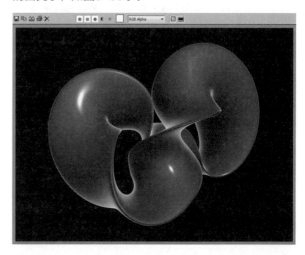

图5-39

**STEP 07** 调整反射的衰减贴图。给衰减贴图的黑色部分
指定一个衰减贴图并将衰减的类型设为Fresnel【菲涅
尔】，如图5-40所示。

**STEP 08** 渲染LOGO模型后，材质的反射效果似乎没有
什么变化，但实际上，材质表面由白亮部分过渡到紫色
的部分已经变得更柔和了，如图5-41所示。

**STEP 09** 进入黑色部分的衰减贴图设置面板，给白色
部分添加一个光线跟踪贴图；到光线跟踪贴图的背景
栏中，将黑色作为光线跟踪的反射背景，如图5-42
所示。

**STEP 10** 再次渲染后，材质的白亮部分出现反射效果
了，但此时的白亮部分还是过亮了，如图5-43所示。

图5-40

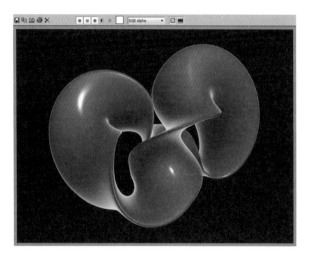

图5-41

图5-42

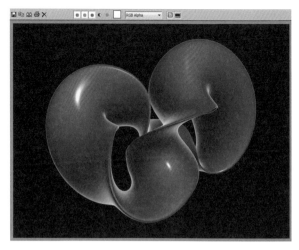

图5-43

STEP 11 从特写镜头下仔细地观察渲染效果，其反射的效果还是比较理想的，如图5-44所示。

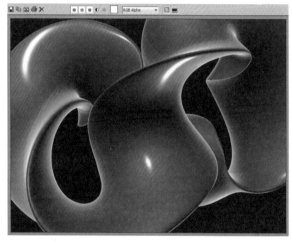

图5-44

STEP 12 调整材质的白亮部分。降低白亮部分的亮度，再在反射的衰减贴图设置面板中给白亮部分添加一个渐变坡度贴图，如图5-45所示。

STEP 13 进入渐变坡度贴图的设置面板，将角度的W坐标值设为90°，再将渐变坡度的颜色设置为一个由黑色过渡到白色、再过渡到紫红色的渐变色，如图5-46所示。

STEP 14 再次渲染模型，此时，白亮部分的颜色已被渐变坡度的颜色替换了，而且，其亮度也减弱许多了，如图5-47所示。

STEP 15 点选渐变坡度的坐标栏下的环境选项，再将坐标的贴图方式设为柱形环境。此时，渲染模型的白亮部分依然比较亮，可将这些白亮部分的颜色调成其他颜色，让材质的颜色变得更加丰富，如图5-48所示。

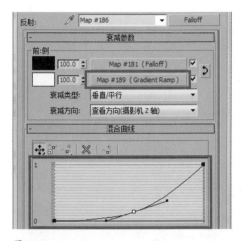

图5-45

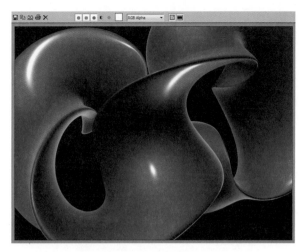

图5-47

图5-46

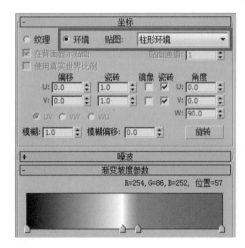

图5-48

STEP 16 此时，材质的光泽感还不够，这是因为场景中还没有任何光源。在场景中添加2盏聚光灯，分别开启它们的阴影项，再将它们的阴影类型都设为光线跟踪阴影。两盏灯在场景中的位置如图5-49所示。

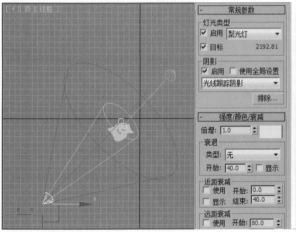

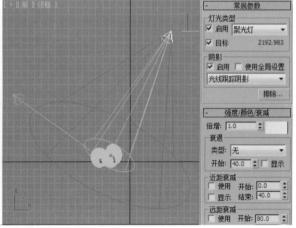

图5-49

**STEP 17** 渲染一帧后，材质的光泽感强了很多，但整体的材质效果还是有点偏暗，如图5-50所示。

**STEP 18** 再给场景添加两盏泛光灯并分别将两盏灯的颜色设置为淡蓝色和淡黄色。泛光灯的位置如图5-51所示。

**STEP 19** 再次渲染模型，得到的最终材质效果如图5-52所示。

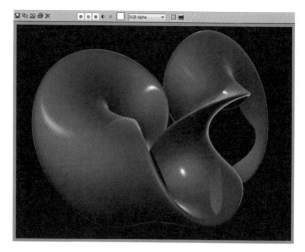

图5-50

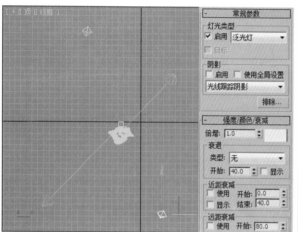
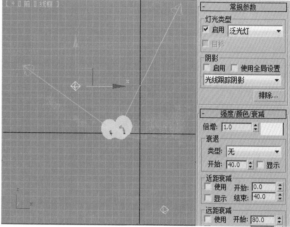

图5-51

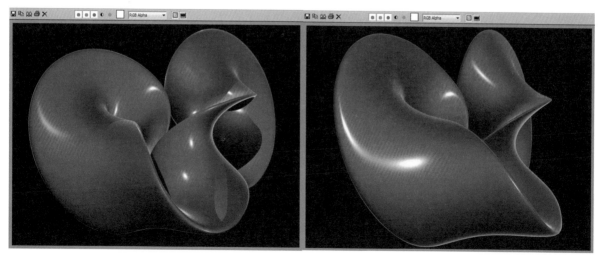

图5-52

# 第 **6** 章

# 玻璃材质的表现

**本章内容**
◆ 制作Vray玻璃材质
◆ 环境的处理

## 6.1 项目创作分析

　　本章将主要介绍一种有色玻璃材质的制作。玻璃材质在日常生活中的应用非常广泛，玻璃质感的表现方法也有很多种，但是，渲染的速度不尽如人意。在电视包装设计工作中，经常会碰到项目的执行时间比较短的情况，制作人员就没有足够的时间进行材质的调试，因此，本章要介绍一种制作简单、渲染速度快且质感绚丽的玻璃材质，这里主要是用V-Ray Ady渲染器进行渲染。虽然玻璃材质是由VRayMtl材质制作而成的，但还需通过环境对玻璃的影响来得到最终的效果，这样，玻璃的质感才能被淋漓尽致地表现出来，效果如图6-1所示。

图6-1

## 6.2 制作玻璃材质

　　玻璃材质主要是由VrayMtl材质制作而成的，在材质的表现中，重点是对材质的颜色进行设置。对玻璃颜色的处理方法有很多，例如，让材质的表面具有颜色、让材质的内部产生颜色、通过环境来影响材质的颜色等。这里主要是用让材质内部产生颜色的方法来处理玻璃的颜色。

**STEP 01** 在场景中导入LOGO模型，创建一个平面并将其作为地面，如图6-2所示。

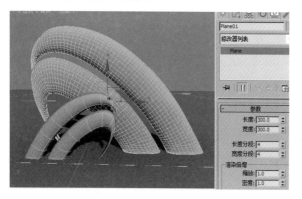

图6-2

**STEP 02** 在渲染面板中指定渲染器为V-Ray渲染器。渲染器列表中有V-Ray Ady渲染器和V-Ray RT渲染器，这里选择V-Ray Ady渲染器，如图6-3所示。

图6-3

**STEP 03** 选择一个新材质球并将其作为LOGO的玻璃材质。在材质/贴图浏览器中给玻璃指定一个V-Ray Ady渲染器中的VRayMtl材质，如图6-4所示。

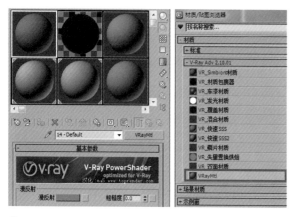

图6-4

**STEP 04** 再选择一个新的材质球并将其作为地面的材质，再将地面材质的颜色设置为白色，如图6-5所示。

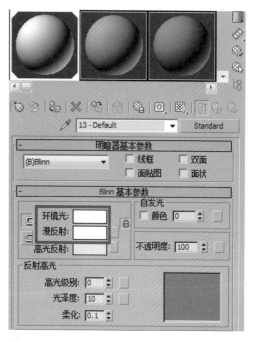

图6-5

**STEP 05** 调整玻璃的材质。将材质参数面板的反射栏中的反射颜色设置为白色，使材质产生完全反射的效果，如图6-6所示。

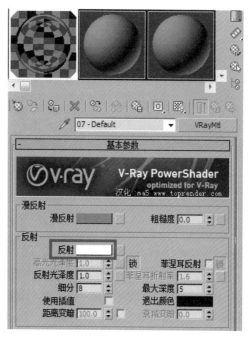

图6-6

**STEP 06** 渲染一帧，完全反射后的材质效果中的材质呈现出一种镜面反射的效果，材质完全地将环境反射到其身上了，此时几乎看不到LOGO的任何外形，如图6-7所示。

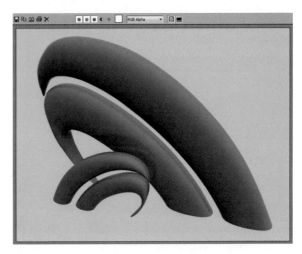

图6-9

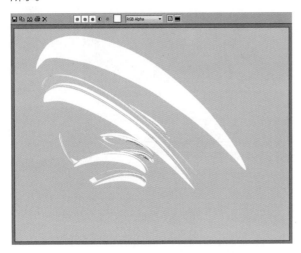

图6-7

STEP 07 勾选反射栏中的菲涅尔反射选项，让材质的反射有一个衰减的效果，如图6-8所示。

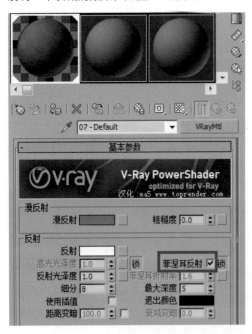

图6-8

STEP 08 渲染一帧后，可以看到材质的反射强度小了很多，此时的材质不仅能显示出其自身的颜色，而且，还能隐约地从材质的反射效果中看到LOGO的反射，如图6-9所示。

STEP 09 让LOGO产生折射效果。将折射栏中的折射颜色设为白色，让LOGO产生完全折射的效果，如图6-10所示。

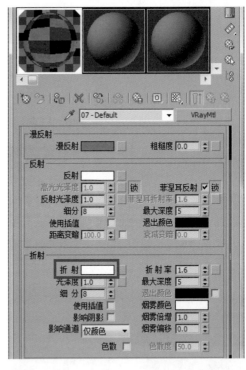

图6-10

STEP 10 图6-11所示为玻璃在折射率为1.5的情况下的完全折射的效果，这是普通玻璃的基本质感。这说明了较小的折射率可以产生真实的内部折射效果，这样，玻璃的整体质感就显得比较通透了。

**注意:** 在现实生活中，玻璃的成分不同，所以，它们的折射率也不同。折射率的范围主要是在1.5~1.9，1.5是普通玻璃的折射率，但在本例中，玻璃的质感并没有遵循真实玻璃的折射原则。

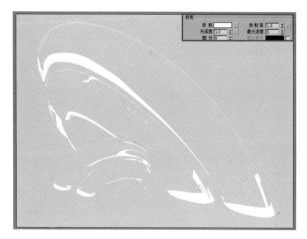

图6-11

STEP 11 对普通玻璃的质感进行深入的调节，让其质感更加绚丽。将折射率设为2，此时，LOGO的折射效果变得非常凌乱，如图6-12所示。

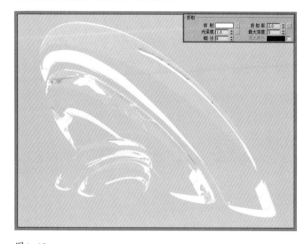

图6-12

STEP 12 将折射率设为1.5，再给玻璃设置一个颜色。将折射栏下的烟雾颜色设为蓝色，这里的烟雾颜色不是指材质表面的颜色，而是指用有颜色的体积物来填充透明物体，如图6-13所示。

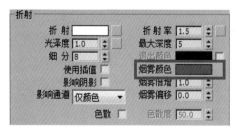

图6-13

STEP 13 渲染一帧LOGO模型，可以看到LOGO模型的玻璃材质变得非常厚实，失去了玻璃材质原有的通透

感，这说明此时的烟雾颜色太重了，如图6-14所示。

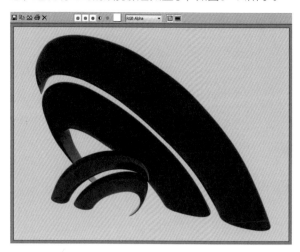

图6-14

STEP 14 将烟雾颜色设为白色，同时，把折射栏的退出颜色设为蓝色。此时，烟雾颜色仅出现在LOGO产生折射的部分了，这是因为退出颜色是在折射到达最大深度后，最后一帧产生折射效果时所反射出来的颜色；而其余部分没有颜色，则是因为此时的折射是完全折射效果。由此可见，退出颜色并不能改变材质的颜色，如图6-15所示。

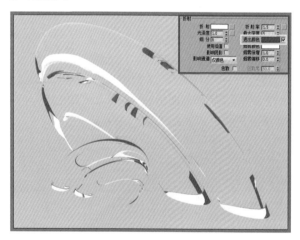

图6-15

STEP 15 继续将烟雾颜色设为蓝色，为了不让烟雾颜色过于厚重，将烟雾倍增值设为0.15，如图6-16所示。

STEP 16 再次渲染LOGO模型，玻璃颜色比之前的颜色通透多了，并且，烟雾颜色可随模型的厚薄程度而产生深浅的变化。此时，玻璃颜色的效果已出来了，但玻璃材质没有一点光泽感，这说明模型的通透效果还不够强，如图6-17所示。

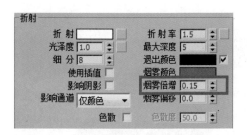

图6-16

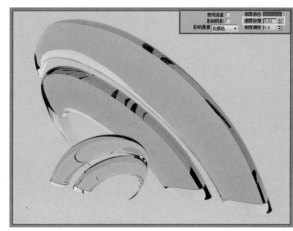

图6-18

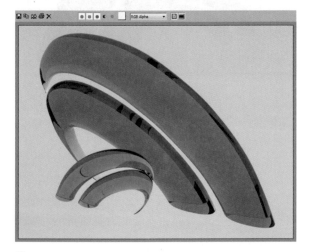

图6-17

**注意：** 颜色+Alpha选项可在玻璃的背景有其他元素的情况下，单独将折射通道渲染出来。这样可便于在后期处理过程中，对玻璃的折射效果进行调整。

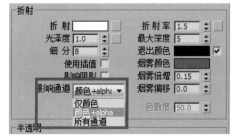

图6-19

**STEP 17** 将烟雾颜色减小到0.02，此时的玻璃材质通透了很多，但材质的颜色却变淡了，如图6-18所示。

**STEP 18** 保持烟雾倍增值为0.15并把影响通道设置为颜色+Alpha，以使玻璃折射部分的通道被渲染出来，如图6-19所示。

**STEP 19** LOGO玻璃材质折射部分的通透效果如图6-20所示。

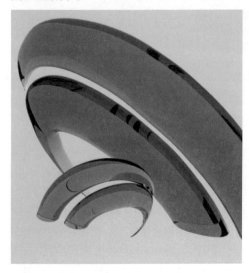

图6-20

# 6.3 环境的处理

虽然玻璃的材质是由V-Raymtl材质制作而成的，但玻璃的最终效果还应包括环境对玻璃的影响。下面，通过对环境的设置来处理玻璃的光泽度和通透感。

**STEP 01** 将地面材质换成V-Raymtl材质，再将反射的颜色设为白色，如图6-21所示。

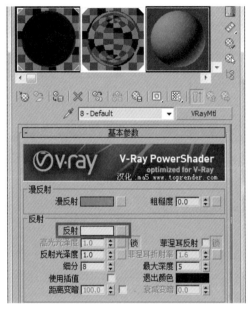

图6-21

**STEP 02** 渲染一帧，可以看到地面像镜子一样完全反射出LOGO模型了，这说明此时的地面反射效果过强了，如图6-22所示。

图6-22

**STEP 03** 给反射添加一个衰减贴图，再将衰减贴图的混合曲线栏下的曲线调整为如图6-23所示的形状。

图6-23

**STEP 04** 渲染场景后，地面的反射效果减弱了很多，并且，显现出了原有的灰色调，大范围的灰色使LOGO的玻璃材质也变暗了很多，如图6-24所示。

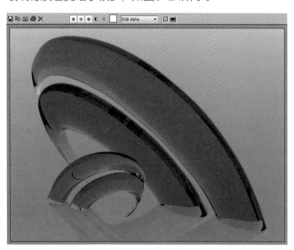

图6-24

**STEP 05** 在地面材质的贴图栏中，给环境添加一个输出贴图；再在输出贴图的渲染栏下，将输出量设为3，如

图6-25所示。

图6-25

**STEP 06** 再次渲染场景后，地面变亮了很多，而且由于受到地面的影响，LOGO玻璃材质内部的烟雾颜色产生一个亮度衰减的变化效果，同时，玻璃也变得有光泽感了，整个材质显得更通透了。此时的地面反射效果显得过于强烈，如图6-26所示。

图6-26

**STEP 07** 将反射栏下的反射光泽度设为0.85，让地面的反射产生模糊的效果，如图6-27所示。

**STEP 08** 经过模糊处理后，地面的反射效果减弱了很多，但还是可以隐约地看到地面上反射出来的LOGO外形，而且，渲染时间也因为光泽度的降低而变慢了很多，如图6-28所示。

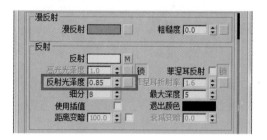

图6-27

图6-28

**STEP 09** 把反射光泽度设为0.99，让地面只产生微弱的模糊效果，以加快渲染的速度，如图6-29所示。

图6-29

**STEP 10** 进行渲染后，看不到地面有任何的模糊效果，此时，可将BRDF栏下的BRDF类型设为Ward【监视】，如图6-30所示。

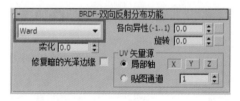

图6-30

**注意：** BRDF即双向反射分布功能，它用于表现物体表面的反射特性，可以定义物体表面的光谱和空间反射特性。

**STEP 11** 再次渲染，可以看到在Ward【监视】类型下的地面反射模糊效果要比在Phong【材质】类型下的效果更模糊，而且，两种类型的渲染速度是不一样的，如图6-31所示。

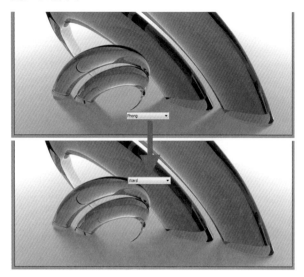

图6-31

**STEP 12** 到BRDF-双向反射分布功能栏下，设置反射模糊的方向，该方向是有三维空间感的。将各向异性设为0.5，局部轴设为z轴，得到的效果如图6-32所示。

**STEP 13** 将局部轴改设为x轴，可得到不一样的反射模糊效果，如图6-33所示。

**STEP 14** 从材质球上可以清晰地看到，设置不同的局部轴后所得到的反射模糊效果是不一样的，如图6-34所示。

图6-32

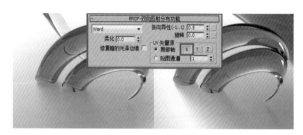

图6-33

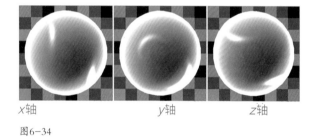

x轴　　　　　　　y轴　　　　　　　z轴

图6-34

**STEP 15** 给场景添加光源，增加玻璃材质的光泽度。在顶视图中创建一盏VR光源灯，让灯光从右边直射到LOGO模型上，如图6-35所示。

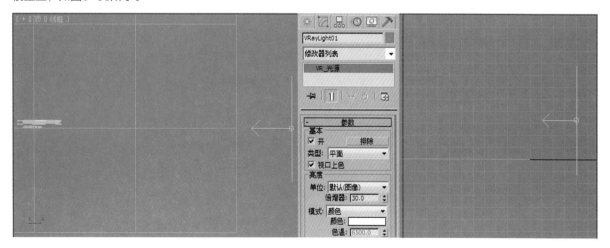

图6-35

**STEP 16** 灯光的选项设置如图
6-36所示。

**STEP 17** 渲染场景后，场景变暗
了很多，但玻璃材质也变暗了，
这是由于在灯光类型栏和阴影栏
下勾选了启用选项所导致的，如
图6-37所示。

图6-36

图6-37

**STEP 18** 此时，无论是改变灯光的大小设置还是改变
灯光的照射方向，都不能提高材质的亮度，如图6-38
所示。

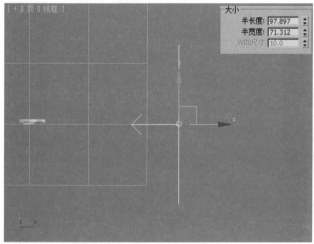

图6-38

**STEP 19** 在场景的顶部位置再添加一盏泛光灯；将灯光
的倍增值设为1.4，颜色设为灰蓝色，如图6-39所示。

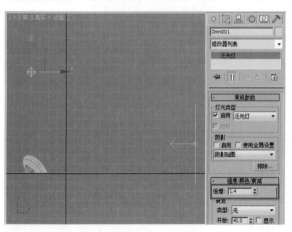

图6-39

**STEP 10** 渲染场景后，得到最终的玻璃材质效果，如图
6-40所示。

图6-40

# 第**7**章 地球的材质表现

**本章内容**
- ◆ 陆地材质的制作
- ◆ 海洋材质的制作
- ◆ 地球质感的表现

## 7.1 项目创作分析

本章将主要介绍地球材质的制作，通过突出表现地球的陆地和海洋材质来制作一个漂亮的地球表面材质效果。制作地球材质时，最普遍的一种方法就是将地球的卫星照片作为贴图，用这种方法做出的效果很逼真，但其表面是平滑的。下面，主要讲解如何使用上述方法的基础上使陆地产生凹凸的效果，使海洋产生深浅的颜色变化及波纹效果。地球的效果如图7-1所示。

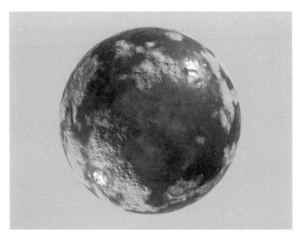

图7-1

## 7.2 制作陆地的材质

陆地材质的制作主要是以陆地为制作的核心，除了要制作出陆地的凹凸效果以外，陆地之外的部分（即海洋部分）也需要用海洋材质来进行衬托，这样才能更加完整地表现出地球表面的材质效果，如图7-2所示。

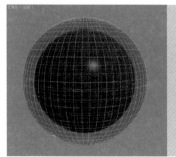

图7-2

## 7.2.1 水纹材质的制作

水纹的效果可用一个光线跟踪材质来实现，这里通过添加烟雾、细胞和噪波贴图来得到一个凹凸的水纹球体效果。先制作水纹材质的第一层材质，由于该材质和地球的陆地材质是被同时呈现出来的，因此，这里要先将水纹材质制作出来，如图7-3所示。

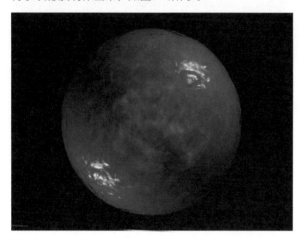

图7-3

**STEP 01** 在场景中创建两个大小不一样的球体并将两个球体的中心对齐。大的球体主要用于制作陆地材质，小的球体则用于制作海洋材质，如图7-4所示。

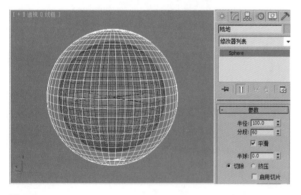

图7-4

**STEP 02** 指定一个材质球为光效跟踪材质，将反射高光栏中的高光级别设为103，光泽度设为64，其他参数暂时保持默认设置，如图7-5所示。

**STEP 03** 此时，球体的高光效果如图7-6所示。

**STEP 04** 制作球体的反射效果。在球体的贴图栏下给反射添加一个衰减贴图，再将衰减参数栏下的衰减类型设为Fresnel【菲涅尔】，如图7-7所示。

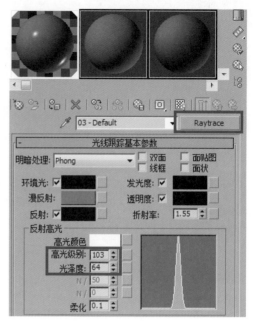

图7-5

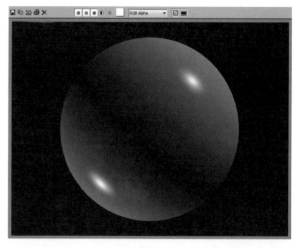

图7-6

**注意：** 用菲涅尔衰减类型制作出来的反射效果要比用默认的垂直/平行类型所制作出来的反射效果弱很多。

**STEP 05** 渲染一帧，可以看到球体表面的边缘变得有点虚了，这是因为球体边缘的反射环境是黑色的，如图7-8所示。

**STEP 06** 给外部球体制作一个水纹效果。到光线跟踪参数栏下，给透明度添加一个细胞贴图并将细胞颜色设为浅灰色，如图7-9所示。

**STEP 07** 渲染一帧后，球体表面会出现一些灰色的细胞纹理，如图7-10所示。

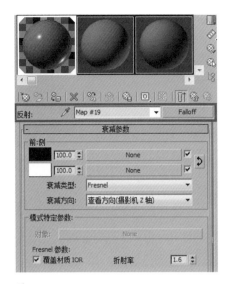

图7-7

图7-8

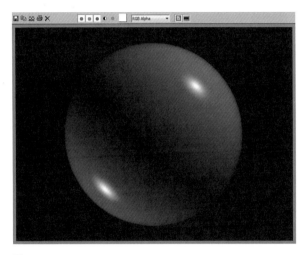

图7-9

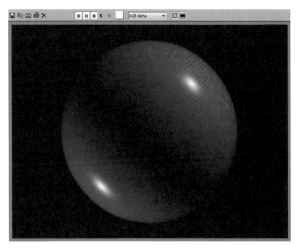

图7-10

**STEP 08** 对细胞纹理进行调整，让其产生丰富的变化，细胞纹理主要用于模拟水纹深浅的变化效果。勾选细胞参数的细胞特性栏的分形选项；把细胞的大小值设置为19.6，扩散值加大到1.17，如图7-11所示。

图7-11

**注意：** 分形选项可以对规则的细胞纹理进行随机的细分，而扩散值则可以减小细胞之间的间隙。

**STEP 09** 渲染球体，从渲染效果中可以发现球体表面的细胞纹理隐约可见，这是因为此时的场景中没有灯光且细胞的颜色又呈灰色，如图7-12所示。

**STEP 10** 增加细胞纹理的亮度。这里不采用给场景添加灯光的方法，而是直接增加细胞纹理的自发光亮度。到光线跟踪参数栏下，给发光度添加一个衰减贴图；到衰减贴图设置栏中，把衰减设为蓝色并将衰减的混合曲线调整成为向外弯曲的弧形曲线，如图7-13所示。

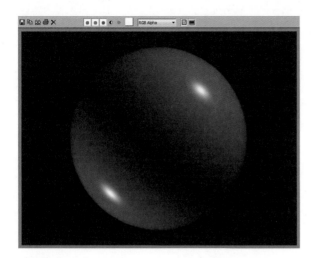

图7-12

图7-13

果像烟雾一样飘渺，如图7-15所示。

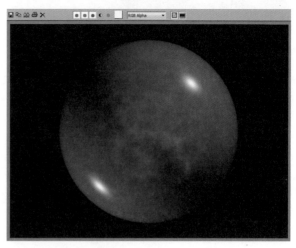

图7-14

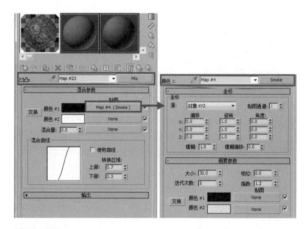

图7-15

**STEP 13** 渲染一帧后，一个比较逼真且具有凹凸效果的水纹球体就制作完成了，如图7-16所示。

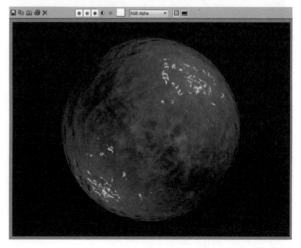

图7-16

**STEP 11** 再次渲染球体后，球体表面细胞纹理的亮度呈现出从中心向四周逐渐衰减的效果，也就是说，球体中心部分的纹理的亮度最高，越靠近边缘的纹理的亮度越低。此时的水纹理是一种平面的效果，如图7-14所示。

**STEP 12** 下面，做出细胞纹理的凹凸效果，让其具有水纹的真实感。在光线跟踪的贴图栏下给凹凸添加一个混合贴图，再给混合贴图的颜色#1添加一个烟雾贴图。这里将烟雾参数栏下的大小值设置为30，使水纹的凹凸效

STEP 14 到烟雾参数栏下，给烟雾的颜色#1添加一个噪波贴图。到噪波参数栏中，将噪波类型设置为分形，让水纹的凹凸效果产生更多的细节；将噪波阈值的高值和低值设置得比较接近，以加大噪波阈值的对比，如图7-17所示。

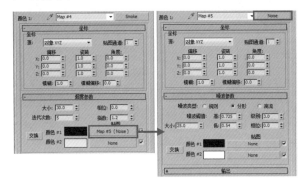

图7-17

STEP 15 此时的球体表面的水纹理多了一些凹凸的效果，如图7-18所示。

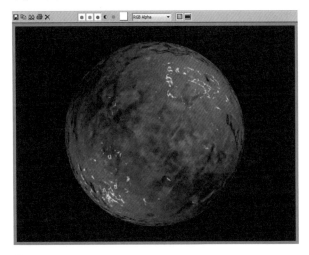

图7-18

STEP 16 让水纹理产生更多的细节。在混合参数栏中给颜色#2添加一个噪波贴图，再在噪波参数栏下将噪波类型设为湍流；将噪波阈值的大小值设为9并加大噪波阈值的对比，如图7-19所示。

注意：此时，没给混合参数栏中的贴图设置混合量，因此，得到的材质效果只会显示颜色#1中的烟雾贴图的效果，颜色#2中的噪波贴图不会影响材质的效果。这里给混合量也添加一个噪波贴图，再将噪波类型设为湍流，如图7-20所示。

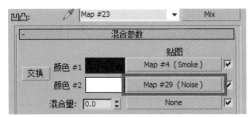

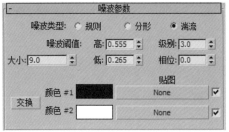

图7-19

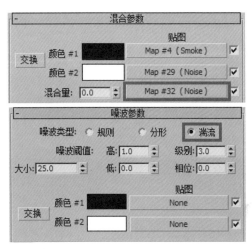

图7-20

STEP 17 此时，球体表面的水纹理出现了一些细小的纹理变化，如图7-21所示。

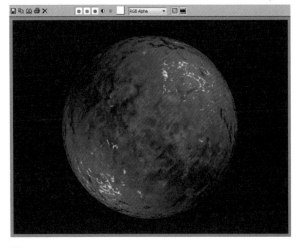

图7-21

**STEP 18** 将整个球体表面的水纹理的凹凸效果减弱。在光线跟踪材质的贴图栏下将凹凸值设为-10，使球体表面呈现出浅浅的水纹效果，如图7-22所示。

至此，外部球体的水纹理效果便已制作完成了，下面，开始制作绿色的陆地凹凸效果。

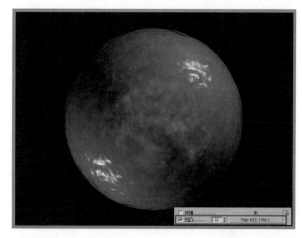

图7-22

## 7.2.2　陆地材质的制作

陆地材质的制作方法和水纹材质的制作方法很相似，也是通过烟雾、细胞和噪波贴图来实现陆地表面的凹凸效果；再到混合材质中，将烟雾贴图作为遮罩，将水纹材质和陆地材质进行分离，这样，便可得到一个版块分离的陆地效果了，如图7-23所示。

图7-23

**STEP 01** 选择一个新材质球；将材质的明暗器设为（ML）多层明暗器并勾选双面选项；再把漫反射颜色设置为淡蓝色，如图7-24所示。

**STEP 02** 设置材质的高光。在着色层中将第一高光反射层的颜色设为淡绿色，高光级别设为25，光泽度设为40，制作出一个亮度较低且有光晕效果的高光；在第二高光反射层中将高光级别设为100，光泽度设为85，制作出一个略尖锐的高光，如图7-25所示。

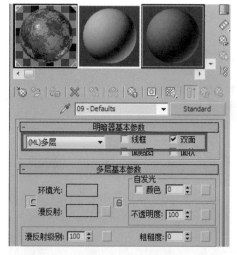

图7-24

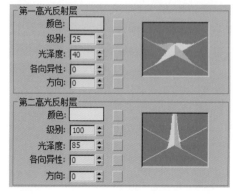

图7-25

**STEP 03** 将高光指定给球体后，渲染球体，此时，球体是一个淡蓝色的材质效果，和所想要的陆地材质的绿色不相吻合，如图7-26所示。

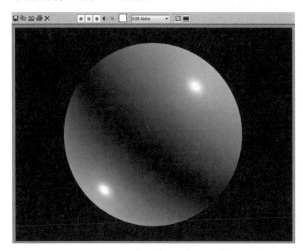

图7-26

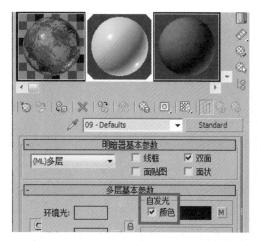

图7-28

**STEP 04** 改变材质的自发光颜色。给自发光添加一个衰减贴图，再给贴图设置一个从深绿色到草绿色的衰减变化效果。设置完衰减颜色后，材质球的颜色依然没有发生变化，如图7-27所示。

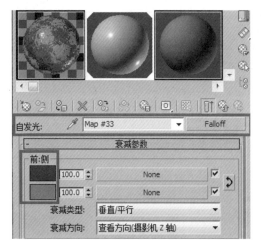

图7-27

**STEP 05** 在材质的多层基本参数栏下勾选自发光的颜色选项，这样，材质球的颜色就变成绿色的了，如图7-28所示。

**STEP 06** 渲染一帧后，得到的材质效果便是设置了自发光衰减颜色后的效果了，如图7-29所示。

**STEP 07** 给绿色材质设置凹凸效果。在贴图栏下给凹凸添加一个烟雾贴图，再将烟雾参数栏下的大小值设为30；降低指数值到0.7，以减少烟雾的细节效果，如图7-30所示。

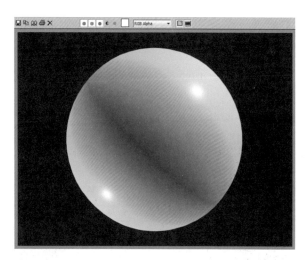

图7-29

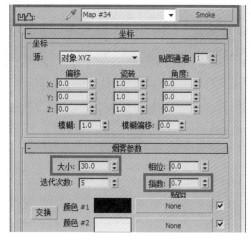

图7-30

**STEP 08** 渲染球体后，绿色球体的表面就会出现凹凸的效果了，但烟雾的凹凸细节还是有点多，如图7-31所示。

图7-31

STEP 09 减少烟雾的凹凸细节。如果继续降低烟雾的指数值的话，就会降低整体的凹凸效果。这里给烟雾的颜色#1添加一个噪波贴图并将噪波类型设置为分形；调整噪波阈值的高、低数值，加强噪波的对比。渲染后得到的噪波效果如图7-32所示。

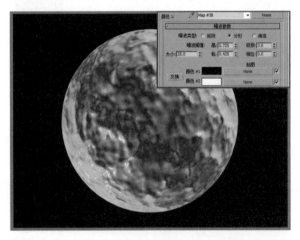

图7-32

STEP 10 下面，给陆地材质添加纹理，让其看起来更逼真。在烟雾参数栏下给颜色#2添加一个细胞贴图；勾选细胞特性栏下的分形选项；将细胞的大小值减小到4，扩散值降低到0.91。渲染球体，得到的纹理效果如图7-33所示。

STEP 11 此时，细胞的纹理效果是往外凸出来的，这里要将其设置成往下凹进去的。在材质的贴图栏下将烟雾的凹凸值设为-20，以使细胞纹理向下凹。渲染球体，从渲染效果中可以看到陆地的凹凸效果有点像星球的凹凸表面了，如图7-34所示。

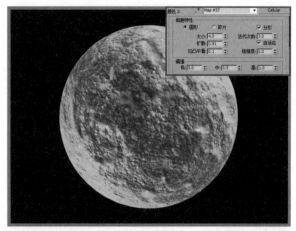

图7-33

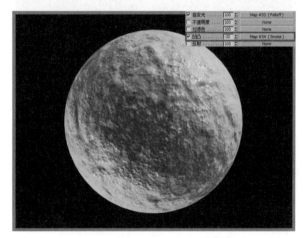

图7-34

STEP 12 此时，绿色且凹凸的陆地材质便已制作完成了，但此时的陆地还是不像地球的陆地，这是因为地球的陆地是分很多板块的，因此，这里要用另一个材质球来将陆地分隔开。重新指定一个材质球作为混合材质，再分别把之前制作好的两个材质拖到混合基本参数栏下的材质1和材质2中，如图7-35所示。

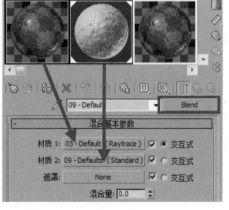

图7-35

**STEP 13** 给遮罩材质添加一个烟雾贴图，让烟雾贴图将水纹材质和陆地材质分隔开。将烟雾参数栏下的大小值设为30，指数值设为5，如图7-36所示。

图7-36

**STEP 14** 给烟雾的颜色#1添加一个噪波贴图。到噪波参数栏下，将噪波类型设为分形，噪波的大小值设为35；再设置噪波阈值的高低参数，将高值设为0.58，低值设为0.5。此时，高低值非常接近，也就是说，此时得到的噪波对比接近最大，这样，白色和黑色相接部分的过渡效果就会非常微弱，如图7-37所示。

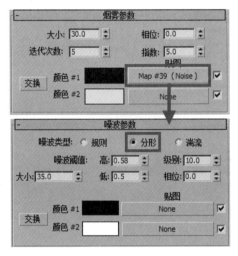

图7-37

**STEP 15** 高对比的噪波阈值所得到的黑白烟雾贴图效果如图7-38所示。

**STEP 16** 将水纹材质与陆地材质分隔后的材质球效果如图7-39所示。

**STEP 17** 渲染球体后，基本的地球效果便出来了。此时，陆地材质与水纹材质很好地被分隔开了。如果想对水纹材质与陆地材质的交接处进行调整，则只需调整噪波阈值的高低值即可，如图7-40所示。

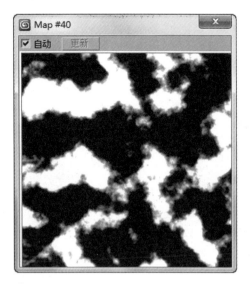

图7-38

图7-39

图7-40

至此，外部球体的陆地效果便制作完成了。

# 7.3 制作海洋材质

　　下面，制作内部球体的海洋材质，完善整个地球的海洋效果。由于外部球体已经有一个基本的水面效果了，因此，海洋材质的制作比较简单，主要是给外部球体添加辅助的水纹效果，如图7-41所示。

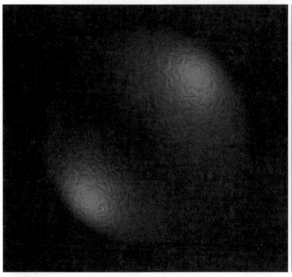

图7-41

STEP 01 指定一个材质球给内部球体并将材质的漫反射颜色设为蓝色。先给材质设置一个亮度较低的高光效果；然后在贴图栏中给凹凸添加一个噪波贴图；再将凹凸值减小到-3，让其只产生一个较弱的凹凸效果，如图7-42所示。

STEP 02 到噪波参数栏中，将噪波类型设置为湍流并将噪波的大小值减小到4.9；再将噪波阈值的高值降低到0.345。渲染一帧，得到的简单噪波纹理效果如图7-43所示。

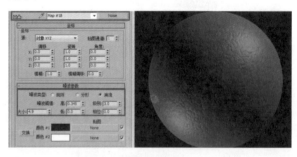

图7-43

STEP 03 给内部球体设置一个不透明的衰减效果，使内部球体的海洋材质能隐隐约约地显现在外部球体的水面下。在材质的基本参数栏下给不透明度添加一个衰减贴图并将衰减的黑色与白色的位置调换过来，再将混合曲线的形状调整为如图7-44所示的形状。

STEP 04 至此，内部球体的简单海洋效果便制作完成了，如图7-45所示。

图7-42

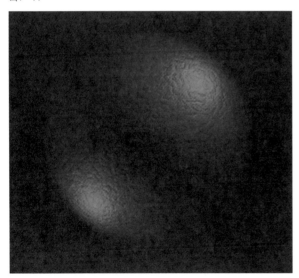

图7-44

图7-46

**STEP 06** 将内部球体隐藏起来,得到一个镂空的地球效果,如图7-47所示。

图7-47

**STEP 07** 将背景调亮,得到的地球效果如图7-48所示。

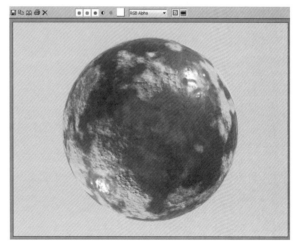

图7-45

**STEP 05** 渲染两个球体后,可以从外部球体的水面部分隐约看到内部球体的材质。两种材质的重叠效果使水面多了更多的细节变化,地球效果也变得更加通透了,如图7-46所示。

图7-48

**STEP 08** 到混合基本参数栏下的光线跟踪材质中，将发光度衰减贴图的混合曲线设为一个向内凹的弧形，如图7-49所示。

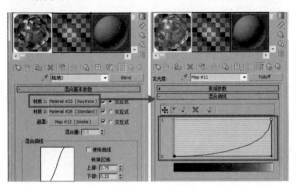

图7-49

**STEP 09** 此时，地球效果就变得更加明亮、通透了，如图7-50所示。

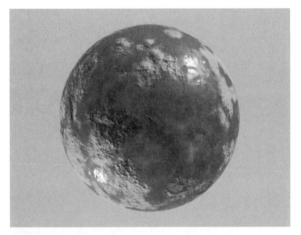

图7-50

**STEP 10** 两种地球效果的对比效果如图7-51所示。

图7-51

**STEP 11** 至此，地球的整个效果便制作完成了，地球的几种不同材质球效果如图7-52所示。

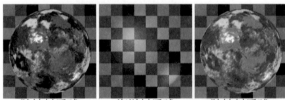

陆地材质球　　　海洋材质球　　　陆地材质球
　　　　　　　　　　　　　　　　（白色背景）

图7-52

# 第8章

# 布料的模拟

**本章内容**
◆ 模拟桌布
◆ 模拟窗帘
◆ 制作窗帘拉开的动画

## 8.1 项目创作分析

　　本章将主要介绍电视包装中最常用到的各种布料的表现效果，布料通常是作为一种背景辅助元素来烘托环境，或者，作为重要元素来拉开整个视觉动画的序幕，因此，布料的表现效果不仅体现了该视觉效果的制作难度，也决定了该视觉效果的美观度。在图8-1所示的动画演绎中，用到了背景幕帘拉开的动画和地面地毯铺开的动画，这些布料的动画效果都是电视包装中最常见的。

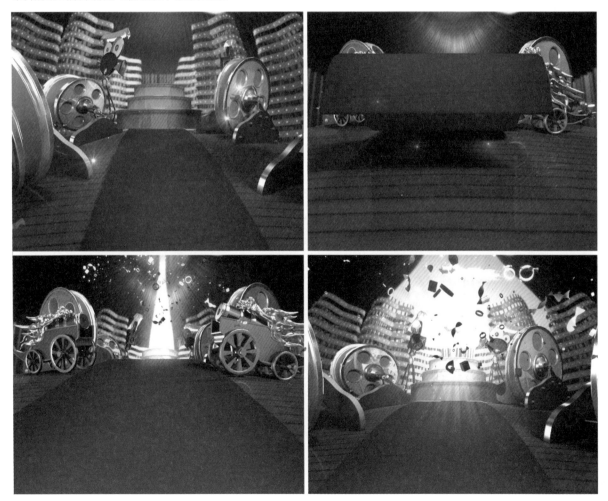

图8-1

Cloth【布料】是一种高级的布料模拟引擎，用于创建逼真的布料效果。Cloth【布料】能与3ds Max中的建模工具配合使用，可将任意的3D对象转换为布料，也可以从头开始制作布料。本章主要讲解如何用Cloth【布料】修改器来模拟出多种布料的不同表现效果，包括桌布的制作、窗帘的制作和电视包装中最常见的幕帘拉开动画的制作，如图8-2所示。

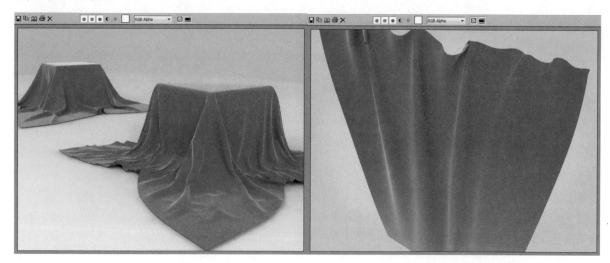

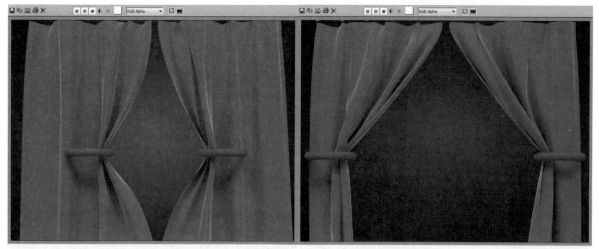

图8-2

## 8.2 制作桌布效果

桌布效果实际上是先将一个网格细分成比较多的平面，再对其进行布料的模拟，让其垂落到桌面上，从而形成桌布效果。这里分别用普通的平面和Garment Maker【衣服生成器】生成的平面来进行桌布效果的制作，效果如图8-3所示。

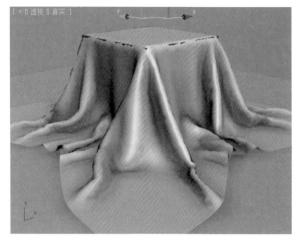

图8-3

## 8.2.1　用普通平面制作桌布效果

用普通平面制作出的桌布效果看上去比较平滑，但这种方法需要较多的网格来支持，否则，模拟所得的桌布效果将与桌面边缘产生交叉的错误现象，如图8-4所示。

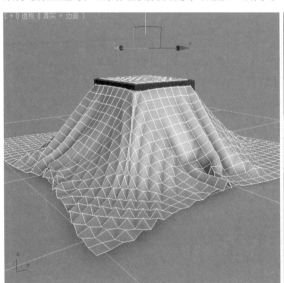

图8-4

**STEP 01** 在场景中创建一个地面、一个立方体及一个作为布料模型的方形平面，其位置和大小如图8-5所示。

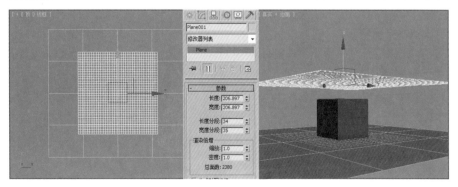

图8-5

**STEP 02** 选中场景中的方形平面，在编辑面板的修改器列表中给平面添加一个Cloth【布料】修改器，如图8-6所示。

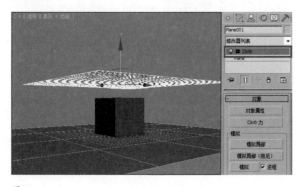

图8-6

**STEP 03** 下面，简单介绍一下Cloth【布料】修改器。在Cloth【布料】修改器的对象栏下有一个对象属性按钮，单击对象属性按钮即可打开对象属性面板，如图8-7所示。

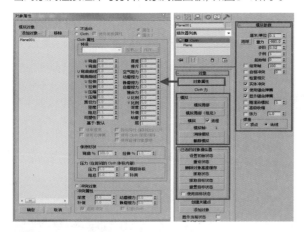

图8-7

**注意：** 对象属性面板可用于定义要包含在模拟中的对象，确定这些对象是布料还是冲突对象（即碰撞对象），还可用于设置与对象相关联的参数。

**STEP 04** 模拟栏主要用于对布料动画或消除布料动画进行模拟。Cloth【布料】的模拟方式有3种：模拟局部、模拟局部（阻尼）和模拟。模拟局部是在不创建动画的情况下，开始模拟进程；模拟局部（阻尼）和模拟局部相似，但模拟局部（阻尼）将为布料添加大量的阻尼，可在减慢布料动画的模拟速度的同时加大模拟的精确度；模拟是指在激活的时间段内创建模拟，这种模拟方式不同于模拟局部，它将在每帧位置上以模拟缓存的形式创建模拟数据，如图8-8所示。

已选的对象操纵器栏用于对模拟结果的状态进行处理，主要包括对第一帧的初始状态进行设置、重设状态（即清除模拟结果）、对模拟结果的布料状态进行调整等，如图8-9所示。

模拟参数栏用于设置重力、起始帧和缝合弹簧选项等常规模拟的属性。这些设置可在全局范围内应用于模拟中的所有对象，如图8-10所示。

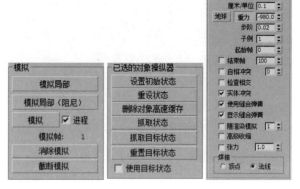

图8-8 图8-9 图8-10

**STEP 05** 制作桌布效果。在对象属性面板的模拟对象列表中选择平面；再在右边的设置面板中选择Cloth【布料】选项，将平面作为布料对象，如图8-11所示。

图8-11

**注意：** 桌布的制作方法比较简单，它是Cloth【布料】模拟出的最基本的效果。要进行布料模拟，首先，需要一个Cloth【布料】对象，如一块桌布或一双袜子；其次，需要一些与织物进行交互的对象，这些对象既可以是冲突对象（如桌面或角色的腿），也可以是风或重力等外力对象。

**STEP 06** 此时的模拟对象只有一个平面，因此，需要将场景中的立方体、桌子和地面也添加进来。单击添加对象按钮，导入场景中的立方体和地面；在右边的设置面板中点选冲突对象选项，使立方体和地面成为碰撞对象，让它们与布料对象产生交互动画，如图8-12所示。

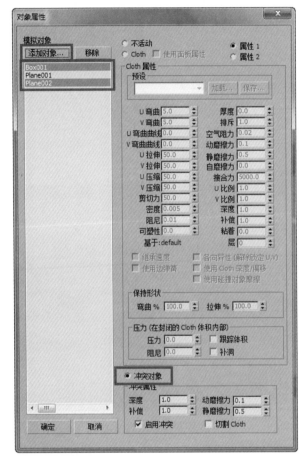

图8-12

**STEP 07** 模拟布料效果。单击平面的修改器面板中的模拟局部按钮后，平面将快速地穿透立方体并掉落到地面上，如图8-13所示。

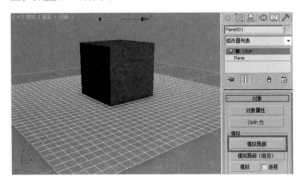

图8-13

**STEP 08** 布料动画模拟的准确性和布料单位的设置有关，也就是说，布料的尺寸对布料的模拟效果是有影响的，设置不同的布料尺寸后，模拟出来的结果也不同。不合适的布料尺寸有可能导致错误的模拟结果，如图8-14所示。

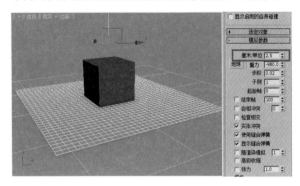

图8-14

**STEP 09** 到模拟参数栏中，将厘米/单位的数值设为2.54，即设为标准的一英寸大小。单击模拟局部按钮后，平面就会产生正确的模拟效果了，效果如图8-15所示。

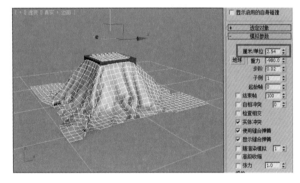

图8-15

**STEP 10** 如果布料出现了快速穿透的现象，则可尝试通过调节地球的重力值来修改错误，如图8-16所示。

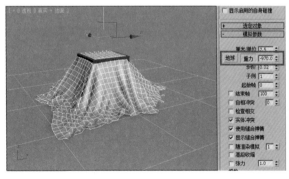

图8-16

**STEP 11** 在厘米/单位值设置为2.5的情况下，单击模拟按钮，布料将与立方体产生碰撞，这和单击模拟局部按钮后得到的结果是不同的，由此可见，模拟局部按钮有一个特殊功能，就是可以预览动画的模拟结果，从而得知动画可能出现的一些问题，如图8-17所示。

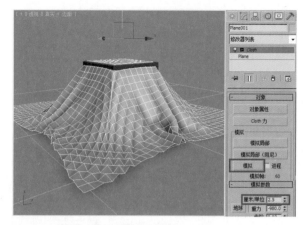

图8-17

**STEP 12** 布料动画模拟完后，检查布料的细节效果，此时，布料与立方体相交的地方出现了明显的穿透现象，而且，布料与布料之间也产生了交叉现象，如图8-18所示。

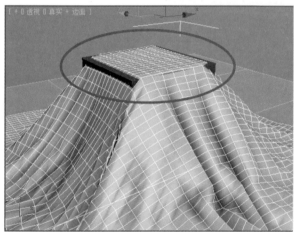
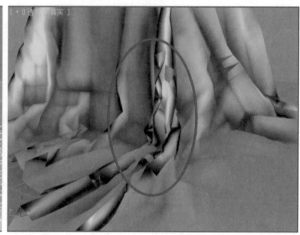

图8-18

**STEP 13** 下面，修正上述出现的两个问题。在平面的参数栏下加大长、宽分段的数值。再次进行模拟后，布料与立方体的穿透问题已得到了解决，如图8-19所示。

**STEP 14** 勾选Cloth【布料】的模拟参数栏下的自相冲突选项和检查相交选项。再次模拟，可以看到布料之间的交叉现象也得到了解决，如图8-20所示。

图8-19

图8-20

## 8.2.2  用Garment Maker平面制作桌布效果

下面，介绍如何用Garment Maker【衣服生成器】修改器所生成的平面来模拟另一种布料效果。[衣服生成器]是基于路径进行平面生成的，而且，生成的平面网格是呈三角形的。用该网格平面来模拟布料效果时，出错率较低，而且，得到的布料纹理也会更漂亮，如图8-21所示。

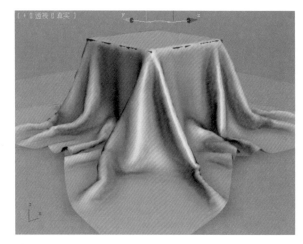

图8-21

**STEP 01** 关闭当前模拟的布料动画。选中场景中的平面，单击其修改器列表中的Cloth【布料】修改器左端的小灯，即可关闭布料的模拟动画，如图8-22所示。

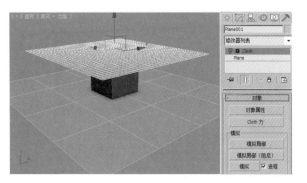

图8-22

**STEP 02** 在场景中创建一个矩形路径，将其放置在平面的位置上，如图8-23所示。

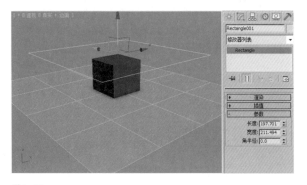

图8-23

**STEP 03** 给矩形添加一个Garment Maker【衣服生成器】修改器，再在其主要参数栏中将密度值加大到0.15，使矩形变成一个布满网格的平面，如图8-24所示。

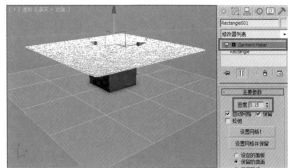

图8-24

**STEP 04** 此时，可以看到矩形已变成网格平面，但平面中的一些角变得比较钝挫，这是因为Garment Maker【衣服生成器】是用三角形网格来细分平面的，它能够在改变平面布料的同时，使之产生不一致的变形，如图8-25所示。

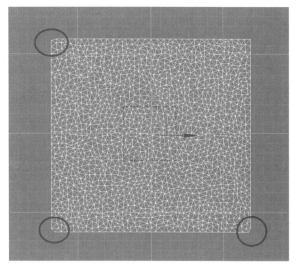

图8-25

**STEP 05** 给矩形添加一个编辑样条线修改器，再激活样条线顶点模式中的4个顶点；单击编辑样条线的几何体栏下的断开按钮，将4个连接的顶点断开，如图8-26所示。

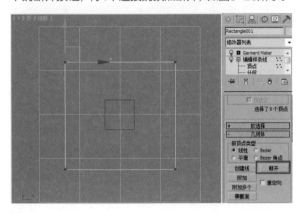

图8-26

**STEP 06** 把之前添加的Garment Maker【衣服生成器】修改器删除，因为它针对的是前面的矩形所生成的布料。修改完矩形后，衣服生成器所生成的布料效果不会被改变，因此，这里需要重新添加一个衣服生成器，如图8-27所示。

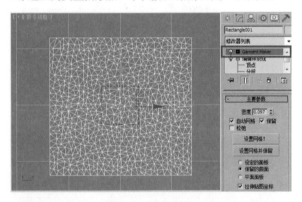

图8-27

**STEP 07** 此时，平面网格的大小是不一致的。如果要让平面的网格保持统一的大小，就要勾选衣服生成器修改器的主要参数栏下的松弛选项，如图8-28所示。

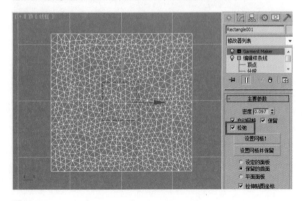

图8-28

**STEP 08** 给网格平面添加一个Cloth【布料】修改器并打开其对象属性面板，将网格平面指定为Cloth【布料】对象，再将场景中的地面和立方体指定为冲突对象，如图8-29所示。

**STEP 09** 单击模拟按钮，对网格平面进行布料模拟。由于网格平面的网格数量比较少，因此，它与立方体产生了严重的穿透现象，如图8-30所示。

**STEP 10** 到Garment Maker【衣服生成器】修改器的主要参数栏下，将密度值加大到0.3，如图8-31所示。

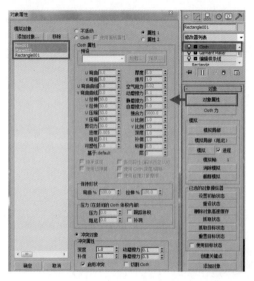

图8-29

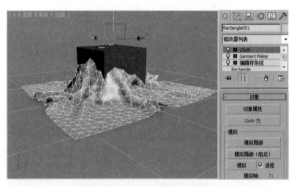

图8-30

图8-31

**注意：** 若网格的密度值太高，则会导致系统的处理时间变长；若网格的密度值过低，则会导致无法得到想要的布料效果，因此，要想得到理想的桌布效果，就要给网格的密度设置一个合适的数值。

**STEP 11** 再次模拟网格平面，从模拟的结果中可以看到，布料效果的出错率小很多了，并且得到的布料纹理也漂亮了很多，如图8-32所示。

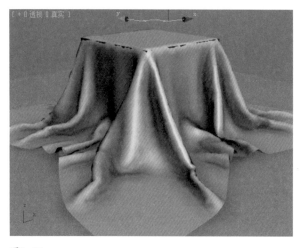 

图8-32

至此，简单的桌布效果便模拟完成了。

# 8.3 制作窗帘效果

下面，介绍窗帘效果和幕帘拉开动画的制作。窗帘效果和幕帘效果很相似，窗帘是一种垂直折叠的布料效果，而幕帘效果则是在窗帘效果的基础上多加了一个拉开的动画，如图8-33所示。

于固定窗帘，如图8-35所示。

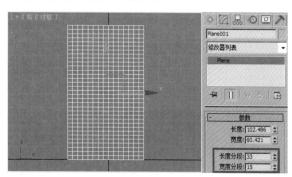

图8-34

图8-33

**STEP 01** 在场景中创建一个平面并将其作为布料的模拟对象，参数设置如图8-34所示。

**STEP 02** 在场景中创建6个小球并在参数栏中降低小球的分段数。这些小球是不会被渲染出来的，它们主要用

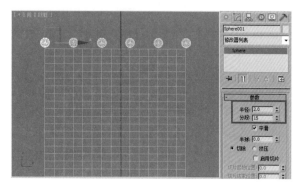

图8-35

STEP 03 给其中的一个小球添加一个编辑多边形修改器，再将6个小球合并成一个整体，如图8-36所示。

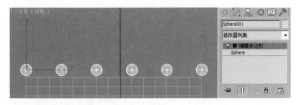

图8-36

STEP 04 将平面与小球绑定。给平面添加一个Cloth【布料】修改器，在修改器列表中展开布料修改器的子层级并单击组层级；进入布料的组层级后，组层级下面将出现一个组参数栏。该栏用于选择组顶点并将这些顶点指定为曲面冲突对象或其他的Cloth【布料】对象，如图8-37所示。

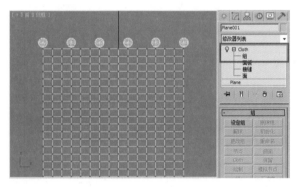

图8-37

STEP 05 在视图中选择小球下面对应的顶点，将这些顶点与小球绑定，如图8-38所示。

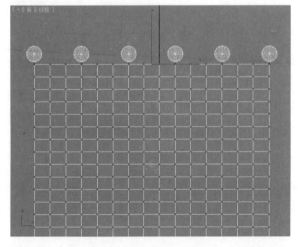

图8-38

STEP 06 单击组参数栏下的[设定组]按钮，可在弹出的设定组对话框中对新建的组进行重命名，这里将组名称

保存为默认名称即可。这样，被选择的6个顶点就被设置成一个组了，如图8-39所示。

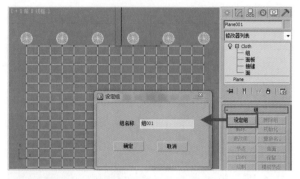

图8-39

STEP 07 单击组参数栏下的节点按钮，再在视图中选中小球，这样，便将组当中的6个顶点打组到接近它的小球上了，小球就变成了顶点约束的节点，如图8-40所示。

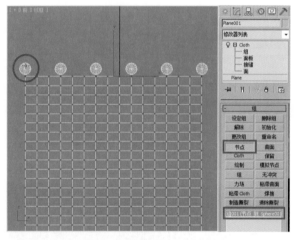

图8-40

注意：不能在Cloth【布料】的对象属性面板中将小球指定为冲突对象，否则，设置好的顶点组便不能约束小球了，也就是说，约束的节点不能是模拟中的对象；如果想让该节点作为模拟对象，可以单击组参数栏下的[节点]按钮。

STEP 08 在进行模拟前，要对平面的布料参数进行设置。打开平面的对象属性面板，选择Cloth【布料】选项，将平面指定为布料；然后，在Cloth属性的预设栏下选择Cotton【麻布】项；再在模拟参数栏下将厘米/单位设为2.54并勾选自相冲突选项和检查相交选项，如图8-41所示。

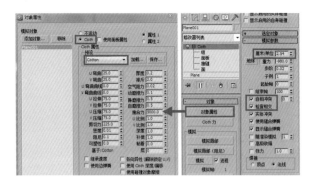

图8-41

**注意：** 自相冲突选项和检查相交选项的功能是一样的，自相冲突选项用于检查布料之间的碰撞和交错。勾选该项后，布料的模拟速度会减慢。在自相冲突选项后面有一个数值框，它用于设置Cloth【布料】解决所有的冲突问题所需的计算值，默认值的范围是0~10。一般情况下，1以内的自相冲突值即可解决所有冲突问题，如图8-42所示。

图8-42

STEP 09 单击模拟按钮，模拟平面动画。此时，平面上被选择的顶点已经被约束到小球上了，但此时的模拟结果并不像窗帘的效果，这是因为缺少窗帘的折叠效果，如图8-43所示。

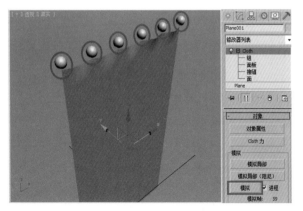

图8-43

STEP 10 制作窗帘的折叠效果。选中场景中的小球，将它们向左缩放到如图8-44所示。

STEP 11 再次模拟窗帘的顶点后，窗帘产生了折叠效果，

但此时的窗帘布料还比较粗糙，如图8-45所示。

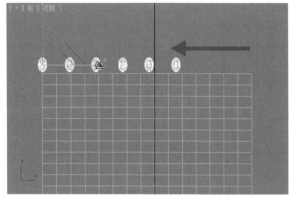

图8-44

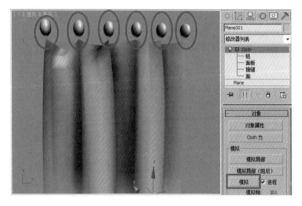

图8-45

STEP 12 选中平面，在参数栏下加大它的长度分段数值和宽度分段数值，如图8-46所示。

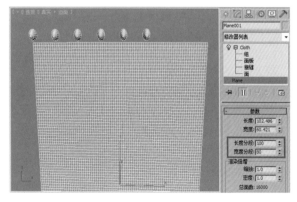

图8-46

STEP 13 加大了平面的分段数值后，之前在Cloth【布料】的组层级下被选中的顶点就被撤销了，因此，需要重新制定顶点。将小球的缩放值恢复到100%；然后，选择Cloth【布料】修改器下的组层级，在视图中选择小球下对应的顶点；再单击组参数栏下的设定组按钮，将刚才选择的顶点设定成一个组，如图8-47所示。

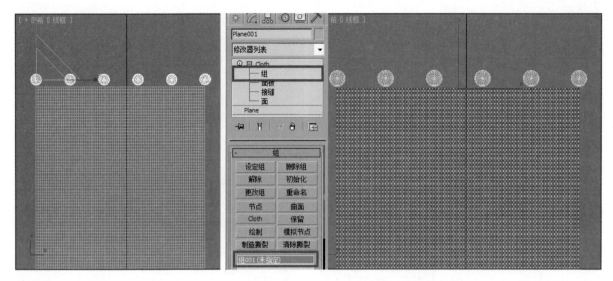

图8-47

**STEP 14** 单击组参数栏下的节点按钮，在视图中选择小球，如图8-48所示。

**STEP 15** 单击模拟按钮，模拟布料的动画，此时的布料褶皱变得细腻了，如图8-49所示。

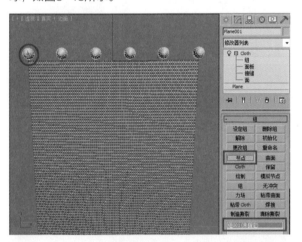

图8-48

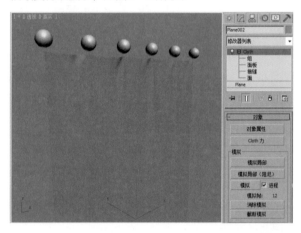

图8-49

**STEP 16** 再次制作窗帘的折叠效果。将小球向左移动，减小小球之间的间距。进行模拟后，其模拟的计算面板中会出现一个提示消息"dT减小是由于Cloth已过度拉伸"，这说明布料的网格密度太大，对于过度拉伸扭曲的动画而言，计算起来比较吃力，这需要高配置的电脑来支持，因此，这里需要通过改变小球的位置（即把小球放置于布料的中间）来减小布料的拉伸，如图8-50所示。

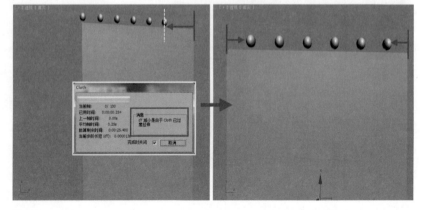

图8-50

STEP 17 再次进行模拟后，漂亮的窗帘折叠效果就出来了，如图8-51所示。

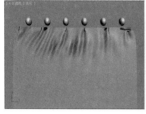

图8-51

STEP 18 最终的窗帘效果如图8-52所示。

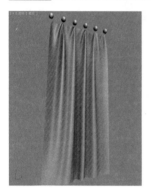

图8-52

STEP 19 如果单击了局部模拟按钮，那么，第0帧就已经进行动画模拟了。此时，单击消除模拟按钮是不能把模拟结果消除掉的，只有单击重设状态按钮后，才能使布料恢复到初始的状态，但这样做会消除之前给Cloth【布料】修改器下组层级所设置的节点绑定，因此，单击重设状态按钮后，要重新给节点设置绑定，如图8-53所示。

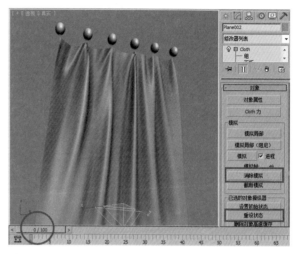

图8-53

STEP 20 将小球的比例恢复到100%，重新进行节点绑定。回到Cloth【布料】修改器的组层级下，单击删除组按钮，删除原来的组；单击设定组按钮，重新创建一个节点组；然后，单击节点按钮，在视图中选中球体，新的节点绑定便完成了，如图8-54所示。

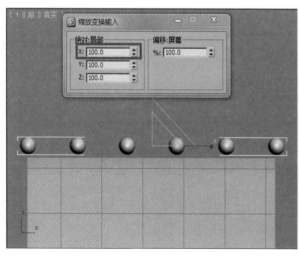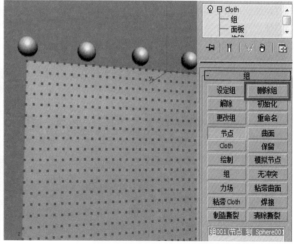

图8-54

**注意：** 将节点绑定到球体后，组列表的下面会提示"已选择26顶点"；如果绑定不成功，则会提示"已选择0顶点"，所以，先创建节点组，选择视图中的顶点，再单击节点按钮来绑定球体的方法是很容易失败的，如图8-55所示。

图8-55

## 8.4 制作窗帘拉开的动画

制作好窗帘的基本布料效果后，开始对其设置动画效果，制作动画时，需要再次对窗帘的布料效果进行模拟。可先给套住窗帘的半圆环设置一个从窗帘的左边推向右边的动画；再在布料模拟中将半圆环设为冲突对象，让其与窗帘发生碰撞，这样，就可以模拟出窗帘拉开的动画了，如图8-56所示。

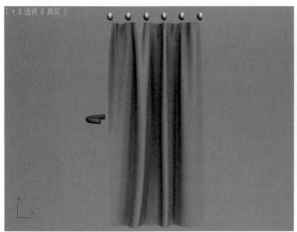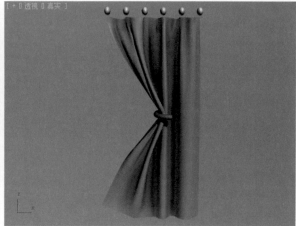

图8-56

STEP 01 创建一个半圆环辅助元素，该元素是用于拉开窗帘的。圆环的设置如图8-57所示。

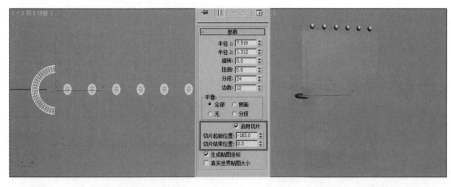

图8-57

STEP 02 从第35帧到第55帧位置处，给半圆环设置一个从左向右的位移动画，如图8-58所示。

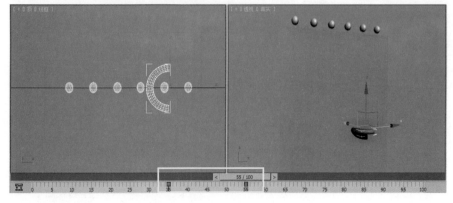

图8-58

**STEP 03** 在窗帘的对象属性面板中将半圆环添加到模拟对象列表中，再将半圆环指定为冲突对象，如图8-59所示。

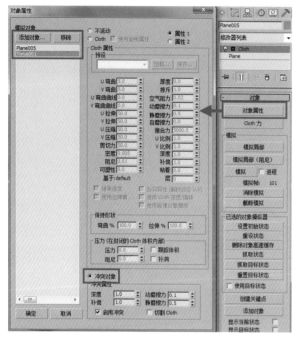

图8-59

**STEP 04** 单击模拟按钮，对平面进行模拟。得到的窗帘拉开动画效果如图8-60所示。

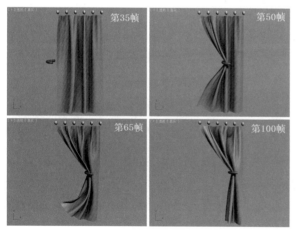

图8-60

**STEP 05** 至此，一个漂亮的窗帘拉开动画就制作完成了。将窗帘复制一个并将复制所得的窗帘翻转过来，这样，便得到一个逼真的幕帘拉开动画效果了，如图8-61所示。

**STEP 06** 最后，给布料指定一个绒布材质，得到的最终渲染效果如图8-62所示。

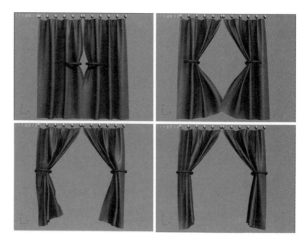

图8-61

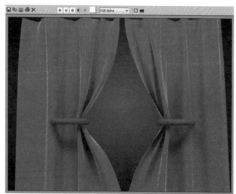

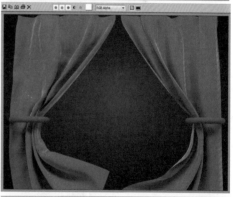

图8-62

# 第 9 章

# 城市的生长动画

**本章内容**
◆ 介绍Greeble插件
◆ 介绍AutoKey【自动关键帧】脚本
◆ 制作城市生长动画

## 9.1 项目创作分析

图9-1所示为一档涉法类专题节目《晚间800》的包装设计分镜，该节目的包装设计主要应用了简约的钟表元素和大量的城市元素，通过钟表与城市建筑的紧密结合及其在城市中穿梭的动画来突出该节目的宗旨：走向全国，亲历全国重大新闻事件的现场，为观众带来最为真实与精彩的第一手信息，为观众展示更为睿智的思考与深刻的感悟。

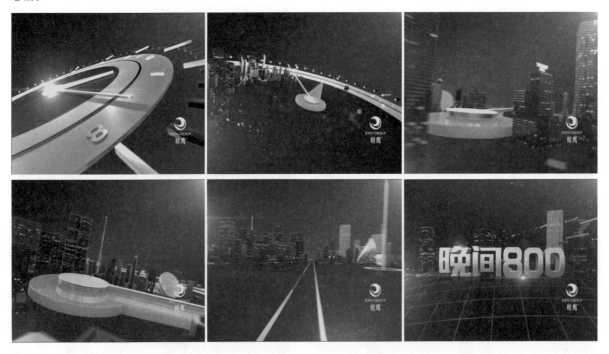

图9-1

该包装设计没有太多的技术难点，主要是运用大量的城市围绕钟表展现出来的动画效果。如果手动对这些城市的动画一一进行调整的话，那将是一项艰巨的任务，需要耗费大量的工作时间。在电视包装的制作工作中，经常会制作这种对大面积精度要求不高的建筑场景，如果要更快捷、有效地完成这种效果的制作，就要用到3ds Max插件。

本章将重点对这种大面积城市生长的动画进行详细的讲解，主要是用一个非常小巧但功能强大的3dsmax插件——Greeble插件，以及一个建筑生长的脚本——AutoKey来完成这种效果的制作。Greeble插件主要用于快速完成大面积建筑的创建，AutoKey脚本则用于实现建筑的生长动画。一个具有生长动画的大城市场景如图9-2所示。

图9-2

# 9.2　Greeble插件

　　Greeble插件的功能很少，可在物体的表面随机生成四方体，但对于生成城市建筑群或丰富的太空船表面细节等工作，Greeble插件的功能却可以派上大用场。下面，先对Greeble插件进行简单的介绍，如图9-3所示。

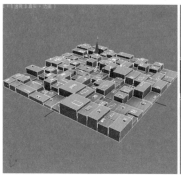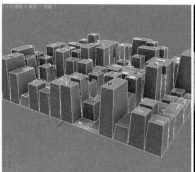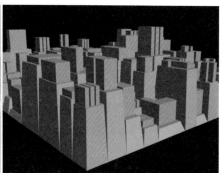

图9-3

**STEP 01** 在场景中创建一个平面，将其作为城市的生长面，将平面的长度分段和宽度分段的数值均设为7，如图9-4所示。

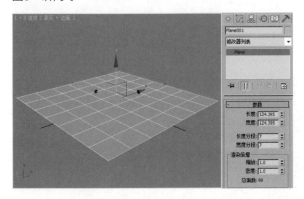

图9-4

**STEP 02** 给平面添加一个Greeble修改器。此时，平面在Greeble的默认参数下随机生成了一些几何体，这些几何体将作为城市中的建筑元素，如图9-5所示。

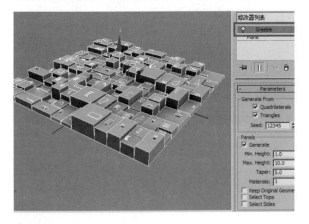

图9-5

**注意：** 安装了Greeble插件后，该插件会以一个Mesh修改器的形式出现在修改器列表中。

**STEP 03** 在Greeble修改器面板的Parameters【参数】栏下有一个Generate From【从…生长】栏，该栏的作用是让Greeble插件在指定平面的Quadrilaterals【四边形】或Triangles【三角形】面上生成建筑。可通过设置Seed【种子】值改变生成后的建筑的随机状态，如图9-6所示。

**STEP 04** Panels【面板】栏是建筑的设置栏，主要用于设置建筑的高度、锥化效果和材质ID。该栏下面有3个选项，Keep Original Geometry【保持初始形状】项用于隐藏或显示生成建筑的曲面，如图9-7所示。

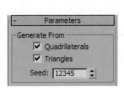

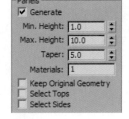

图9-6　　　　　　　　　　图9-7

**STEP 05** 勾选Performance【特效】栏中的Modify For Render Only【仅在渲染的时候显示修改结果】项后，生成的建筑不会被显示出来，但可以被渲染出来。该选项在有大面积建筑显示的情况下非常有用，它可以提高工作的效率，如图9-8所示。

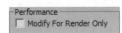

图9-8

**STEP 06** 将建筑的Min Height【最小高度】值设为0，将最大高度值设置得高一点；再把Taper【锥化】值设置得高一点，让建筑看起来呈梯形，如图9-9所示。

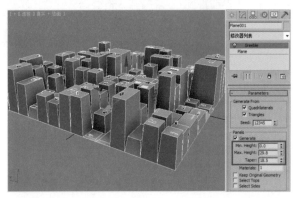

图9-9

**注意：** Panels【面板】栏下有3个选项，在此时的状态下，这3个选项是不起作用的。

**STEP 07** 给平面添加一个编辑多边形修改器，将其放在Greeble修改器的下面并激活面选择模式。此时，平面上的建筑消失了，如图9-10所示。

**STEP 08** 任意选择平面上的面后，在勾选了Greeble修改器中的Select Tops【选择顶面】项的情况下，生成的建筑的顶面部分的面都将被选中，如图9-11所示。

**STEP 09** 勾选Select Sides【选择侧面】项后，生成建筑的侧面就全部被选中了，这样就可以很方便地为这些建筑指定材质ID了，如图9-12所示。

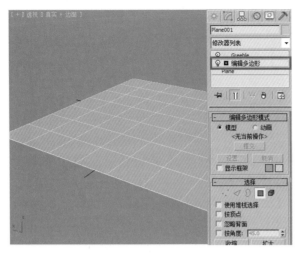

图9-10

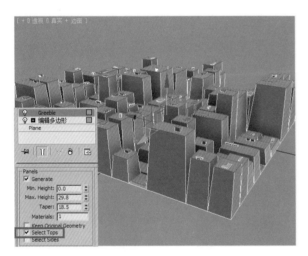

图9-11

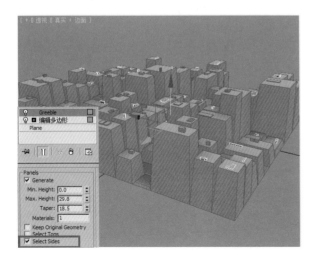

图9-12

**STEP 10** Widgets【小部件】栏主要用于在建筑的顶面生成一些楼顶的小部件元素。Generate【生成】选项下有5

个小部件元素的按钮，可通过激活或关闭这些按钮将它们显示或隐藏在建筑的顶部。小部件栏下面的参数可用于设置这些小部件的大小、高度和密度，如图9-13所示。

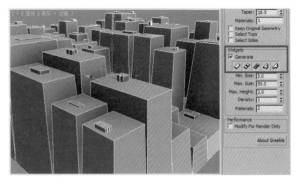

图9-13

**STEP 11** 适当设置小部件栏下面的参数，便可让这些小部件元素成为建筑的露出结构。虽然它们只是小部件元素，却能起到非常大的作用，如图9-14所示。

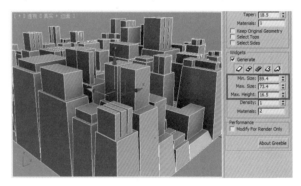

图9-14

**STEP 12** 小部件栏下的Density【密度】值可用于增加小部件元素的数量，如果将小部件元素作为楼层来使用，则不能将该项设置得过高，否则，会出现楼层凌乱的现象，如图9-15所示。

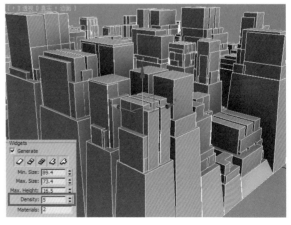

图9-15

至此，Greeble插件便介绍完成了，下面将对AutoKey脚本进行介绍。

# 9.3 AutoKey【自动关键帧】脚本

AutoKey脚本是一个用于制作建筑动画的插件，该脚本集成了两个让建筑生长的插件，一个是时光流逝插件，该插件可以实现单个复杂且高精度的建筑的生长动画，它不适用于本章案例的制作，因此，在这里不对其作任何介绍；另一个让建筑生长的插件主要用于制作建筑漫游生长的动画，即给建筑设置一些随机的移动、旋转、隐藏、缩放动画，它可以实现大量建筑的生长动画的制作。虽然该插件的操作比较简单，但它有时可以完成许多连粒子系统都不能完成的工作，如图9-16所示。

图9-16

**STEP 01** 在场景中创建一个薄薄的立方体，分别将其沿x轴和y轴实例复制10列和7列，再将方块的长、宽、高的分段数值均设为1，如图9-17所示。

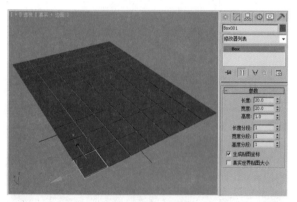

图9-17

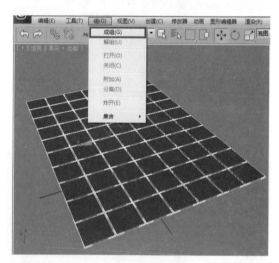

图9-18

**STEP 02** 选中所有的方块，在组菜单栏中选择成组，让方块成为一个整体，这是因为AutoKey脚本只对成组的对象起作用，如图9-18所示。

**STEP 03** 在MAX Script【MAX脚本】菜单中选择运行脚本，再打开AutoKey脚本编辑器，在文件夹下选择AutoKey脚本并将其拖到3ds Max软件中，如图9-19所示。

图9-19

**STEP 04** 在弹出的AutoKey脚本面板中，展开建筑生长插件栏，下面，重点介绍该栏。该栏主要包括两个部分，第一部分用于准备创建生长动画的前提条件，即选择生长对象组才能创建生长动画，或让生长动画沿某一路径进行生长；第二部分主要用于设置动画的变换属性、生长方向、周期等参数，如图9-20所示。

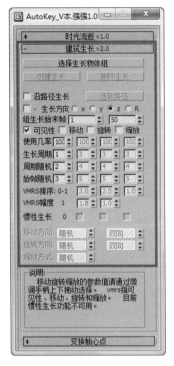

图9-20

**STEP 05** 单击组物体按钮，在场景中拾取方块组并将其添加进来。此时，参数面板中只有可见性选项被勾选了，并且，生长的时间被设置为从第1帧到第50帧，如图9-21所示。

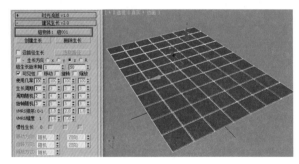

图9-21

**STEP 06** 单击创建生长按钮后，时间线上生成了一排关键帧，它们是方块可见属性的关键帧动画（即不透明度淡入动画）。此时，方块组中的方块会从第1帧到第50帧随机淡入进来，并且，可见属性动画是沿方块组的z轴淡入进来的，如图9-22所示。

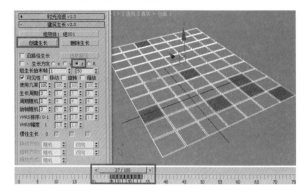

图9-22

**STEP 07** 如果觉得创建的生长动画不理想，可以单击删除生长按钮，将刚才创建的生长动画关键帧删除掉。这样，便可以重新创建生长动画了，如图9-23所示。

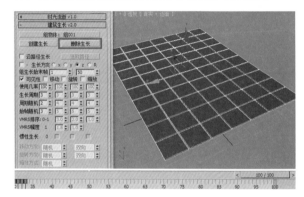

图9-23

**STEP 08** 保持可见性选项被勾选，将生长方向改变为y轴；再次单击创建生长按钮后，方块便沿方块组的y轴依次淡入进来了，如图9-24所示。

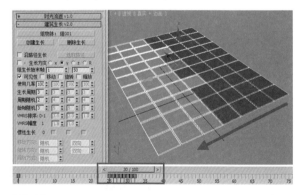

图9-24

**STEP 09** 让方块沿路径生长出来。在场景中绘制一条直线路径，将该路径与方块组的x轴对齐，如图9-25所示。

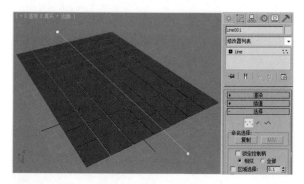

图9-25

**STEP 10** 单击建筑生长栏下的选取路径按钮并勾选沿路径生长选项；将组生长始末帧的末帧设置为第80帧；然后，单击创建生长按钮，可以看到方块沿路径的方向依次淡入进来了，如图9-26所示。

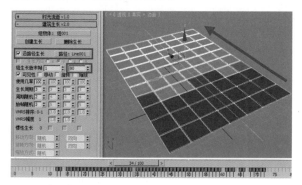

图9-26

**注意：** 勾选了沿路径生长选项后，其下面的生长方向中的轴向选项将变成灰色、不可选状态，也就是说，此时的生长方向完全由路径来控制。

**STEP 11** 让方块的生长动画有一个旋转的效果。先勾选旋转选项；然后，单击删除生长按钮，删除之前创建的生长动画关键帧；再单击创建生长按钮。此时，方块除了有一个淡入进来的动画以外，还有一个旋转的动画，如图9-27所示。

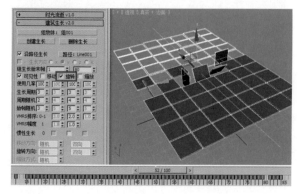

图9-27

**STEP 12** 此时，方块的旋转方向是随机的，因为在旋转方向选项中，默认的设置是随机。如果将旋转方向设为Y，那么，方块的旋转方向就将统一为$y$轴了，如图9-28所示。

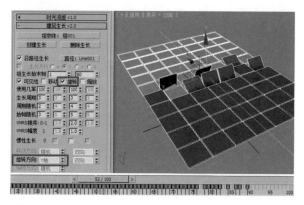

图9-28

**注意：** 改变了建筑生长栏下的任何参数后，都要先删除原来的动画，再重新创建新的生长动画。

**STEP 13** 使用几率项指的是上面4种变换属性在生长动画中的使用百分比率。这里把可见性的使用几率设为0，保留旋转属性的使用几率为100。此时，场景中的方块将只产生旋转动画，并且，时间线上也只有绿色的旋转关键帧，如图9-29所示。

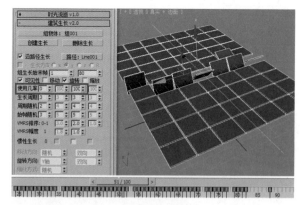

图9-29

**STEP 14** 把可见性的使用几率设为100，旋转的使用几率设为0。重新创建动画后，方块就只有淡入动画了，而且，时间线上也只有灰色的关键帧，如图9-30所示。

**注意：** 3ds Max的时间线上显示的关键帧所对应的颜色分别为：灰色关键帧为透明度属性、绿色关键帧为旋转属性、红色关键帧为位移属性、蓝色关键帧为缩放属性。

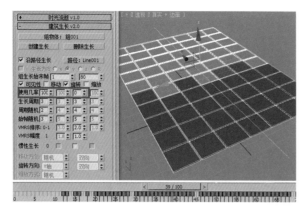

图9-30

**STEP 15** 重新创建生长后，应加大旋转属性的生长周期。此时，方块的翻转速度变慢了，一般，生长周期总会配合周期随机使用，如图9-31所示。

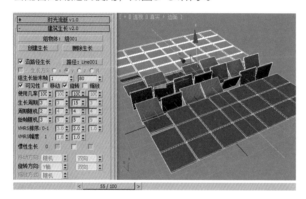

图9-31

**STEP 16** 将旋转的周期随机时间设为20帧，删除原来的生长动画后，再次创建生长动画。此时，动画虚线部分的宽度就是方块旋转周期的时间长度，该时间长度大概是20帧左右，也就是说，方块沿$y$轴翻转时，每隔20帧，方块就会随机翻转起来，产生一种前后随机的翻转动画，如图9-32所示。

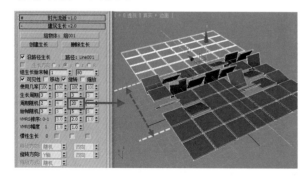

图9-32

**STEP 17** 把旋转属性的始帧随机值加大到20，删除原来的生长动画，重新创建生长动画。此时，场景中方块的翻转动画显得比较稀疏，这是因为每一排方块的整体翻转时间延长了，但单个方块的旋转周期并没有延长，如图9-33所示。

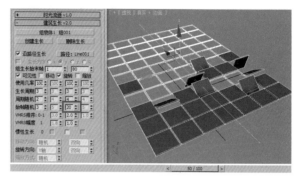

图9-33

**STEP 18** 勾选所有的变换属性选项，再把所有变换属性选项的使用几率设为100后，方块就会沿路径方向产生随机的生长动画了。此时的动画效果显得有点凌乱，这是因为它们同时应用了变换属性的多种动画效果，如图9-34所示。

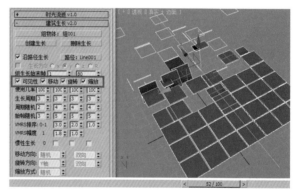

图9-34

**STEP 19** 重新创建生长动画，把旋转的VMRS幅度的最大值设为10。此时，方块的翻转幅度变得非常大，完全看不出方块有完整的翻转动画，看起来就像定格的动画效果，如图9-35所示。

**STEP 20** 将旋转的VMRS幅度值设为0，重新创建生长动画。此时，场景中的方块完全没有旋转动画了，如图9-36所示。

**STEP 21** 调整路径，改变方块动画的生长轨迹。这里将路径调整为"S"形，如图9-37所示。

**STEP 22** 重新创建生长动画后，方块沿着"S"形路径的方向依次生长出来，如图9-38所示。

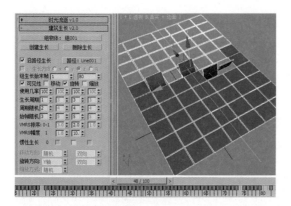

图9-35

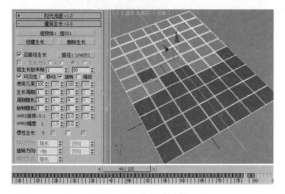

图9-36

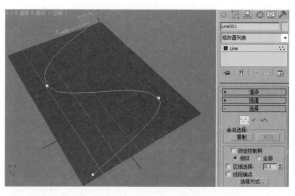

图9-37

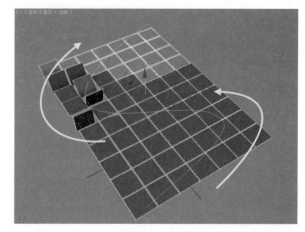

图9-38

至此，AutoKey【自动关键帧】脚本就介绍完毕了。

# 9.4 制作城市生长动画

　　城市的生长动画主要是用Greeble插件和AutoKey脚本来制作。首先，创建一个小的楼房模型；然后，用建筑生长脚本将楼房模型依次展现出来；当楼群完全显示出来后，再单独对局部的楼房模型结构及楼房的生长动画进行调整，使整个楼群组的动画构成一个完美的城市生长动画，如图9-39所示。

图9-39

**STEP 01** 在场景中创建一个平面，分别将其长、宽的分段数值设为2，如图9-40所示。

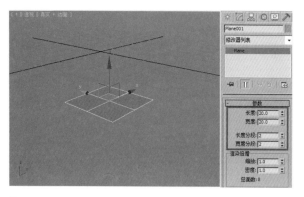

图9-40

**STEP 02** 给平面添加一个Greeble修改器，再取消对Widgets【小部件】栏下的Generate【生成】选项的勾选，不让楼房有小部件元素，如图9-41所示。

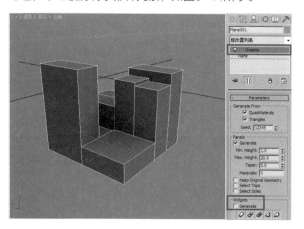

图9-41

**STEP 03** 给楼房设置一个生长动画。在Panels【面板】栏下给楼房的高度值设置一个动画，将时间滑块移到第0帧位置，将Min Height【最小高度】和Max Height【最大高度】的值都设为0，如图9-42所示。

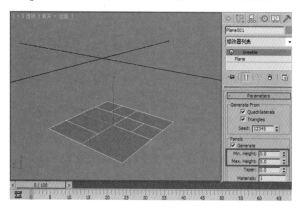

图9-42

**STEP 04** 将时间滑块移到第10帧位置处，分别将最小高度值和最大高度值设为5和30，使楼房有一个高低的对比效果，如图9-43所示。

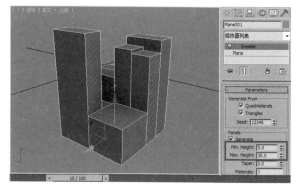

图9-43

**STEP 05** 给楼房添加一个编辑多边形修改器，再将该修改器放到Greeble修改器的下面。激活编辑多边形的面编辑模式并选择面。回到Greeble修改器层级，选中楼房的顶面和侧面，如图9-44所示。

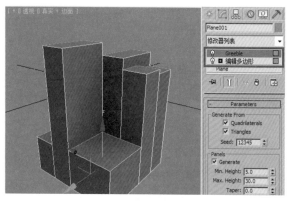

图9-44

**STEP 06** 将楼房沿y轴复制4个，如图9-45所示。

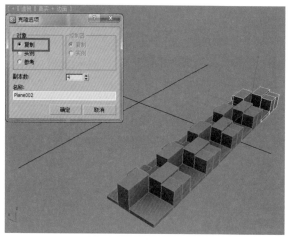

图9-45

STEP 07 选中场景中的5个楼房，将它们沿x轴复制7次。这样，便得到一个大面积的楼房群模型了，如图9-46所示。

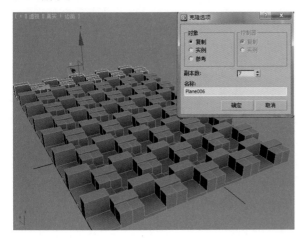

图9-46

STEP 08 选中场景中所有的楼房后，选择菜单栏中的成组，使楼房群模型组成一个整体，如图9-47所示。

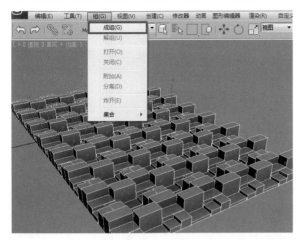

图9-47

STEP 09 打开AutoKey建筑生长脚本，给楼房群设置一个依次生长的动画。先创建一个路径，再在建筑生长栏中勾选沿路径生长选项并将刚才创建的路径添加进来，如图9-48所示。

STEP 10 将组生长末帧设置为第80帧，勾选缩放选项，然后，单击创建生长按钮。此时，楼房虽然依次生长出来了，但单个楼房的生长方向出现了随机生长的效果，所以，并不是所有的楼房都是从地面垂直生长出来的，如图9-49所示。

STEP 11 将缩放属性的缩放方式设为z轴。这样，重新创建生长动画后，所有的建筑都将沿z轴垂直向上生长了。此时，所有的建筑都是一排一排地沿x轴向上生长

的，要让它们有一个前后的随机生长效果，如图9-50所示。

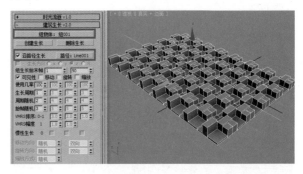

图9-48

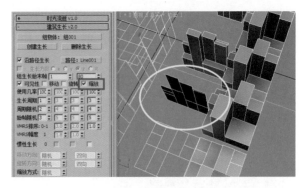

图9-49

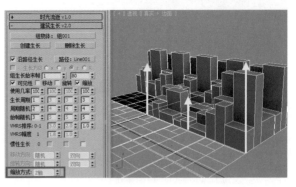

图9-50

STEP 12 将缩放属性的生长周期设置为10，减慢建筑向上生长的速度。将周期随机值加大到15，使建筑的生长动画产生随机的效果，也就是说，每隔15帧每个建筑就会随机生长出来一次，这样，就可以扩大建筑的生长范围了，以避免出现前面那种建筑只会一排一排地生长出来的问题，如图9-51所示。

STEP 13 在组菜单下选择解组。由于此时的楼房组已经用建筑生长动画脚本来创建生长动画关键帧了，因此，对楼房组进行解组后，不会影响到楼房的生长动画，如图9-52所示。

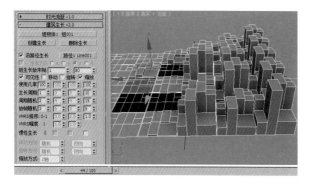

图9-51

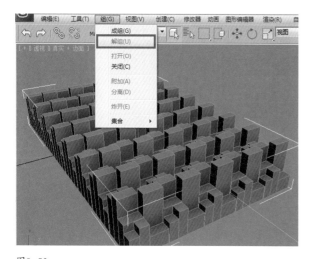

图9-52

值设为15.3和80.9，再增加Widgets【小部件】元素的大小值、高度值和密度值。此时，整个楼房群将以最高的一个建筑为参考高度，四周楼房的高度将依次降低，如图9-53所示。

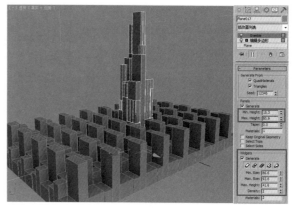

图9-53

**STEP 14** 调整楼房群的生长动画。此时，楼房群的生长动画的高度都是一样的，下面就要将楼房群设置为一个中心高、四周低的建筑群，并且，让每一个楼房都有不一样的结构。

选择楼房群中心的一个建筑，在其Greeble修改器面板中将Panels【面板】中的最小高度值和最大高度

**STEP 15** 可通过调整Greeble修改器面板中的Seed【种子】值来改变楼房的结构。图9-54所示为最低楼房的高度，而且，这些低楼房是没有小部件元素的，如图9-54所示。

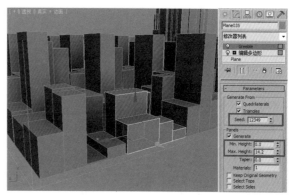

图9-54

**STEP 16** 要区别楼房的结构，也可到楼房的修改器面板中，回到平面层级，先调整平面的长、宽分段数，再调整Greeble修改器中的Seed【种子】值，如图9-55所示。

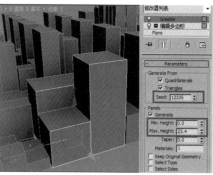

图9-55

**注意：** 在添加Widgets【小部件】元素时，要给较高的小部件元素设置一个生长动画。由于楼房的初始生长动画关键帧是从第50帧到第59帧，因此，选择其中一个有小部件元素且较高的楼房后，要从第58帧开始给小部件设置生长动画，并且，在该帧位置处，将Widgets【小部件】栏中的Max Height【最大高度】值设为0，如图9-56所示。

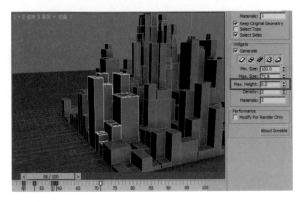

图9-56

**STEP 17** 到第71帧位置处，将Max Height【最大高度】值设为70.2。这样，小部件元素的动画便设置完成了，如图9-57所示。

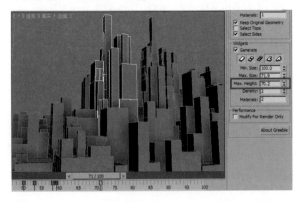

图9-57

**注意：** 小部件元素有5种类型，可以通过选择或删除不同的小部件元素来区别楼房的结构。

　　至此，一个简单的城市建筑群的生长动画便制作完成了。

**STEP 18** 给建筑群指定材质。首先，选中所有楼房群组；再打开材质编辑器，给所有楼房指定一个多维子对象材质并分别设置10个不同的标准颜色材质，如图9-58所示。

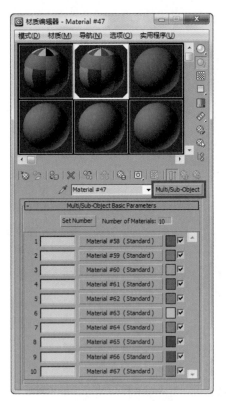

图9-58

**STEP 19** 此时的建筑群的楼房只有两个颜色，即楼房的顶部是材质球的第二个蓝色材质；建筑群的侧面则是材质球的第一个红色材质，如图9-59所示。

图9-59

**STEP 20** 给建筑群中的每一个楼房添加一个按元素分配材质修改器。在修改器面板的参数栏下将ID数设置为10，使楼群的颜色变得丰富多彩。此时，颜色的分布有点杂乱，因为并不是所有楼房的顶面都是同一个材质，如图9-60所示。

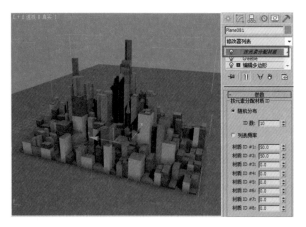

图9-60

**STEP 21** 将整个建筑群塌陷为编辑多边形，再单击修改器面板中的最终显示开关。此时，可在编辑多边形层级中看到建筑群添加贴图后的最终效果，如图9-61所示。

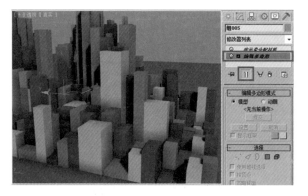

图9-61

**STEP 22** 激活编辑多边形的面编辑模式。此时，所有建筑侧面的面都被自动选中了，这是因为AutoKey脚本已经自动给建筑指定了顶面和侧面的ID号了，如图9-62所示。

图9-62

**注意：** 此时不要更改面的被选中状态。

**STEP 23** 如果更改了所有建筑侧面的面的被选中状态，那么，得到的材质效果就只有多维子对象材质中的第一个和第二个材质了，因此，为了将彩色材质指定给侧面，要保持侧面的面的被选中状态，如图9-63所示。

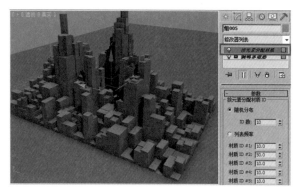

图9-63

**STEP 24** 在建筑群的修改器面板中点选列表频率选项，适当设置该选项下8个材质ID的频率值（即每个材质在建筑群中的分布比率）。这里将材质ID#2的频率值设置为50，让多维子对象材质中的蓝色在总颜色中占50%的比例，如图9-64所示。

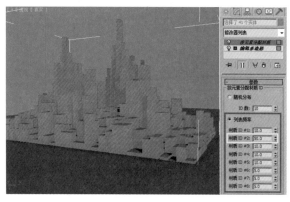

图9-64

**STEP 25** 渲染一帧场景，得到彩色建筑群的效果如图9-65所示。

**STEP 26** 给地面设置一个反射效果，得到的渲染效果如图9-66所示。

**STEP 27** 用同样的方法将彩色颜色替换为楼层窗口贴图，再在场景的周围添加一些辅助元素，以美化整个场景，最终得到的渲染效果如图9-67所示。

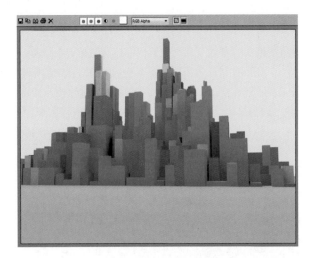

图9-65

图9-66

图9-67

# 第10章

# 克隆动画

**本章内容**
- ◆ 用参数阵列脚本制作克隆动画
- ◆ 用PF粒子系统制作克隆动画

## 10.1 项目创作分析

图10-1所示为一个卡通类节目《卡通三级跳》的包装设计，该包装设计的整个动画演绎主要由两条穿梭的菱形条贯穿始终。在电视的包装设计中，一般是用一整块的方形条进行穿梭演绎，而这里使用的菱形条则是由一个个菱形块所组成的。制作该菱形条的运动效果需要一定的制作技巧，这也是本章要重点讲解的部分。

图10-1

本章将主要介绍两种制作穿梭菱形条的方法，第一种方法是用Parametric Array【参数阵列】脚本来制作克隆动画，将介绍如何用参数阵列脚本中的两种路径来进行动画效果的克隆，也就是将菱形片沿指定的路径和指定的方向进行克隆，不同的路径所得到的克隆效果是不一样的；第二种方法是用PF粒子系统来制作方块阵列的克隆动画效果，该阵列动画是通过将方块粒子绑定到指定路径上来得到阵列的效果，这种方法的灵活性和可控性都更强。用上述两种方法制作所得的菱形条效果如图10-2所示。

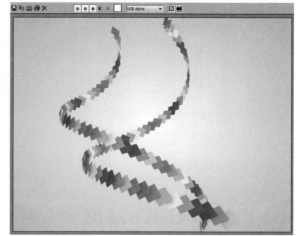

图10-2

## 10.2　用参数阵列脚本制作克隆动画

　　这一节将主要讲解如何用Parametric Array【参数阵列】脚本来制作菱形片的克隆动画效果。下面，将介绍参数阵列脚本中的沿两种路径进行克隆动画效果的方法，它们都是将菱形片沿指定的路径和指定的方向进行克隆。两种路径的不同之处在于，一个是用开放路径进行克隆，而另一个则是用圆形的封闭路径进行克隆，不同路径所得到的克隆效果是不一样的，如图10-3所示。

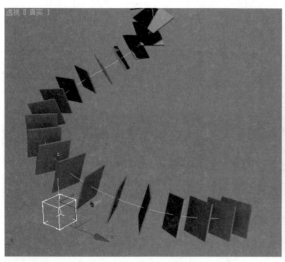

图10-3

STEP 01　将parametric-array.mse和parray-macros.ms文件复制到3d Max的Scripts【脚本】文件夹下的Startup【创建】文件夹中，如图10-4所示。

STEP 02　在场景中新建一个螺旋路径和一个薄薄的方块，如图10-5所示。

STEP 03　在创建面板的辅助对象的下拉列表中、选择Torabi Tools【Torabi工具】项；再单击对象类型栏下的PArray【阵列】按钮；在场景中单击鼠标左键，创建一个参数阵列图标，如图10-6所示。

STEP 04　单击Object【对象】栏下的Select Object【拾取对象】按钮，在视图中拾取方块，再单击Array setting【阵列设置】栏下的Transformations【转换】按钮，打开参数阵列的设置面板，如图10-7所示。

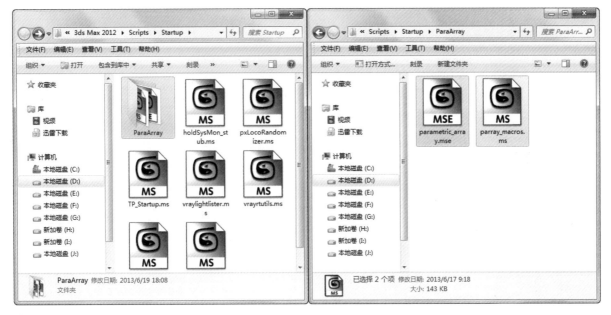

图10-4

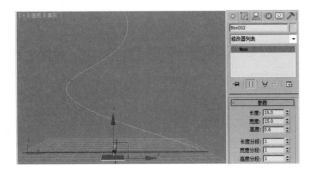

图10-5

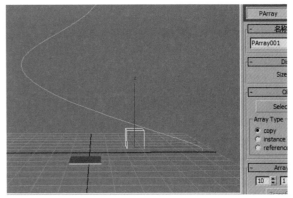

图10-6

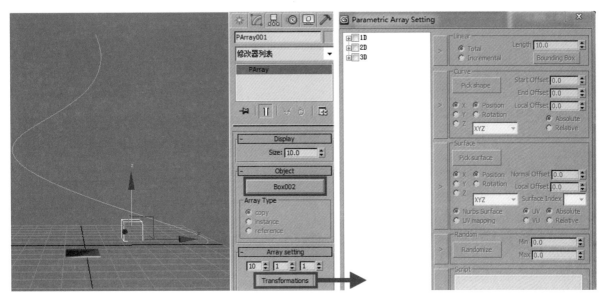

图10-7

**STEP 05** 用另一种快捷的方法打开参数阵列的设置面板。在视图中单击鼠标右键，在右键列表中选择Create Parametric Array【创建参数阵列】项；再在弹出的Create Parametric Array【创建参数阵列】对话框中选择Instance【实例】。这样，由阵列复制所得的方块就被关联起来了。单击Create【创建】按钮，即可打开参数阵列面板，如图10-8所示。

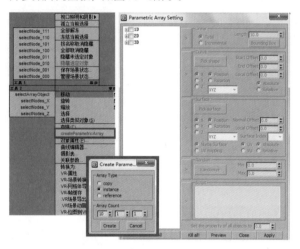

图10-8

**STEP 06** Parametric Array Setting【参数阵列设置】的2.7最新版本和1.0版本有着完全不同的界面，其功能也比1.0版本丰富了很多，本案例只需用到1.0版本的基本功能。2.7版本的Create Parametric Array【创建参数阵列】对话框中比1.0版本多了一个PARA 3D栏和一个Array Type【阵列类型】栏，如图10-9所示。

图10-9

2.7版本的Parametric Array Setting【参数阵列设置】面板与1.0版本的完全不同，除了功能更加完善以外，2.7版本中还加入了更多的Controller【控制

器】，因此，2.7版本的参数阵列设置面板能够实现更多的绚丽效果，如图10-10所示。

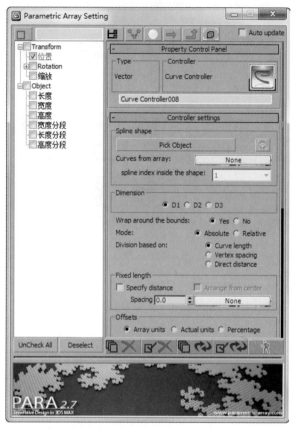

图10-10

**STEP 07** 可在Controller Library【控制器仓库】中选择已经预设好的控制器来快速完成各种阵列的效果，如图10-11所示。

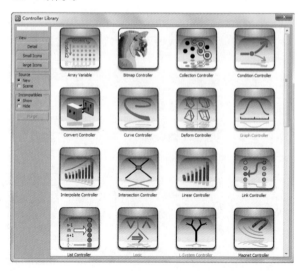

图10-11

**STEP 08** 回到1.0版本的Parametric Array Setting【参数阵列设置】面板中，设置一个跟随路径运动的阵列动画。在1D层级下勾选Transform【变换】层级后，单击Curve【曲线】栏左端的箭头按钮，激活Curve【曲线】栏的Pick surface【拾取图形】按钮，如图10-12所示。

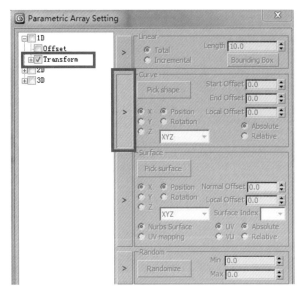

图10-12

**STEP 09** 单击Pick surface【拾取图形】按钮，把场景中的螺旋路径添加进来，将螺旋路径作为阵列的基本轨迹，如图10-13所示。

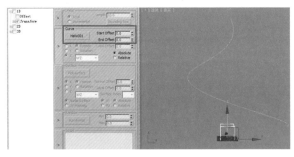

图10-13

**STEP 10** 单击参数阵列设置面板右下角的Apply【应用】按钮，此时，方块开始沿路径排列开来了，如图10-14所示。

**STEP 11** 在Curve【曲线】栏中调整End Offset【结束偏移】的数值后，方块将从螺旋线的顶端整齐地延伸出来，该参数还可用于记录动画的关键帧，如图10-15所示。

**STEP 12** 调节Start Offset【开始偏移】的数值后，排列整齐的方块将从螺旋路径的顶端向下延伸出来，如图10-16所示。

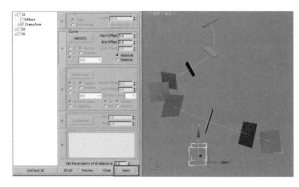

图10-14

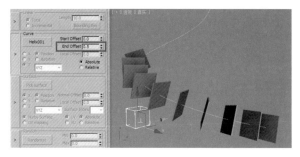

图10-15

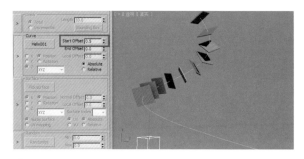

图10-16

**STEP 13** 增加方块的数量。在PArray【阵列】图标的修改器面板的Array setting【阵列设置】栏下设置x、y、z轴向的对象数量。此时，y轴和z轴向默认的对象数量值为1，如图10-17所示。

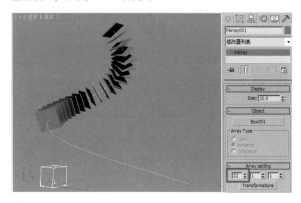

图10-17

STEP 14 关闭Parametric Array Setting【参数阵列设置】面板后，单击修改器面板下的Transformations【转换】按钮，即可重新打开参数阵列设置面板，如图10-18所示。

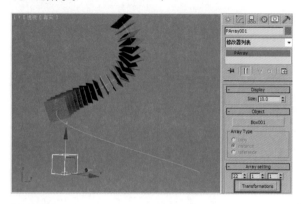

图10-18

STEP 15 给方块阵列设置一个动画。到第0帧位置，将Curve【曲线】栏中的End Offset【结束偏移】值设为1，如图10-19所示。

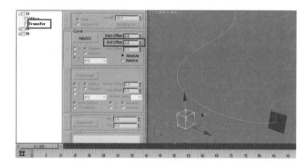

图10-19

STEP 16 到第100帧位置，将End Offset【结束偏移】值设为0。得到的阵列动画如图10-20所示。

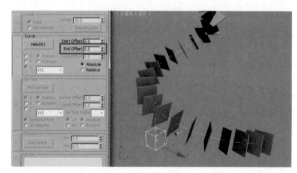

图10-20

至此，一个简单的阵列动画便制作完成了。

STEP 17 下面，用参数阵列脚本来设置另一种螺旋上升的阵列动画。该阵列动画虽然也要借助路径来实现，但

主要是对位置参数和旋转参数进行调节。

在场景中创建一个圆形路径和一个方块；用鼠标右键单击方块，打开Create Parametric Array【创建参数阵列】对话框；点选Array Type【阵列类型】栏中的instance【实例】项；再单击Create【创建】按钮，如图10-21所示。

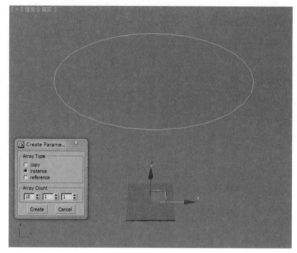

图10-21

STEP 18 勾选Parametric Array Setting【参数阵列设置】面板中的1D层级下的X位置和Y位置项，让方块沿圆形路径产生x轴和y轴轴向上的位置变化。单击Curve【曲线】栏左端的箭头按钮，然后，单击Select surface【选择图形】按钮，将场景中的图形路径添加进来，如图10-22所示。

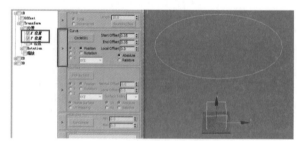

图10-22

STEP 19 单击参数阵列设置面板右下角的Apply【应用】按钮后，方块将沿圆形路径整齐地排列开来，而且，方块的朝向都是统一的，如图10-23所示。

STEP 20 打开Parametric Array Setting【参数阵列设置】面板，先取消勾选X位置和Y位置，再对方块的旋转属性进行设置。如果不取消X位置和Y位置的勾选，那么，单击Apply【应用】按钮后，会再次对方块进行计算，如图10-24所示。

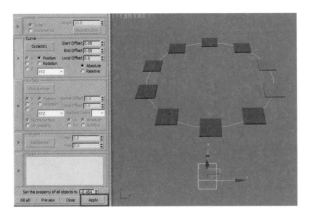

图10-23

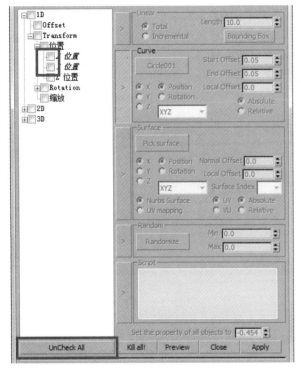

图10-24

**STEP 21** 勾选Rotation【旋转】属性层级下的z轴旋转选项；然后，单击Curve【曲线】栏左边的箭头按钮；再单击Select surface【拾取图形】按钮，将场景中的圆形路径添加进来，如图10-25所示。

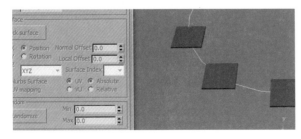

图10-25

**STEP 22** 单击Apply【应用】按钮后，方块的旋转方向将发生改变。加大方块的宽度值，以得到一个像太阳的图形，如图10-26所示。

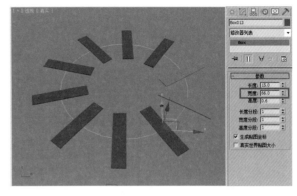

图10-26

**STEP 23** 制作方块螺旋上升的动画效果。此时，方块阵列是在同一个平面上的，下面，用方块阵列中的2块蓝色方块来改变阵列的形式。单击面板下面的UnCheck All【取消所有】按钮，取消勾选Rotation【旋转】层级下的z轴旋转选项，如图10-27所示。

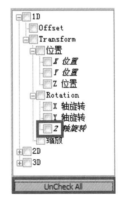

图10-27

**STEP 24** 勾选位置层级下的Z位置选项；再单击Linear【线性】栏左边的激活箭头按钮，激活线性栏中的参数，如图10-28所示。

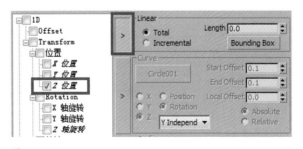

图10-28

**STEP 25** 点选Linear【线性】栏中的Incremental【增

量】项；再在场景中选择任意一块蓝色方块，将其向上拖动，如图10-29所示。

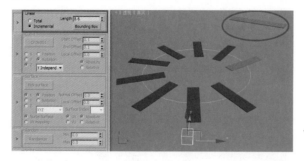

图10-29

**STEP 26** 单击Apply【应用】按钮后，平面上的方块将立即呈阶梯状并连接到上面的蓝色方块上。这样，方块的螺旋上升效果便出来了，如图10-30所示。

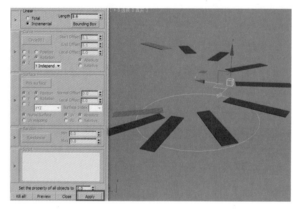

图10-30

**STEP 27** 此时，场景中的方块数量还比较少，因此，阶梯的效果还不明显。选择场景中的Parray【阵列】图标，加大修改器参数面板的Array setting【阵列设置】栏中的x轴输入框中的数值，以看到一个漂亮的螺旋上升的阶梯效果，如图10-31所示。

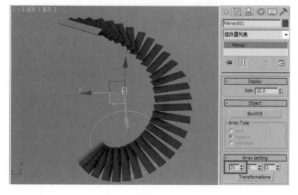

图10-31

**STEP 28** 选择顶部的蓝色方块，将其随意上下移动，这

样，两个蓝色方块中间的所有方块都会紧密地随之上下移动。选择圆形路径，将其随意放大或缩小，此时，螺旋阶梯的直径也会随之放大或缩小，但方块的尺寸不会变，如图10-32所示。

图10-32

**STEP 29** 设置方块的动画。先将方块设为正方形，然后，选择场景中的PArray【阵列】图标，再将Array setting【阵列设置】栏下的X输入框中的数值设为61，如图10-33所示。

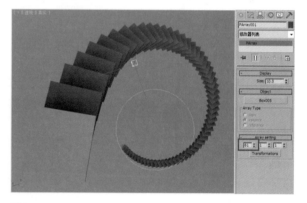

图10-33

**STEP 30** 激活自动关键帧的记录状态。将时间滑块拖到第0帧位置处，勾选Parametric Array Setting【参数阵列设置】面板中的X位置和Y位置选项；分别将X位置和Y位置的Curve【曲线】栏中的End Offset【结束偏移】值设为1，Start Offset【开始偏移】值保持为0.05即可。此时，螺旋阶梯变成了直线状态，如图10-34所示。

图10-34

**STEP 31** 勾选Z位置选项，将Linear【线性】栏中的Length【长度】值设为0，使螺旋阶梯的高位变为0，如图10-35所示。

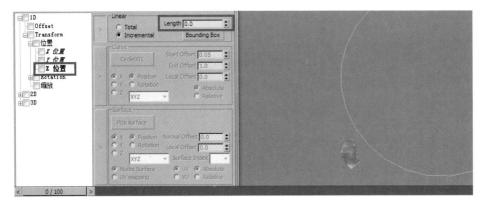

图10-35

**STEP 32** 将时间滑块拖到第100帧位置处，分别将X位置和Y位置的Curve【曲线】栏中的End Offset【结束偏移】值设为0.05。此时拖动时间滑块后，方块阵列将产生一个漂亮的螺旋上升效果。如果想让方块在上升的同时有一个旋转效果，那么，给Rotation【旋转】属性的z轴旋转也设置一个动画即可，如图10-36所示。

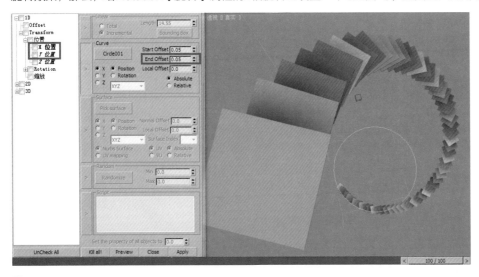

图10-36

**STEP 33** 方块阵列的螺旋上升动画效果如图10-37所示。

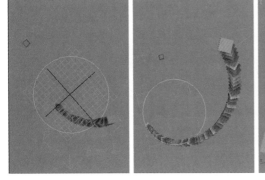

图10-37

**STEP 34** 给所有的方块随机设置一个颜色，得到的渲染效果如图10-38所示。

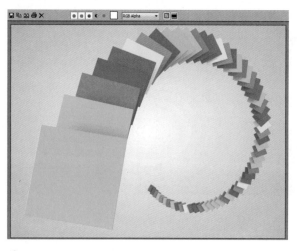

图10-38

**STEP 35** 制作几条方块阵列的效果。先选择一个方块阵列组；然后，选择组菜单下的成组命令，将第一个方块

阵列打成一个组；接着，对阵列组进行任意复制并对它们进行旋转、移动或缩放操作。如果将成组后的复制阵列解组，那么复制所得的阵列会恢复到第一个方块阵列的状态。最终的方块阵列效果如图10-39所示。

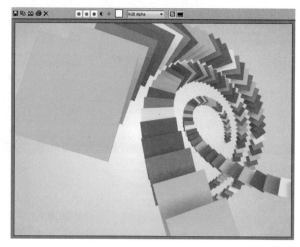

图10-39

## 10.3 用PF粒子系统制作克隆动画

下面，将介绍如何用PF粒子系统来制作方块阵列的克隆动画，该阵列动画是通过将方块粒子绑定到路径上来得到阵列效果。在使用该方法时，路径可以是任意的曲线路径，粒子也可以是任意的对象。由于这种方法的灵活性更强，因此，可得到更多漂亮的阵列效果，如图10-40所示。

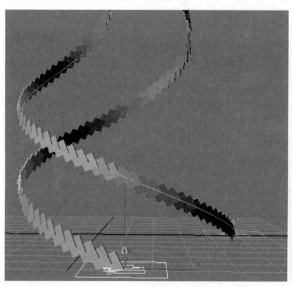

图10-40

**STEP 01** 在场景中创建一个螺旋路径，如图10-41所示。

**STEP 02** 按键盘上的6键，打开PF粒子视图。在仓库中选择Standard Flow【标准粒子流】并将其拖到主窗口中。此时，场景中会出现一个PF粒子流图标，将其移动到螺旋路径的起始位置，如图10-42所示。

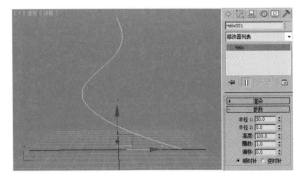

图10-41

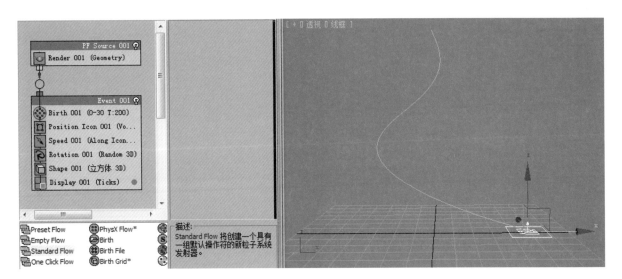

图10-42

**STEP 03** 选择PF粒子主窗口中的局部事件面板中的Position Icon【位置图标】操作符，再在其参数面板中将位置方式设为Pivot【轴】方式。此时，场景中的发射器所发射出来的粒子是呈一条直线的，如图10-43所示。

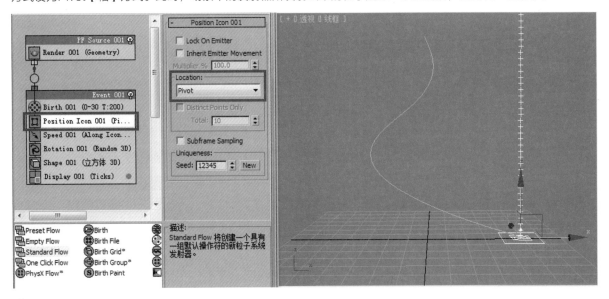

图10-43

**STEP 04** 调整粒子的发射状态。选择事件列表中的Birth【出生】操作符；再在其参数面板中将发射的停止时间设为100，使发射器在整个动画过程中都发射粒子。在Speed【速度】操作符的参数面板中将速度值减少到100，在Display【显示】操作符的参数面板中将显示类型设为【几何体】。此时，得到的粒子形状是立方体的，如图10-44所示。

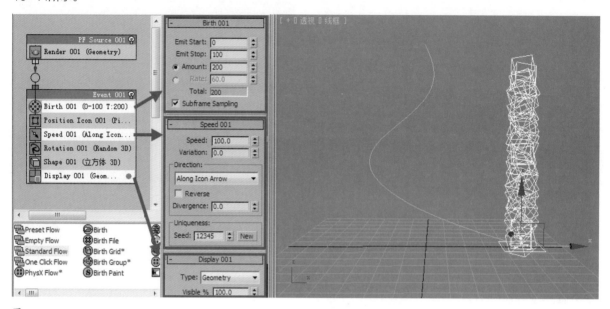

图10-44

**STEP 05** 将粒子设为方块形状。选择仓库中的Scale【缩放】操作符并将其拖到事件列表中；再在Scale【缩放】操作符参数面板的Scale Factor【比例因子】栏中取消勾选Constrain Proportions【约束比例】选项。将x轴的百分比值设为5%，此时，场景中的立方体就变成了薄薄的方块形状，如图10-45所示。

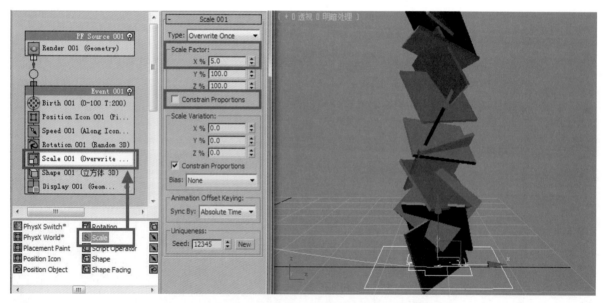

图10-45

**STEP 06** 调整方块的旋转方向。在Rotation【旋转】操作符的参数面板中将Orientation Matrix【方向矩阵】设为Speed Space【速度空间】，此时，方块的方向就统一朝上了，如图10-46所示。

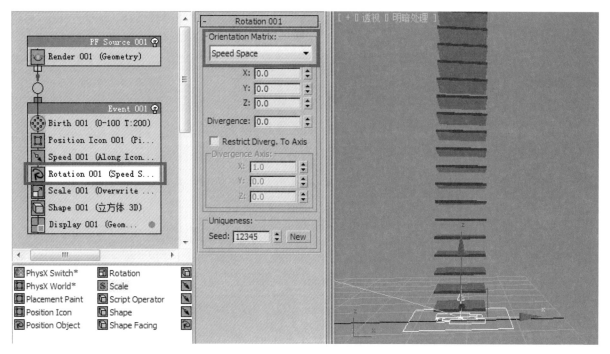

图10-46

**STEP 07** 设置粒子沿路径运动的动画。在仓库中选择Speed By Icon【速度按图标】操作符，将其拖到事件列表中并替换Speed【速度】操作符，如图10-47所示。

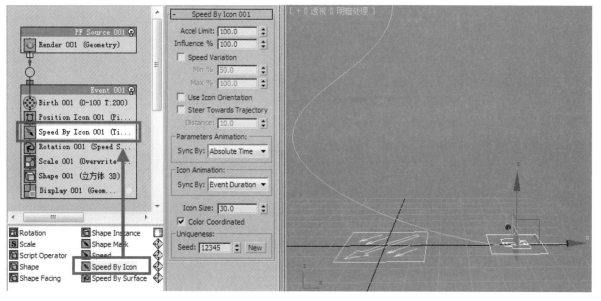

图10-47

**STEP 08** 此时，场景中会出现一个Speed By Icon【速度按图标】图标。在动画设置面板的指定控制器栏下选择位置项；再单击指定控制器按钮，在弹出的指定位置控制器面板中选择路径约束，也就是让图标约束到螺旋路径上，如图10-48所示。

**STEP 09** 单击运动设置面板的路径参数栏下的添加路径按钮，再在场景中拾取螺旋路径。此时，位置图标就被约束到路径上了，并且，方块粒子也紧紧跟随着位置图标、沿着路径运动了。这样，一个基本的粒子阵列效果就做好了，如图10-49所示。

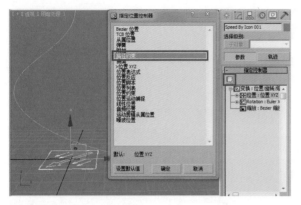

图10-48

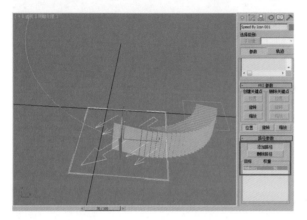

图10-49

**STEP 10** 拖动时间滑块，通过方块的动画效果可以看出，在路径的转弯处，方块没有很好地沿路径产生方向的变化，而是始终保持着方向向上的运动，如图10-50所示。

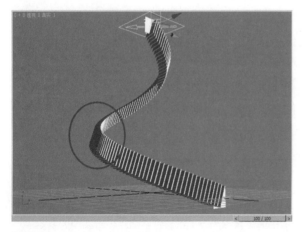

图10-50

**STEP 11** 调整方块在路径上的方向，让每一个方块在运动的过程中都始终与路径的方向保持垂直。到Rotation【旋转】操作符的参数面板中，将方向矩阵设为Speed

Space Follow【速度空间跟随】。这样，沿路径运动的方块的朝向问题便得到解决了，如图10-51所示。

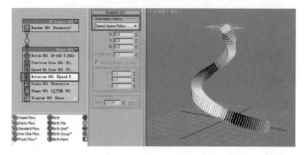

图10-51

**STEP 12** 从方块跟随路径运动的顶视角效果中可以清晰地看到，方块的朝向始终跟随着路径的弯曲而发生变化，如图10-52所示。

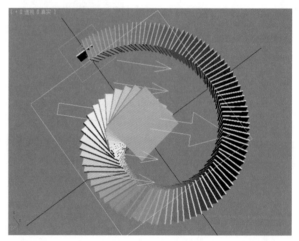

图10-52

**STEP 13** 设置方块的另一种朝向效果。到Shape【图形】操作符的参数面板中，将大小值减小到5，如图10-53所示。

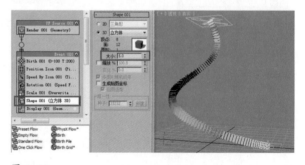

图10-53

**STEP 14** 到Rotation【旋转】操作符的参数面板中，将z轴的旋转值设为90。此时，场景中所有的方块都紧紧地衔接到一起、组成了一条带子，如图10-54所示。

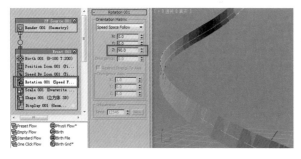

图10-54

**STEP 15** 让方块之间都有一点间距。回到参数面板中，将z轴的数值设为78，以得到方块衔接的效果，如图10-55所示。

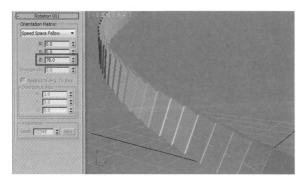

图10-55

**STEP 16** 将x轴的旋转值设为45，让方块的尖角相互衔接，模拟出一种菱形衔接的效果，如图10-56所示。

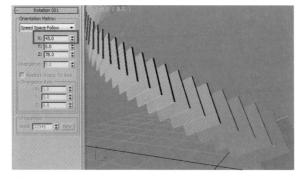

图10-56

**STEP 17** 下面，用一个标准的菱形片来制作阵列的效果。在场景中创建一个菱形模型，再在PF粒子视图中选择Shape Instance【图形实例】操作符并将其拖到事件列表中，替换掉Speed平【图形】操作符，如图10-57所示。

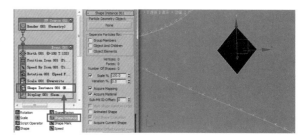

图10-57

**STEP 18** 到图形实例操作符的参数面板中，单击粒子几何体对象栏下的Box001【方块】按钮，拾取场景中的方块并将其作为发射器的新粒子，如图10-58所示。

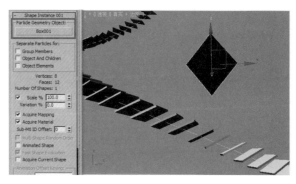

图10-58

**STEP 19** 到旋转操作符的参数面板中，改变方块的旋转方向，让菱形的尖角相互衔接，如图10-59所示。

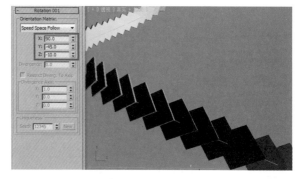

图10-59

**STEP 20** 给粒子指定颜色。在材质编辑器中给材质球指定一个多维子对象材质；将材质的数量值设为10并给每个材质右边的颜色框都设置一个颜色，如图10-60所示。

**STEP 21** 在PF粒子视图的事件列表中添加一个Material Dynamic【材质动态】操作符，再将材质编辑器中的多维子对象材质拖到材质动态参数面板中的指定材质按钮上，如图10-61所示。

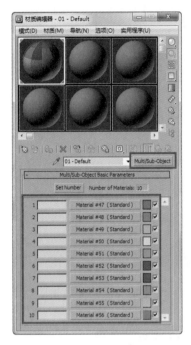

图10-60

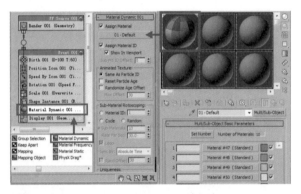

图10-61

STEP 22 渲染菱形阵列，得到的效果如图10-62所示。

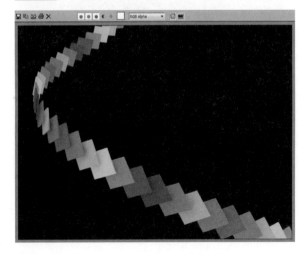

图10-62

注意：此时，菱形阵列和螺旋路径是可以分开的，两者不相互约束，如图10-63所示。

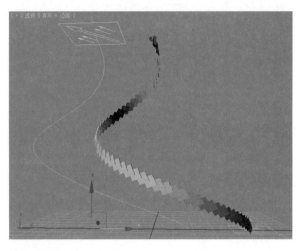

图10-63

STEP 23 复制一个菱形阵列。在PF粒子视图中，复制一个标准粒子流事件，再将复制后的两个事件面板连接起来。此时，在场景中会多一个复制所得的位置图标，如图10-64所示。

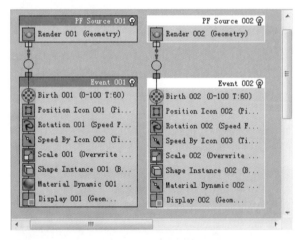

图10-64

STEP 24 在场景中将螺旋路径复制一个，选择复制所得的位置图标，单击运动面板中的添加路径按钮，再在场景中拾取复制后的螺旋路径。将时间滑块拖到最后一帧位置处，将路径选项栏中的沿路径的百分比值设置为100。此时，两组菱形阵列的效果就做好了，如图10-65所示。

STEP 25 此时，可以将这两组菱形阵列进行随意移动和组合，如图10-66所示。

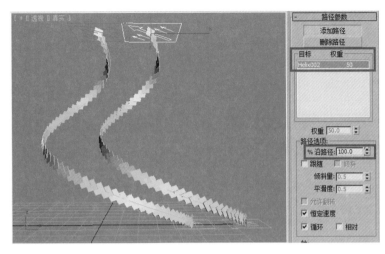

图10-65

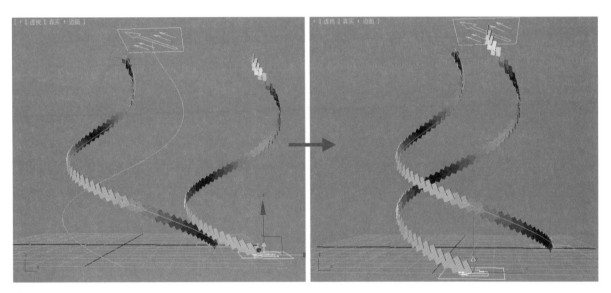

图10-66

**STEP 26** 渲染后得到的最终菱形阵列效果如图10-67所示。

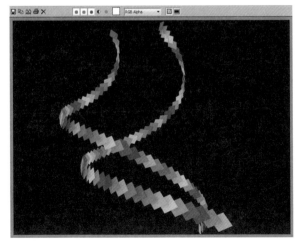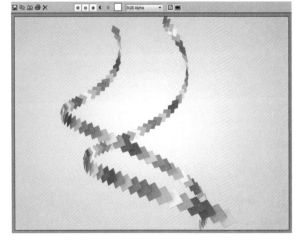

图10-67

# 第11章

## 分子连接特效

**本章内容**
◆ 用骨骼制作分子链特效
◆ 用连接控制器制作分子链特效

## 11.1 项目创作分析

图11-所示为一个气象类节目《番禺气象》的片头包装设计，该片头包装的整体设计比较简洁，主要是将一些气象符号贴在球体表面上，再用线段将多个球体连接起来，从而形成一种分子连接的动画效果。分子是构成雨、雪、风、霜等气象的基本元素，而在气象中，水分子最具代表性，因此，该片头包装设计以晶莹剔透的蓝色分子晶体作为主体元素来进行动画的演绎。

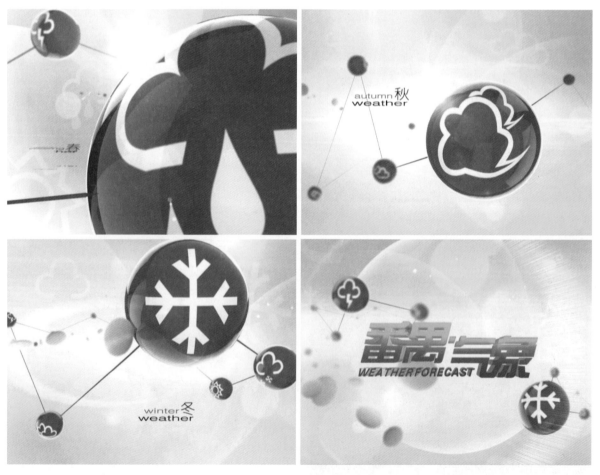

图11-1

分子连接效果看起来比较简单，但实际上，分子连接的动画是很讲究的。如果制作方法不当，就会出现诸多问题。本章将利用两种方法来制作分子连接的动画效果，第一种是用骨骼连接的方法来制作分子链，这是电视包装中常用的方法，但这种方法存在许多缺点，骨骼的长度会受到限制，而且，骨骼的各关节之间又有父子连接的关系，只要移动其中任意一个关节，就会影响到其他的关节，因此，这种方法只能用于简单的分子连接模拟；第二种方法是用3ds Max的连接控制器来制作分子链特效，用这种方法得到的分子链中的球体是不受任何因素影响的，每个球体都是独立的个体，可以随意移动，而且，球体之间的连接线段可以任意伸缩，因此，本章将重点对第二种方法进行详细讲解。最终的分子连接动画如图11-2所示。

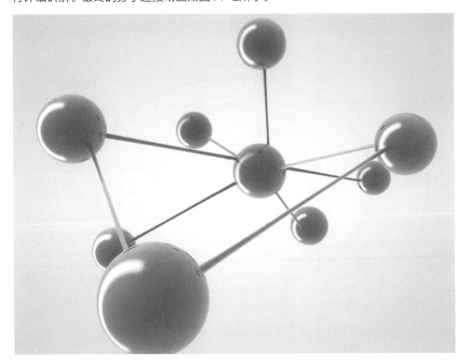

图11-2

## 11.2　用骨骼制作分子链特效

这一节将主要讲解如何用骨骼连接的方法来制作分子链特效，其制作思路为：先将球体和线段绑定到骨骼上，再让它们随关节的旋转而运动。这种制作方法的缺点是两个球体之间的线段会受到骨骼长度的影响，而且，只要移动任意的球体就会影响到其他球体的位置，这是因为绑定球体的关节之间是存在父子关系的，如图11-3所示。

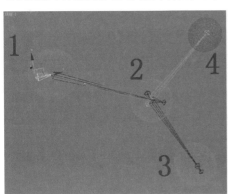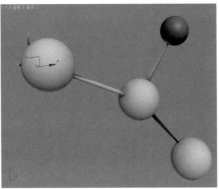

图11-3

STEP 01 在场景中创建两个球体和一根细长的圆柱，并且，让圆柱体将两个球体连接起来，如图11-4所示。

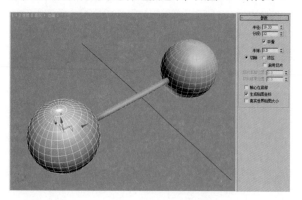

图11-4

STEP 02 单击创建面板的对象类型栏中的骨骼按钮；在场景中创建三节骨骼并分别将两个关节的连接处对齐到两个球体的中心，如图11-5所示。

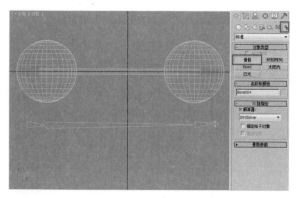

图11-5

STEP 03 将骨骼向上移动到两个球体之间，让其和圆柱重叠起来，如图11-6所示。

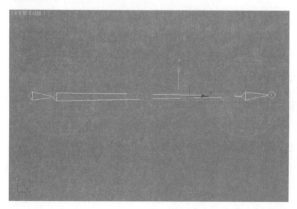

图11-6

STEP 04 选择工具栏中的绑定工具；将左边的球体绑定到第一个骨骼上，将圆柱绑定到第二个骨骼上，再将右边的球体绑定到第三个骨骼上，如图11-7所示。

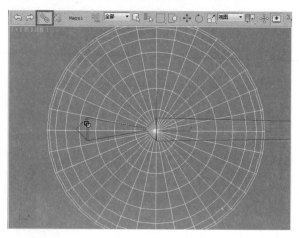

图11-7

STEP 05 任意移动第三个骨骼后，两个球体就被连接起来了，而且，右边的球体和圆柱始终以左边的球体为中心，如图11-8所示。

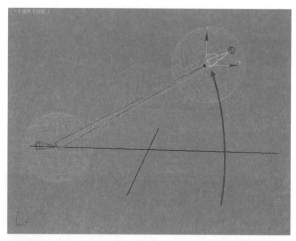

图11-8

STEP 06 继续在场景中创建骨骼。切换到顶视图，在右边球体的位置处创建一条与第一条骨骼相互垂直的骨骼，再使其第一个关节与第一条骨骼的第二个关节重合，如图11-9所示。

STEP 07 选择工具栏中的绑定工具，将第二条骨骼的第一个关节绑定到第一条骨骼的第三个关节上，这样，两条骨骼就被绑定到一起了，如图11-10所示。

STEP 08 在场景中再创建一个球体，将球体的中心对齐到第二条骨骼的第二个关节处，再将球体绑定到第三个关节上，如图11-11所示。

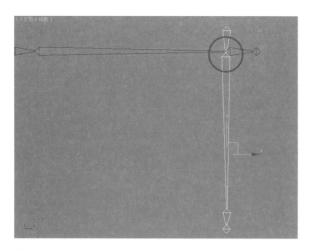

图11-9

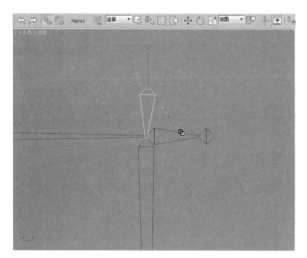

图11-10

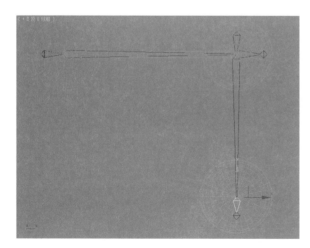

图11-11

STEP 09 此时，随意移动第二条骨骼的第三个关节后，

球体将始终以第二条骨骼的第二个关节作为半径来进行旋转，这说明球体的位置已经被固定在一个范围内了，如图11-12所示。

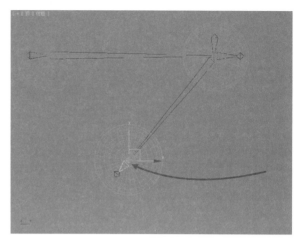

图11-12

STEP 10 移动第一条骨骼的第三个关节后，第二条骨骼也将随之移动，如图11-13所示。

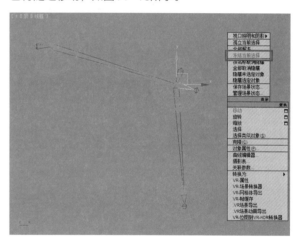

图11-13

注意：选择骨骼之前，可以先冻结所有的球体，这样可以更方便地选择骨骼。

STEP 11 创建第三条骨骼。在视图中创建一条与第一条骨骼、第二条骨骼相互垂直的骨骼，再将第三条骨骼的第一个关节与第一条骨骼的第二个关节重合起来，如图11-14所示。

STEP 12 将第三条骨骼的第一个关节绑定到第一条骨骼的第三个关节上，这样，第二条骨骼与第三条骨骼的位置就都受第一条骨骼的制约了，如图11-15所示。

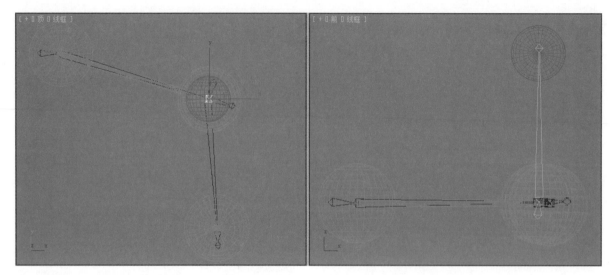

图11-14

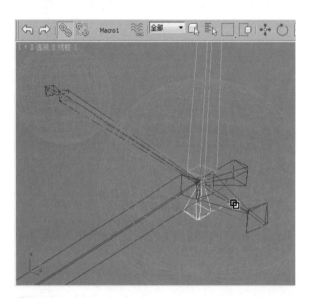

图11-15

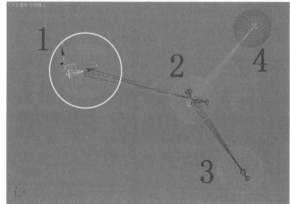

图11-16

**STEP 14** 通过骨骼连接得到的最终分子链特效如图11-17所示。

**STEP 13** 在第三条骨骼的第三个关节处创建一个球体并将其绑定到第三个关节上。此时，只要移动第一条骨骼的第一个关节，所有的骨骼和球体就都会随之一起移动了，这说明此时的骨骼连接动画还存在着一个缺陷，在整个骨骼链中，还不能单独移动此连接中的元素。如果单独移动父连接，那么，子连接也会被移动，这种效果并不是我们所需要的分子连接效果，我们所需要的分子连接效果是所有连接中的元素都是可以自由、灵活地被控制，如图11-16所示。

图11-17

# 11.3 用连接控制器制作分子链特效

这一节将主要讲解如何用3ds Max的连接控制器来制作分子链特效，该连接控制器可以将两个球体用线段连接起来，并且，可以将一个已被连接到其他物体上的球体再连接到别的球体上。用这种方法得到的分子链中的球体是不受任何因素影响的，每个球体都是独立的个体，可以随意移动，球体之间的连接线段也可任意伸缩，如图11-18所示。

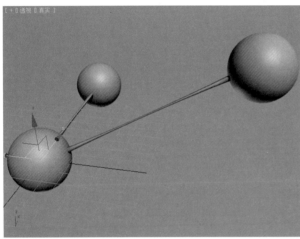

图11-18

**STEP 01** 首先，在场景中创建一个球体，再在参数栏下将分段数加大到50，如图11-19所示。

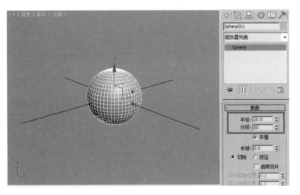

图11-19

**STEP 02** 给场景中的球体添加一个编辑多边形修改器，激活该修改器层级下的面编辑模式。在该编辑模式下，选中球体中心位置的一块面并将其删除。这样，便得到一个有缺口的球体了，如图11-20所示。

**STEP 03** 将球体复制一个，再将复制所得的球体沿x轴进行镜像处理，让两个球体的缺口相互对着，如图11-21所示。

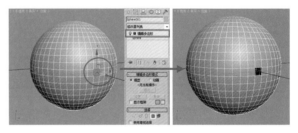

图11-20

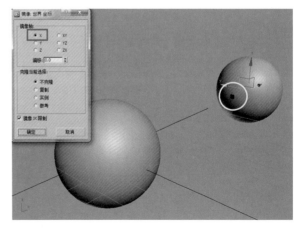

图11-21

**STEP 04** 选择其中一个球体，在创建面板的几何体对象的下拉列表中选择复合对象；再单击对象类型栏中的连接按钮。此时，球体上的缺口就消失了，如图11-22所示。

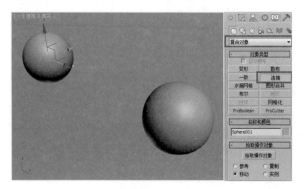

图11-22

**STEP 05** 单击连接的修改器面板中的拾取操作对象按钮，再单击场景中的另一个球体。此时，操作对象列表中出现两个操作对象及两个球体，而且，场景中的两个球体被一根柱子连接起来了，这根柱子是将两个球体的缺口连接起来后所得到的，如图11-23所示。

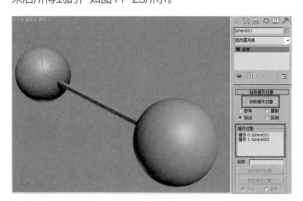

图11-23

**STEP 06** 此时，被连接起来的两个球体已经是一个整体了，可以随意地将它们整体移动，如图11-24所示。

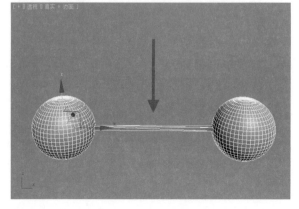

图11-24

**STEP 07** 如果要单独移动其中的一个球体，则可到连接修改器下，激活操作对象模式，再到场景中选择任意球体即可，如图11-25所示。

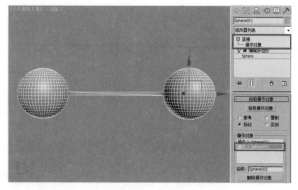

图11-25

**STEP 08** 在操作对象模式下，选中并移动任意球体后，它们之间的连接处也将产生变化，如图11-26所示。

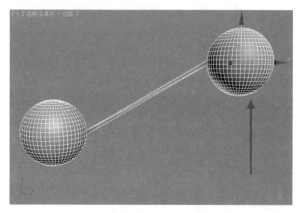

图11-26

**STEP 09** 移动球体后，如果连接柱子与球体的连接效果不够理想的话，则可通过对球体进行旋转处理来调整连接的效果，如图11-27所示。

图11-27

**STEP 10** 此时，球体的旋转角度太大了，导致一个球体上的缺口部位不能对准另一个球体的缺口位置，这时，两个球体之间的连接线便会消失，如图11-28所示。

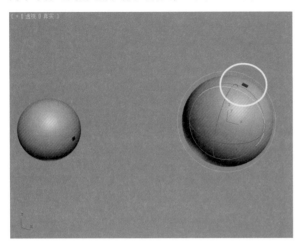

图11-28

**STEP 11** 在操作对象模式下，可以从视图中选取任何被连接的对象来进行操作，也可在修改器面板的操作列表中选择需要操作的对象来进行操作，如图11-29所示。

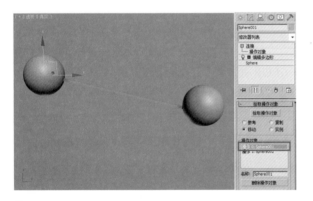

图11-29

此时，连接两个球体的柱子是方形的，不是很美观，柱子的效果显得过于生硬了，如图11-30所示。

**STEP 12** 调整连接两个球体的柱子。在修改器面板中给两个被连接起来的球体添加一个涡轮平滑修改器，这样做的目的是为了使柱子变得圆滑一些，但此时，两个球体也被圆滑处理了，这样，球体的网格数量就会增多，从而影响软件的运行速度，所以，此操作是不可取的，如图11-31所示。

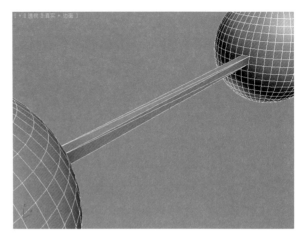

图11-30

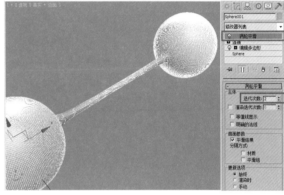

图11-31

**STEP 13** 回到连接修改器的参数面板中，将插值栏下的分段值设为5，此时，柱子的分段数增加了，并且，产生了膨胀的效果，如图11-32所示。

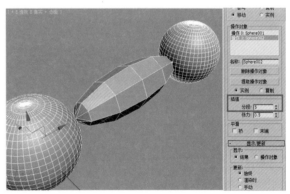

图11-32

**STEP 14** 将张力值减小到0.02，使膨胀的效果消失，如图11-33所示。

**STEP 15** 在平滑栏中勾选桥选项，使柱子产生平滑的效果。如果想得到更平滑的效果，则可加大分段的数值，如图11-34所示。

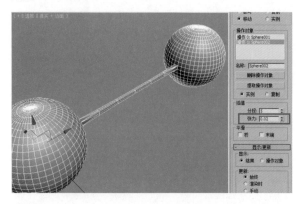

图11-33

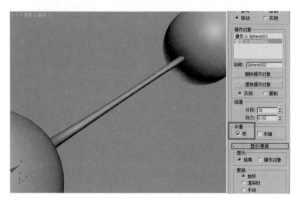

图11-34

**STEP 16** 勾选平滑栏中的末端项，使衔接处变得平滑。平滑的程度取决于球体网格数量的多少，球体网格的数量越多，端口的连接处就会越平滑，如图11-35所示。

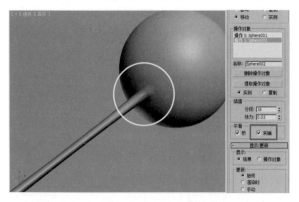

图11-35

**STEP 17** 继续创建连接效果。在操作对象列表中选择第二个球体；然后，单击拾取操作对象按钮；再将连接的球体复制一个，如图11-36所示。

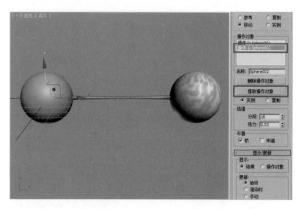

图11-36

**STEP 18** 将复制所得的球体移至上空并将该球体的缺口对准第一个球体，如图11-37所示。

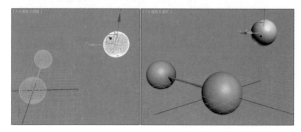

图11-37

**STEP 19** 下面，将上空球体的缺口与第一个球体连接起来。在第一个球体上制作一个缺口；回到连接组的编辑多边形修改器中，在面编辑模式下，对"球体001"进行面选择。此时，"球体001"上的面就不能被选中了，如图11-38所示。

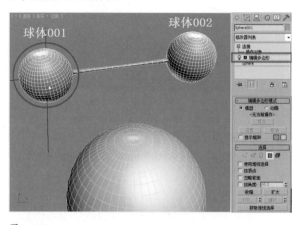

图11-38

**STEP 20** 由于此时在连接修改器的操作对象列表中所选择的是"球体002"，因此，这里只能对连接组中的"球体002"进行编辑，如图11-39所示。

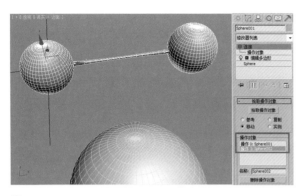

图11-39

**STEP 21** 在操作对象列表中选择"球体001"对象，如图11-40所示。

图11-40

**STEP 22** 回到编辑多边形修改器下，将"球体001"正对着上空球体的缺口上的面的其中一块网格删除，如图11-41所示。

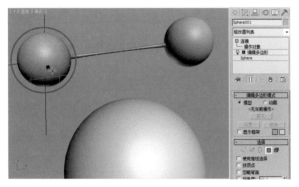

图11-41

**STEP 23** 回到连接修改器的参数面板中，单击拾取操作对象按钮，将场景上空的球体添加到操作对象列表中，如图11-42所示。

**STEP 24** 此时，"球体001"与"球体003"就相互连接起来了。由于"球体003"与"球体001"之间的距离要比"球体002"与"球体001"之间的距离远，因此，它们之间的连接柱体也比第一根连接柱体要细长，

如图11-43所示。

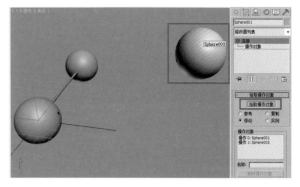

图11-42

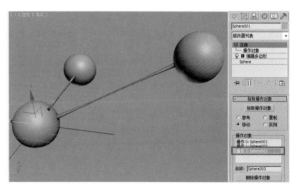

图11-43

**STEP 25** 选择操作对象列表中的"球体003"；再单击拾取操作对象按钮，将"球体003"复制几个，如图11-44所示。

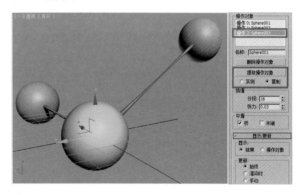

图11-44

**注意：** 要对每个球体的大小都进行调整，就要选择提取模拟对象按钮下的复制选项。

**STEP 26** 下面，用前面的制作方法来构建一个漂亮且复杂的分子链结构。先在操作对象列表中选择指定的球体，再对场景中的球体进行缩放处理，如图11-45所示。

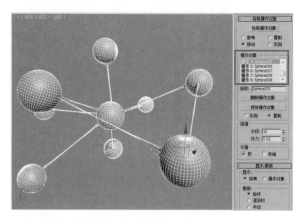

图11-45

此时，分子链中有些连接柱子出现了错误。这是由球体之间的间距值过大所造成的，如图11-46所示。

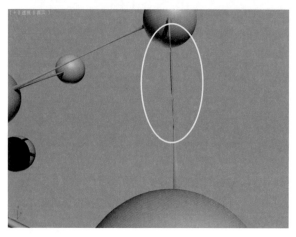

图11-46

**STEP 27** 解决连接的错误问题。在连接修改器的参数面板中将插值栏下的张力值设为0.01，如图11-47所示。

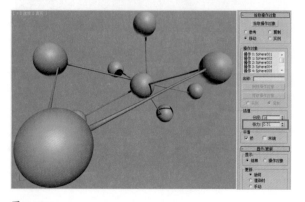

图11-47

**STEP 28** 用连接修改器来制作分子连接特效时，不仅能给整个分子链设置动画，还能给分子链中的每一个对象元素进行动画设置。进入连接修改器的操作对象层级并

开启动画关键帧的记录按钮，从第0帧到第100帧位置分别给分子链中的每一个球体设置一个简单的位移动画，如图11-48所示。

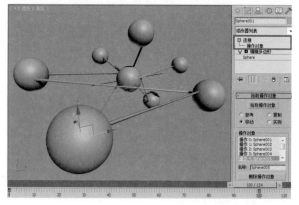

图11-48

至此，分子链的基本结构便已制作完成了。

**STEP 29** 给分子链指定材质并将渲染器设置为FR渲染器，如图11-49所示。

图11-49

**STEP 30** 勾选FR渲染器设置面板中的抗锯齿选项、全局照明（GI）选项和天光选项，如图11-50所示。

图11-50

**STEP 31** 在材质面板中选择一个FR高级材质，再将材质的漫反射颜色设为蓝色。给反射添加一个衰减贴图，再在着色栏中给材质设置一个高光效果，如图11-51所示。

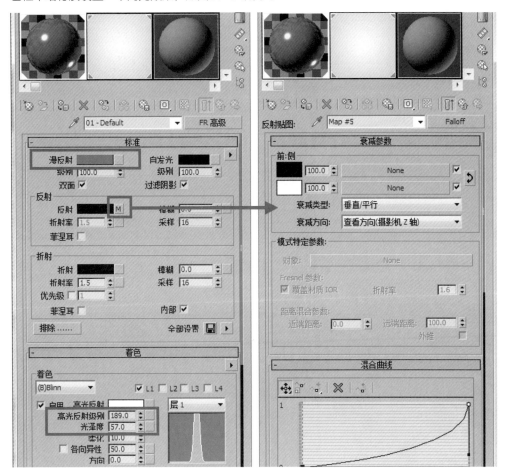

图11-51

**STEP 32** 在场景中创建一盏细长的FR方形灯光，将其放在离分子连接特效较远的侧面位置上，如图11-52所示。

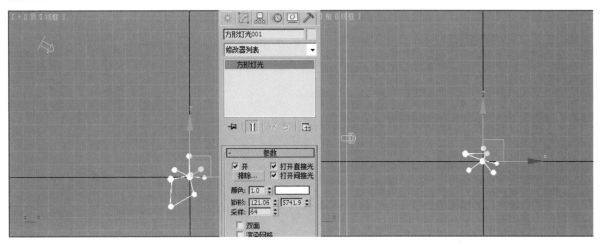

图11-52

**STEP 33** 再在场景中创建两个细长的平面，将它们作为材质的反光板；将它们平行放置在分子链的上方，再给反光板指定一个自发光百分比值为100%的白色材质，如图11-53所示。

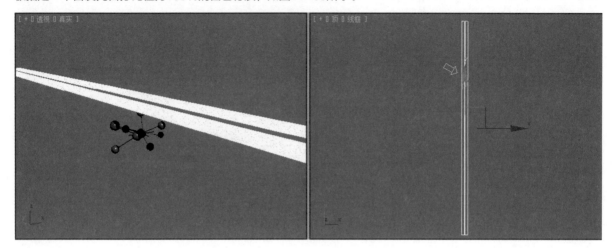

图11-53

**STEP 34** 最后，进行渲染，得到的最终分子链效果如图11-54所示。

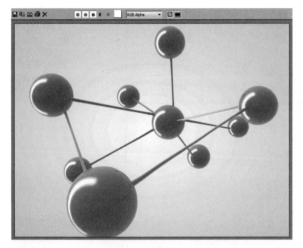
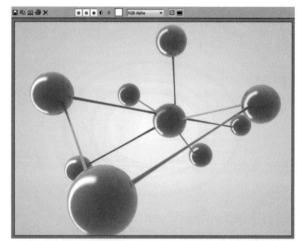

图11-54

# 第 **12** 章

## 跳动的音符

**本章内容**
◆ 方块高度和位置属性的节奏动画制作
◆ sKeyShift【关键帧转移】脚本详解

## 12.1　项目创作分析

图12-1所示为一个迎新晚会——《全城欢腾 喜迎新年》的片头包装设计，该片头动画主要是用各种动感的音乐元素和绚丽的光效来营造一种欢乐迎新年的氛围。

图12-1

在《全城欢腾 喜迎新年》的片头动画中，主要运用了充满动感和具有音乐节奏感的跳动方块动画，这些方块元素可将无形的音频以立体的方式呈现出来，因此，本章将重点将讲解如何让立体的方块元素跟随抽象动感的音乐节奏进行运动。可以用两种方法来制作立体音频动画，一种是用方块的高度属性来设置方块元素跟随音乐节奏运动的动画；另一种是用方块的位置属性来设置方块元素的节奏动画。立体音频动画的制作还需要用到sKeyShift【关键帧转移】脚本，该脚本可用于设置各种神奇的节奏动画效果，还可用于快速地完成大面积的方块元素跳动的动画，如图12-2所示。

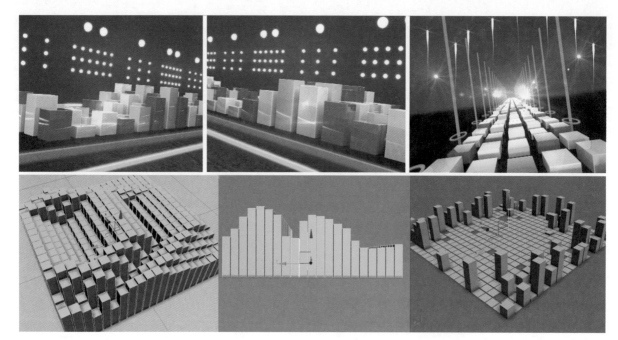

图12-2

## 12.2　设置方块高度属性的节奏动画

这一节将介绍用方块的高度属性来设置其跟随音乐节奏运动的动画。其制作思路为：在方块的轨迹视图中给方块的高度属性添加一个音频控制器，再通过调整音频的速率来改变方块跟随音频运动的节奏。使用这种方法时，不能用sKeyShift【关键帧转移】脚本来设置大面积的节奏动画，只能手动设置小面积的方块节奏动画，如图12-3所示。

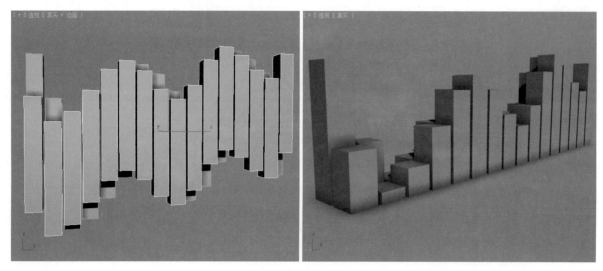

图12-3

**STEP 01** 在场景中创建一个立方体，分别将其长度分段、宽度分段和高度分段的数值设为1，如图12-4所示。

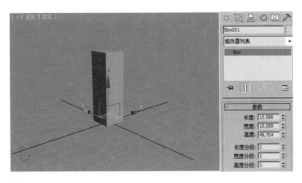

图12-4

**STEP 02** 给动画添加背景音乐。单击时间线左端的迷你编辑器按钮,打开迷你轨迹视图窗口。双击编辑器窗口左边的控制器窗口中的声音项,打开音频编辑窗口,如图12-5所示。

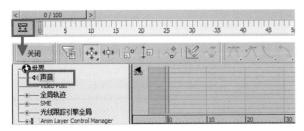

图12-5

**STEP 03** 单击音频编辑窗口中的添加按钮,导入准备好的音频文件。编辑窗口中的其他参数是用于调整声音的,将这些参数保持为默认设置即可,如图12-6所示。

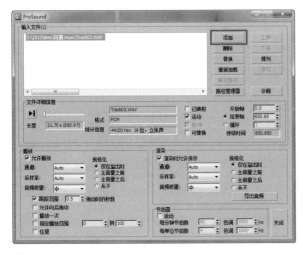

图12-6

**STEP 04** 此时,控制器窗口的声音选项下多了一个"Track 03.wav"的音频轨迹,该音频的波形会出现在右边的摄影表图形区域内,如图12-7所示。

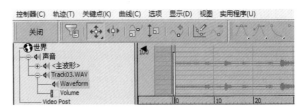

图12-7

**STEP 05** 给立方体设置一个跟随音频节奏跳动的动画。选择场景中的立方体,打开立方体的曲线编辑器窗口;展开立方体的对象轨迹,在高度选项处单击鼠标右键,在弹出的右键菜单中选择指定控制器,如图12-8所示。

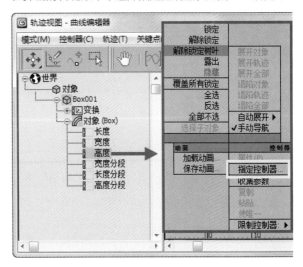

图12-8

**STEP 06** 在弹出的指定浮点控制器窗口中选择音频浮点,如图12-9所示。

图12-9

**STEP 07** 在弹出的音频控制器面板中单击声音按钮，将之前设置为背景的音频文件添加进来，将其作为立方体动画的节奏音频；面板中的其他参数保持默认设置即可，如图12-10所示

图12-10

**注意：** 音频控制器可以将所记录的声音文件振幅或实时声波转换为可以设置对象或参数动画的值，该控制器还可以对声音通道的选择、基础阈值、重复采样和参数范围进行控制。

**STEP 08** 此时，立方体的高度属性的左边出现了一个小图标，这个图标和迷你编辑器中声音图标的功能是一样的，但此时，右边的编辑器窗口中没有任何音频波形出现，除此之外，视图中的立方体也变成一个薄片了，而且，这个薄片有微弱的上下颤动。这说明音频对高度属性已经产生作用了，只是此时的音频参数比较小而已，如图12-11所示。

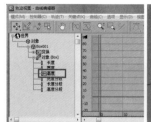

图12-11

**STEP 09** 双击曲线编辑器中的立方体的高度属性，打开音频控制器；将控制器范围栏下的最大值设为300，如图12-12所示。

**STEP 10** 此时，编辑器窗口中出现了音频波形。拖动时间滑块或在英文输入法状态下按键盘上的"/"键后，视图中的立方体的高度将跟随音频的节奏而产生高低的变化，如图12-13所示。

**STEP 11** 此时，在立方体的高低属性动画中，最低的立方体几乎贴近地面了。立方体随音频节奏产生的高低变化效果如图12-14所示。

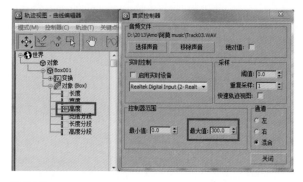

图12-12

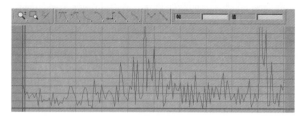

图12-13

图12-14

**STEP 12** 为了不让立方体过低，可将音频控制器的控制器范围栏下的最小值设为15，即把音频曲线的整体高度调高了15，如图12-15所示。

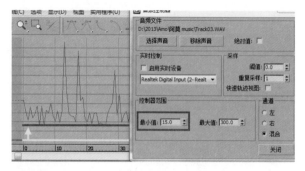

图12-15

**STEP 13** 按键盘上的"/"键，播放动画，可以看到立方体的动画有点偏快了，需要减慢立方体的动画节奏。在曲线编辑器中选中立方体的高度属性，再在曲线菜单下选择应用-减缓曲线或按下键盘上的"Ctrl + E"组合键，如图12-16所示。

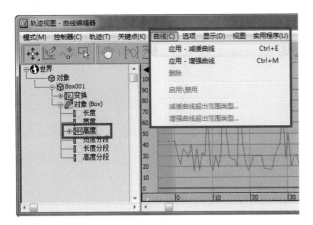

图12-16

**STEP 14** 此时，立方体的高度属性下多了一个减缓曲线控制器。这样，便可以在右边的曲线编辑窗口中通过调整曲线来控制立方体的节奏变化了，如图12-17所示。

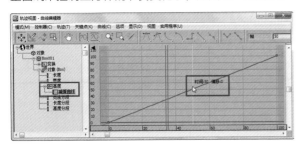

图12-17

**STEP 15** 在曲线的中间位置处添加一个节点并将节点向下移动，使曲线呈向内凹的弧形。这样，高度属性的音频曲线便呈现出一个由疏到密的状态了，也就是说，音频节奏将呈现出一个由慢到快的效果，如图12-18所示。

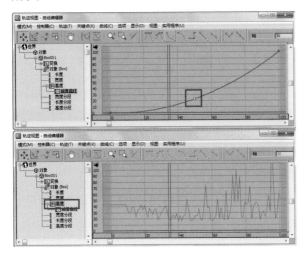

图12-18

**STEP 16** 将节点往上移，使曲线呈向外凸的弧形。这样，音频节奏便可呈现出一个由快到慢的效果了，如图12-19所示。

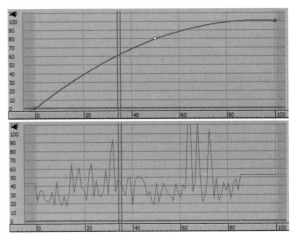

图12-19

**STEP 17** 这里不给立方体的动画曲线添加节点，而是将曲线的第一个节点往上移至如图12-20所示的位置。

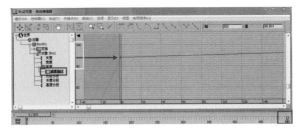

图12-20

**STEP 18** 这样，音频的整体节奏便减慢了很多，如图12-21所示。

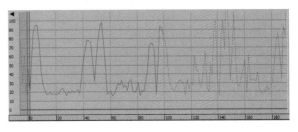

图12-21

至此，单个立方体的动画节奏便调整完成了。下面，开始制作大量立方体有规律地跟随音频节奏进行运动的动画。

**注意:** 单个立方体的动画不能充分、形象地把音乐的韵律表达出来，只有将更多的立方体有规律地组合后，才能产生神奇的、富有韵律感的节奏变化。

在制作大量立方体有规律的节奏动画时，需要用到一个sKeyShift【关键帧转移】脚本，该脚本可以让立方体产生丰富、多变且有规律的节奏变化。在应用该脚本前，必须复制出大量的立方体。

STEP 19 克隆一排立方体。按住键盘上的Shift键，在视图中选中并向右移动立方体，克隆出20个立方体。在弹出的克隆选项对话框中选择实例项，如图12-22所示。

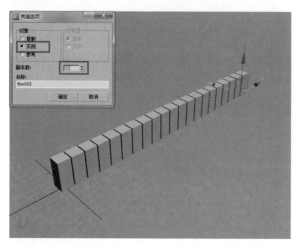

图12-22

STEP 20 选中一排立方体，按住键盘上的Shift键，沿y轴将立方体克隆出20列。在弹出的克隆选项对话框中选择实例项，如图12-23所示。

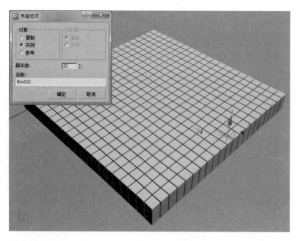

图12-23

**注意：** 在克隆立方体时，如果在克隆选项对话框中选择复制项，那么，克隆后的立方体将不会被关联起来，只会保留前100帧的动画，也就是说，超过100帧后，立方体便会停止运动了，如图12-24所示。

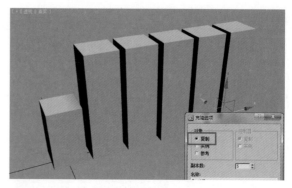

图12-24

STEP 21 将sKeyShift【关键帧转移】脚本拖到3ds Max中，打开关键帧转移脚本界面，单击脚本面板中的Base Object【基本物体】按钮，在场景中拾取克隆的立方体组最中心的一个立方体；然后，单击脚本面板中的Near Object【近距物体】按钮，拾取紧贴中心立方体的斜对角位置上的立方体；再将Shift setting【转移设置】栏中的Shift frame【转移帧】设为5并勾选X和Y选项；最后，单击Shift【转移】按钮。此时，视图中的立方体没发生任何变化，如图12-25所示。

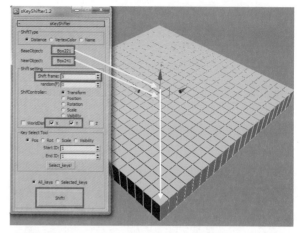

图12-25

综上所述，用立方体的高度属性来设置其跟随音乐节奏运动的方法是不可取的，因为sKeyShift【关键帧转移】脚本并不能识别立方体的高度属性动画。下面，开始介绍如何用立方体的位置属性来设置其跟随音乐节奏运动的动画。

## 12.3　设置方块位置属性的节奏动画

　　这一节将重点对关键帧转移脚本进行详细的讲解，关键帧转移脚本可以识别对象的位置、旋转、缩放和透明度变换这些属性，用该脚本对这些属性进行控制便可制作出各种漂亮的节奏动画效果，如图12-26所示。

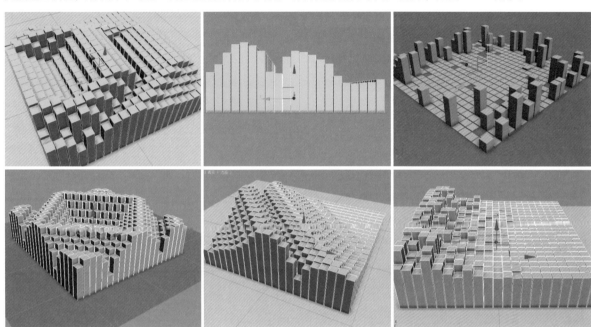

图12-26

STEP 01 删除场景中所有克隆出的立方体，只留下最初创建的立方体，如图12-27所示。

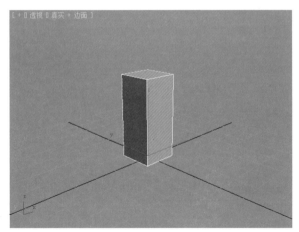

图12-27

STEP 02 在立方体的曲线编辑器中选择立方体的高度属性，单击鼠标右键，从弹出的右键菜单中选择指定控制器；再在指定浮点控制器窗口中选择Bezier浮点。删除立方体的音频浮点控制器，恢复立方体原有的高度属

性，如图12-28所示。

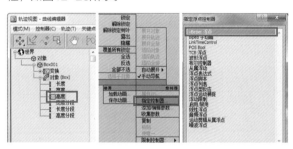

图12-28

STEP 03 给立方体的位置属性设置跟随音频运动的动画。在立方体的变换属性下，用鼠标右键单击Z位置处；从弹出的右键菜单中选择指定控制器，为Z位置指定一个音频浮点控制器。将之前指定给高度属性的音频文件导入音频控制器面板中，再将控制器范围栏下的最大值设为300，如图12-29所示。

STEP 04 此时，立方体开始跟随音乐沿z轴上下跳动了，但立方体跳动的速度还比较快，因此，要减慢音频的速率。把时间线压缩到前100帧，再给Z位置指定一个减缓曲线命令，这样，系统就会自动在第0帧到第

100帧之间创建出3个关键帧了，如图12-30所示。

图12-29

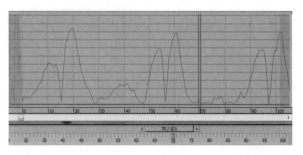

图12-32

**STEP 07** 在曲线编辑器的控制器菜单下选择塌陷控制器命令，如图12-33所示。

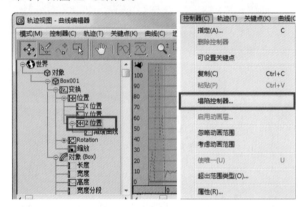

图12-33

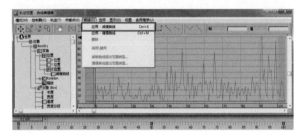

图12-30

**STEP 05** 调整音频的速率。先删除时间线中间的节点；然后，选择最左端的节点，按住键盘上的Shift键，将节点垂直向上移动到95的位置；再将时间线延长到第500帧位置，并且，将时间线的最后一个关键帧拖到第500帧位置处，这样，立方体跳动的速度便减慢了，如图12-31所示。

**STEP 08** 在弹出的塌陷控制器对话框中点选Bezier或Euler控制器选项，将立方体的跳动动画转换为可调节的Bezier【贝兹】曲线，如图12-34所示。

图12-34

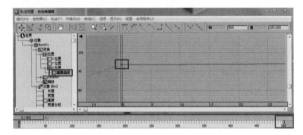

图12-31

**STEP 06** 选择Z位置选项，观察右边摄影表图形区域内的音频曲线状态，可以看到音频的波形曲线比之前的稀疏了很多，这说明此时的音频速度已经减慢了，如图12-32所示。

**注意：** 此时，立方体的跳动动画仅由音频浮点控制器控制，因此，时间线上并没有产生跳动的动画。如果想给立方体指定关键帧转移脚本，就需要先将立方体的跳动动画转换为关键帧动画。

**STEP 09** 此时，可时间线上已经生成了立方体的跳动动画，如图12-35所示。

**STEP 10** 调整好立方体跟随音频节奏跳动的动画后，分别沿x轴和y轴将立方体复制20次。切记，一定要在克隆选项对话框中点选实例选项，如图12-36所示。

**STEP 11** 将sKeyShift【关键帧转移】脚本拖到3ds Max中，在弹出的脚本面板中，将Base Object【基本物体】和Near Object【近距物体】指定为最中心的立方体和紧贴中心立方体的斜对角位置上的立方体。勾选

X和Y选项，让立方体沿x轴和y轴产生转移效果。单击Shift【转移】按钮后，场景中的立方体并没有发生任何变化，这是因为此时只选中了一个立方体，关键帧转移脚本只能使这个被选中的立方体产生转移效果，如图12-37所示。

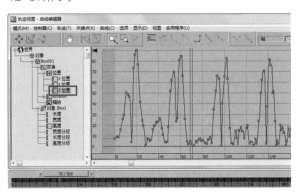

图12-35

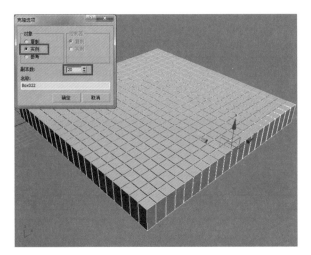

图12-36

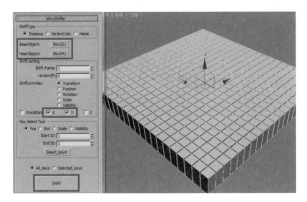

图12-37

**STEP 12** 选中全部立方体后，再次单击Shift【转移】按钮。此时，立方体便产生了漂亮的跳动动画，场景中的

立方体从中心向四周有规律的跟随着音乐节奏跳动了。

**注意：** 从图中画黄线框的部分可以看出，立方体上下错落的幅度比较大，从侧面看上去，整个跳动动画的视觉效果不是很美，如图12-38所示。

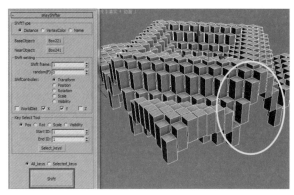

图12-38

**STEP 13** 在修改器面板中提高整体立方体的高度并给场景创建一个地面，让地面遮挡住立方体下面的部分。这样，一个漂亮的立方体跟随音频节奏跳动的动画便完成了，动画效果如图12-39所示。

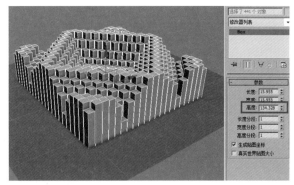

图12-39

**STEP 14** 制作一个从一角翻滚到对角线另一角的转移动画。撤销之前制作的动画后，单击关键帧转移面板中的Base Object【基本物体】按钮，拾取场景中立方体组的一个角上的立方体；再单击Near Object【近距物体】按钮，拾取之前立方体旁边对角的一个立方体，如图12-40所示。

**STEP 15** 单击Shift【转移】按钮后，立方体的跳动动画将从立方体组的一个角延伸出来了，如图12-41所示。

**STEP 16** 让立方体组一列一列地运动，即让立方体从左边第一列开始向右逐列跳动。将Base Object【基本物体】指定为左起第一列的第一个立方体，再将Near Object【近距物体】指定为第二列的第一个立方体，如

图12-42所示。

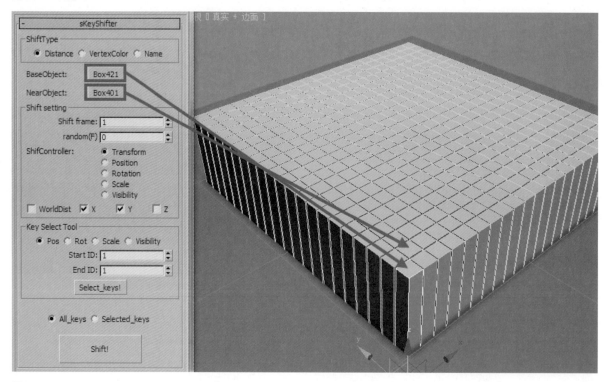

图12-40

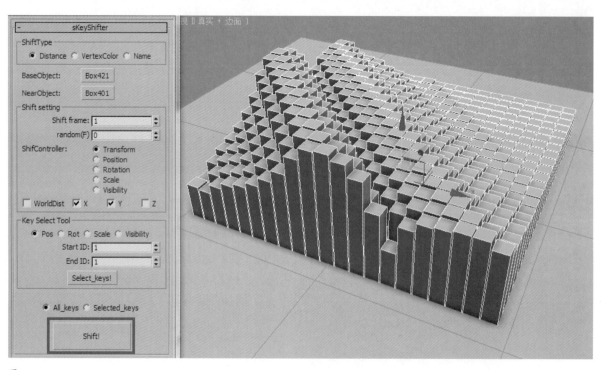

图12-41

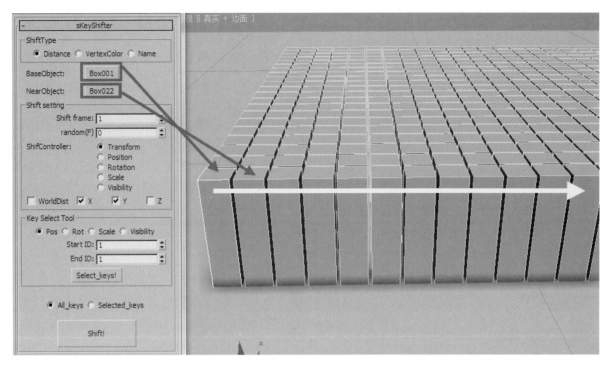

图12-42

**STEP 17** 单击Shift【转移】按钮，从侧面观察后发现，立方体的跳动动画已和常见的音频波形条动画一样了，如图12-43所示。

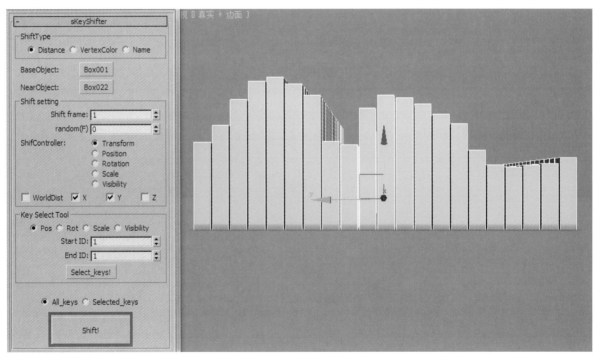

图12-43

**注意：**关键帧转移脚本的Shift setting【转移设置】栏下有一个random【随机】项，它可以给立方体上下跳动的幅度添加一个过渡的效果。将随机值设为3并单击Shift【转移】按钮后，场景中的立方体的跳动动画就没有之前那种明显的落差感了。尽管此时立方体与立方体之间的跳动动画有了一个过渡的效果，但整个动画却没有之前那么有规律了，如图12-44所示。

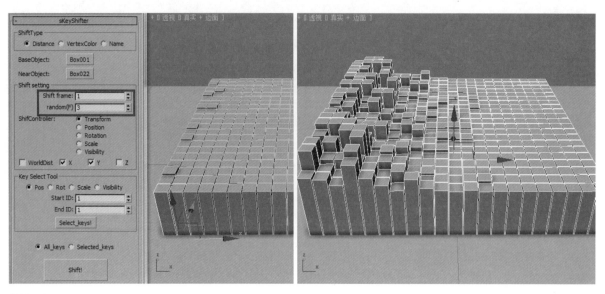

图12-44

STEP 18 下面，介绍另一种转移动画效果。先将Base Object【基本物体】和Near Object【近距物体】指定为图12-45左图中所示的两个立方体；然后，选择所有的立方体并单击Shift【转移】按钮；再重新将Base Object【基本物体】和Near Object【近距物体】指定为图12-45右图中所示的两个立方体；最后，选择所有的立方体并单击Shift【转移】按钮，如图12-45所示。

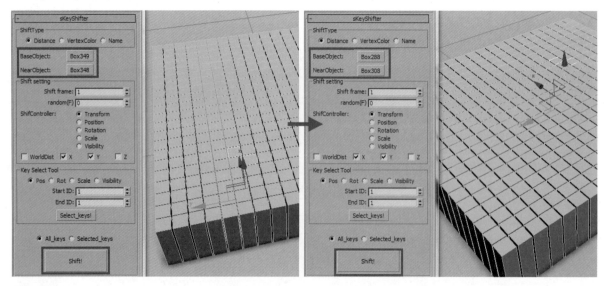

图12-45

STEP 19 应用了两次转移效果后，得到的效果如图12-46所示。

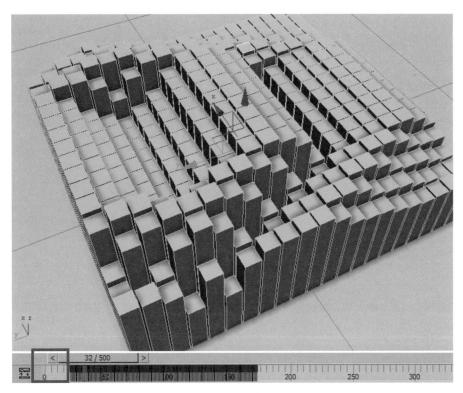

图12-46

**注意：** 由于这里应用了两次转移效果，因此，时间线的最前端会有一段距离没有关键帧，这样会影响动画的转移效果。解决这个问题的方法是将所有关键帧都移至第0帧位置处。

**STEP 20** 将random【随机】值设为11；然后，选择所有的立方体；再单击Shift【转移】按钮，如图12-47所示。

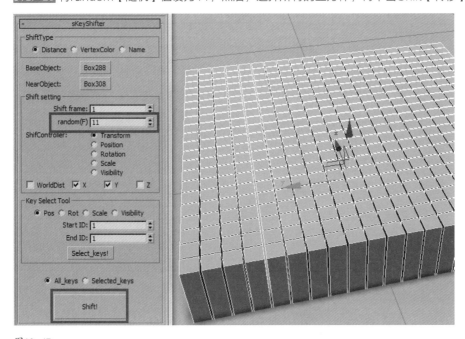

图12-47

**STEP 21** 拖动时间滑块后便可看到，加大了random 【随机】值后，立方体组的跳动动画产生了凌乱的随机波动效果，并且，时间线上的关键帧也被延长了很多，这是因为随机值把立方体的跳动时间给打乱了，如图12-48所示。

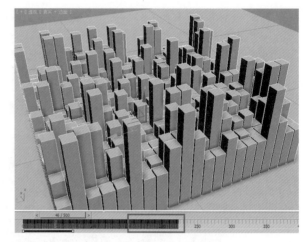

图12-48

**STEP 22** 从被加大了随机值的立方体动画效果中可以看到，立方体是从中心开始跳动的，然后，再逐个向四周落下去，如图12-49所示。

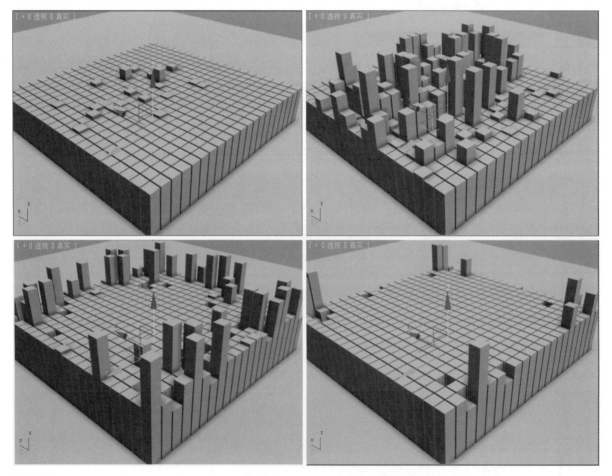

图12-49

STEP 23 将地面向上移动，让其紧贴立方体的顶面，得到的立方体跳动动画效果如图12-50所示。

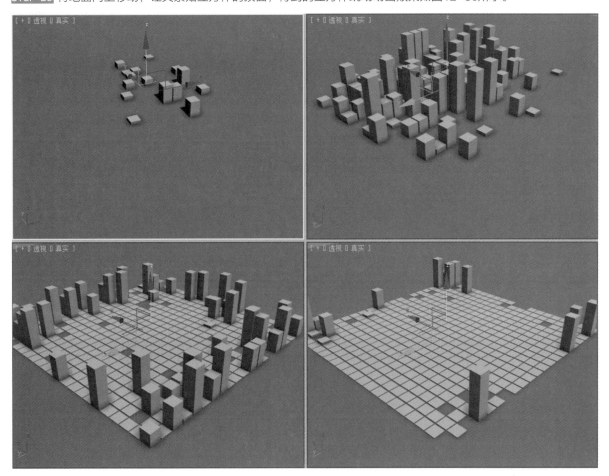

图12-50

# 第 13 章

# 火焰特效

**本章内容**
◆ 模拟火焰的基本燃烧效果
◆ 设置火焰效果的细节和颜色

## 13.1 项目创作分析

火焰的视觉效果奇幻、绚丽，因此，火焰效果被广泛地应用于电视包装设计中。在《麦王争霸》这个歌唱类活动的宣传包装设计中，火焰效果是动画演绎的主要视觉元素，并且，火焰的穿梭和飞舞贯穿了所有的镜头动画。在该宣传片中，火焰效果的主要作用是渲染环境和营造气势，从而突出该活动竞争的激烈性，该宣传包装的动画效果如图13-1所示。

图13-1

火焰有着极其炫酷的视觉效果，但其灵活性和随机性很强，所以，难以控制效果。目前，用于制作火焰特效的软件非常多，但不是每一种软件都能很好地模拟出真实的火焰运动效果并考虑到物理学中温度、重力、燃料、能量等因素对火焰效果的影响。本章将介绍一款使用方便、运算速度快且仿真能力极强的Phoenix FD【凤凰火焰】特效工具。

Phoenix FD【凤凰火焰】是一款主要针对火和烟且基于网格的仿真工具，是Chaos Group公司发布的最新产品之一。它有着突出的渲染力并能完美地与其他基于网格的仿真融合起来。除了一般的流体仿真，Phoenix FD【凤凰火焰】还能模拟出压力衰减、热辐射冷却、质量和温度的关系变化等复杂的动画过程，更令人惊讶的是，新版的Phoenix FD【凤凰火焰】特效工具已经升级到可以模拟出更复杂的液体效果了，如图13-2所示。

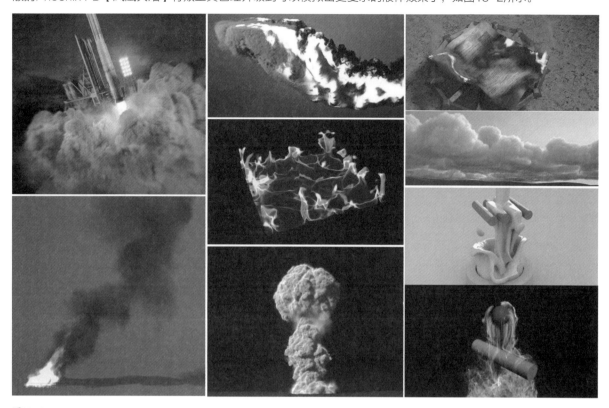

图13-2

本章将讲解的火焰效果如图13-3所示。

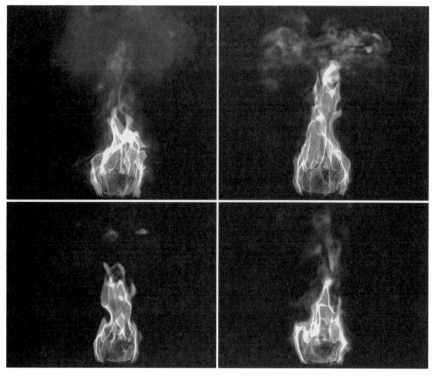

图13-3

## 13.2　火焰效果的制作

　　用Phoenix FD【凤凰火焰】特效工具制作火焰时，只需简单的几个步骤，就可以模拟出逼真、漂亮的火焰效果。先准备火焰燃烧的基本元素，包括Phoenix FD【凤凰火焰】网格、燃烧对象和PH Source【PH源】对象；再在Phoenix FD【凤凰火焰】的渲染参数面板中调整火焰的细节，可从该面板中实时预览调整后的结果；最后调整火焰的细节，这里只需调整火焰的透明度控制曲线即可得到一个漂亮的火焰效果，如图13-4所示。

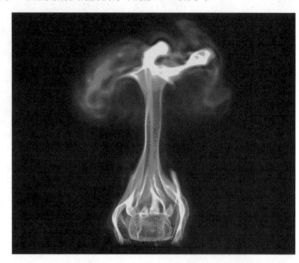

图13-4

　　制作火焰的燃烧效果前，必须准备好燃烧的3个基本元素：燃烧对象、Phoenix FD【凤凰火焰】网格和PH Source【PH源】对象。将燃烧对象添加到源对象列表中后，便可轻松地制作出一个基本的火焰燃烧效果，如图13-5所示。

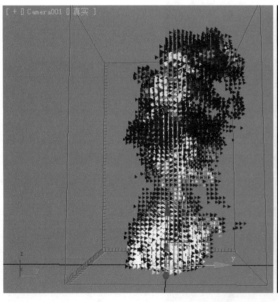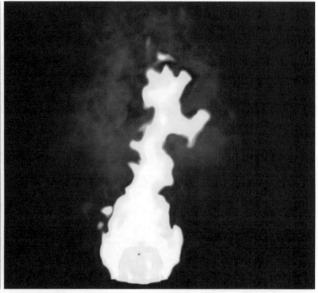

图13-5

STEP 01 在创建面板的下拉列表中选择Phoenix FD【凤凰火焰】工具；然后，单击对象类型栏下的PHX Simulator【凤凰火焰模拟工具】按钮，在场景中创建一个模拟网格；再在Grid【网格】栏下设置网格的大小，如图13-6所示。

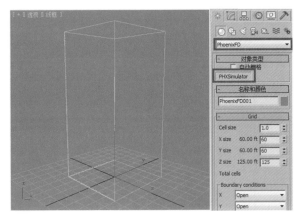

图13-6

STEP 02 在网格中创建一个茶壶，再给茶壶设置一个较小的分段数值3，如图13-7所示。

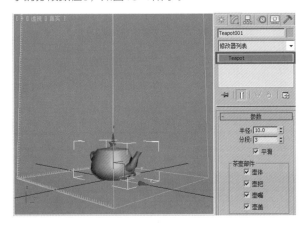

图13-7

STEP 03 从创建面板的下拉列表中选择Phoenix FD【凤凰火焰】工具，再单击对象类型栏下的PH Source【PH源】按钮，如图13-8所示。

注意：该源对象是一个油桶模型，不会被渲染出来，它主要用于控制网格场景中的火焰温度、烟雾、燃料、燃烧速度和贴图等属性。如果没有该源对象，就不会产生火焰。

STEP 04 将场景中的茶壶添加到源对象修改器面板中的Associated nodes【关联节点】列表中，这样，场景中的网格中便有一个火焰燃烧的基本对象了。

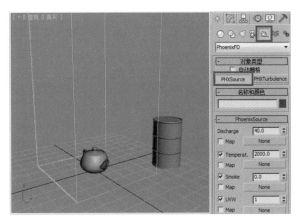

图13-8

注意：如果不给源对象指定燃烧源，那么，网格是不会产生火焰效果的，如图13-9所示。

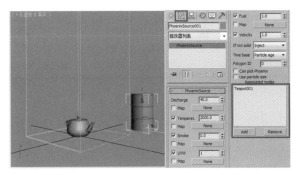

图13-9

STEP 05 单击网格修改器面板中的Simulation【模拟】栏下的Start【开始】按钮，开始模拟火焰效果。此时，可以看到火焰在茶壶的表面慢慢燃烧起来了，这些火焰是由三角形的粒子面片构成的。如果要停止模拟火焰，则可单击Start【开始】按钮右边的Pause【暂停】按钮或Stop【停止】按钮，如图13-10所示。

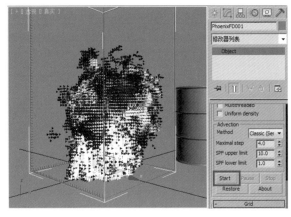

图13-10

从顶视图中可以看到，此时的火焰模拟效果超出网格的边缘了，而且超出部分的粒子已被网格删减掉了，这样得到的火焰效果不美观。将修改器面板中的网格X size【x轴大小】和Y size【y轴大小】的值调大到50，尽量不让火焰碰到网格边缘，如图13-11所示。

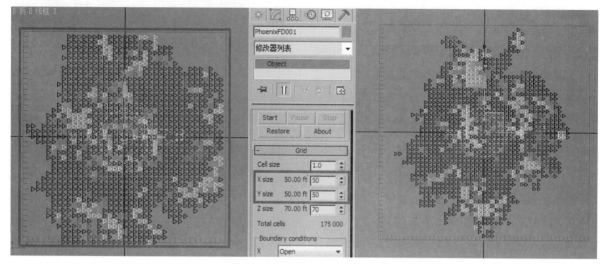

图13-11

注意，网格的边缘有一些网格栅格，这些栅格是对应Grid【网格】栏中的Cell size【单元大小】的。单元大小值用于控制栅格的大小，而栅格的大小决定了火焰三角形粒子面片的大小。从图中可以看到，每个栅格的距离对应的就是每个粒子的大小，因此，减小Cell size【单元大小】值，虽然可以提高火焰模拟的精度，但同时也会给系统增加负担，一般，将该值保持默认设置即可，如图13-12所示。

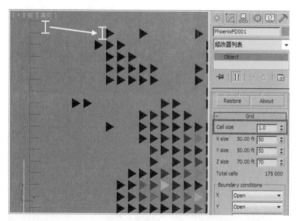

图13-12

STEP 07 如果要让模拟的火焰上升的速度比较快，则可在Dynamics【动力学】栏下加大Std.gravity【标准重力】值；反之，火焰的上升速度就会减慢，导致火焰堆积成一团，如图13-13所示。

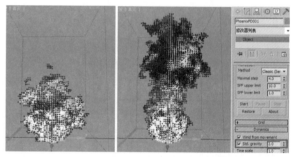

图13-13

**注意：** 在重力场下有一个Time scale【时间缩放】项，该项同样可以改变火焰的速度，但它改变的是火焰燃烧的整体速度，既包括火焰的上升速度，也包括火焰的燃烧速度；而重力值只是改变火焰的上升速度。

STEP 08 渲染一帧后，一个简单的火焰效果便出来了，但此时的火焰效果非常粗糙，如图13-14所示。

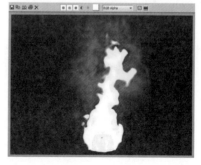

图13-14

## 13.3　火焰细节的设置

　　火焰效果制作完成后，要对火焰的细节进行设置。在网格的渲染参数面板中对火焰表面的纹理颜色和透明度进行设置，可通过调节该面板中透明度控制图表中的曲线得到各种不同的火焰效果，如图13-15所示。

图13-15

STEP 01 如果想制作出精细的火焰效果，则可降低网格栏下的Cell size【单元大小】的值；也可单击网格下的Decrease resolution【降低分辨率】按钮。单击该按钮后，Cell size【单元大小】的值也将随之缩小，此时，场景中火焰粒子的精细度明显提高了，如图13-16所示。

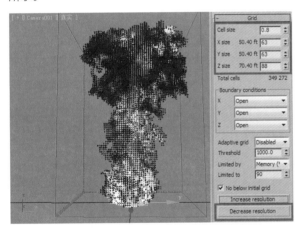

图13-16

STEP 02 单击Increase resolution【增加分辨率】按钮后，对应的Cell size【单元大小】值也将自动增加到1.25。此时，场景中的粒子变得更粗糙了，如图13-17所示。

STEP 03 将Cell size【单元大小】值设置为一个较小的值，渲染一帧后，可以从渲染效果中看到火焰粒子的精细度提高了许多，火焰效果也变得更加逼真了，如图13-18所示。

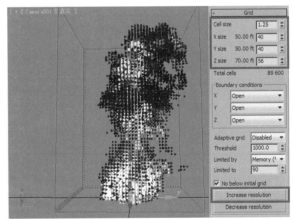

图13-17

图13-18

STEP 04 调整火焰的细节。在火焰的渲染参数面板中设置火焰的温度颜色和透明度，如图13-19所示。

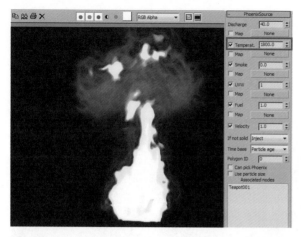

图13-19

**STEP 05** 单击网格修改器面板中的Rendering【渲染】栏下的Colors and transparency【颜色和透明度】按钮，如图13-20所示。

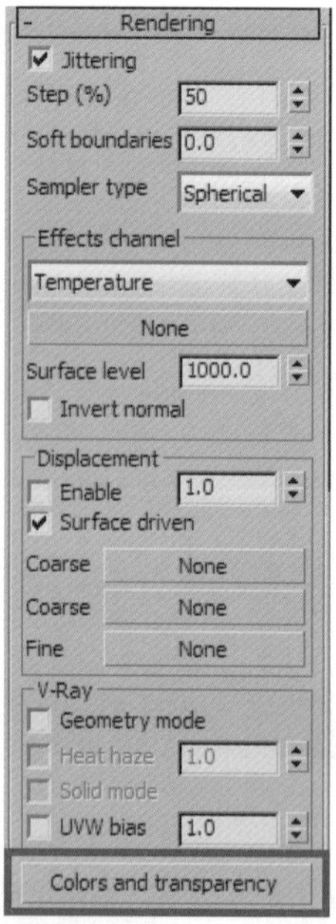

图13-20

**STEP 06** 此时，会弹出一个Render parameters【渲染参数】面板，该面板主要用于设置模拟出来的火焰效果，可通过调节火焰表面的纹理颜色和透明度来改变火焰的效果，如图13-21所示。

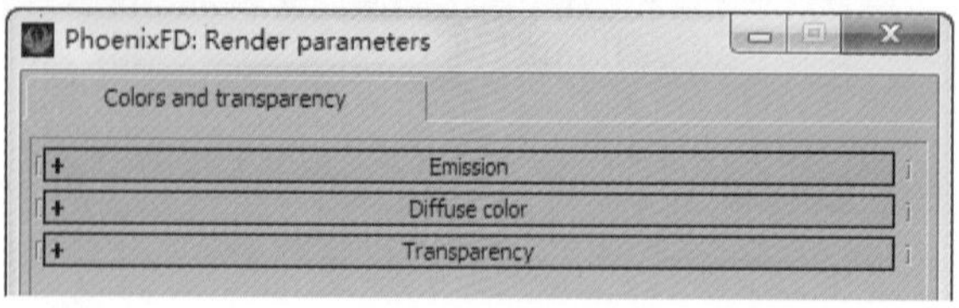

图13-21

**注意：** 在该面板中进行的任何操作都不需要再次进行模拟，直接渲染后便可看到调整后的火焰效果了。

**STEP 07** 在渲染参数面板中展开Emission【发射】栏，将Source【源】设为Temperature【温度】；再在Transparency【透明】栏下将Source【源】也设为Temperature【温度】，如图13-22所示。

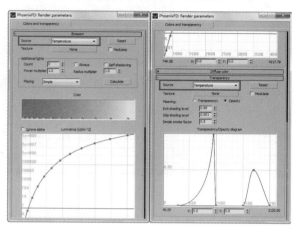

图13-22

**STEP 08** 在Transparency/Opacity diagram【透明度/不透明度图表】中调整大概在x轴方向上第1697帧位置处的控制节点（即倒数第二个节点），将其y轴的数值降低到0.006，如图13-23所示。

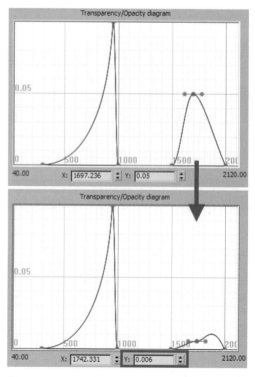

图13-23

**注意：** 在该透明度控制图表中，左边三个节点用于控制烟雾的透明度；右边三个节点用于控制火焰的透明度；中间第三个节点和第四个节点之间的y轴数值为0的部分是火焰与烟雾的衔接部分。

**STEP 09** 渲染一帧，可以看到火焰中心的高强度白色部分缩小了很多，可以隐约看到火焰中的茶壶，但火焰中心仍然有白色的存在，如图13-24所示。

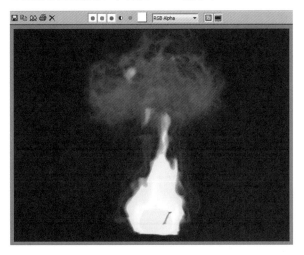

图13-24

**STEP 10** 透明度控制图表最左边的节点代表的是火焰的中心部分，由于火焰中心还有白点存在，因此，这里需要对最后一个节点与前一个节点之间的过渡部分进行调整。调整最后一个节点的贝塞尔曲线，将左边的手柄稍稍向左水平移动，如图13-25所示。

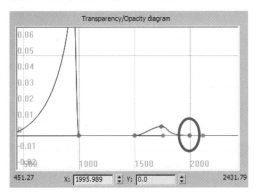

图13-25

**注意：** 节点的手柄需双击节点后才会出现。

**STEP 11** 渲染一帧，可以看到火焰中心的白色部分消失了，但此时的火焰效果依然像之前那样浓厚，如图13-26所示。

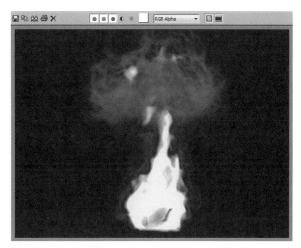

图13-26

**STEP 12** 将最后一个节点继续往下移动到y轴的高度值为-0.005的位置。y轴的数值越小，火焰效果越透明，如图13-27所示。

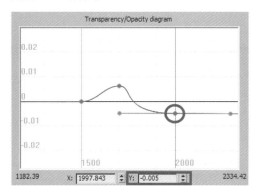

图13-27

**STEP 13** 再次渲染，此时的火焰变得更加透明了，火焰的细节效果也增强了许多，如图13-28所示。

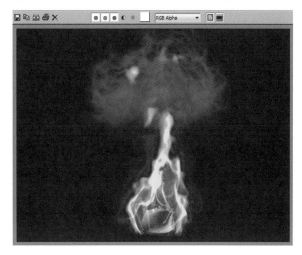

图13-28

STEP 14 调整火焰的烟雾部分。透明度控制图表中的第一个节点代表了烟雾的边缘部分。这里将第一个节点向右移动到x轴的数值为525的位置，将烟雾的边缘部分进行压缩，如图13-29所示。

上移动到y轴数值为0.04的位置，如图13-31所示。

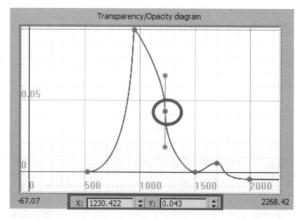

图13-31

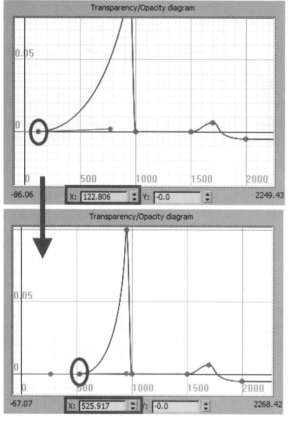

图13-29

STEP 17 此时，烟雾与火焰的整体效果已协调了很多，但它们之间仍然有一条生硬的边缘，如图13-32所示。

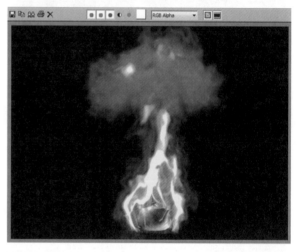

图13-32

STEP 15 渲染一帧后，将此时的渲染效果与之前的效果进行对比，可以看到烟雾的边缘部分被压缩了很多，但此时烟雾与火焰的衔接部分还是比较生硬，也就是说，烟雾与整体的火焰效果是脱离的，如图13-30所示。

STEP 18 将第四个节点也往上移动一点，使烟雾与火焰之间过渡部分的曲线呈一段圆滑的弧线。从渲染效果中可以清晰地看到，火焰与烟雾更加融合了，如图13-33所示。

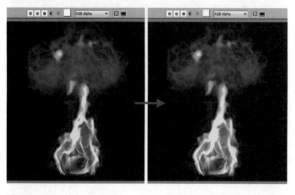

图13-30

STEP 16 调整烟雾与火焰的过渡效果，将第三个节点向

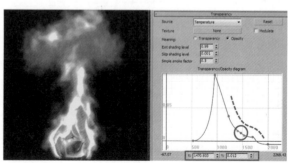

图13-33

# 13.4 处理火焰的最终调色

火焰的颜色主要是在网格的渲染参数面板中进行设置的，对漫反射的颜色进行控制后，可以得到各种不同颜色的火焰效果，如图13-34所示。

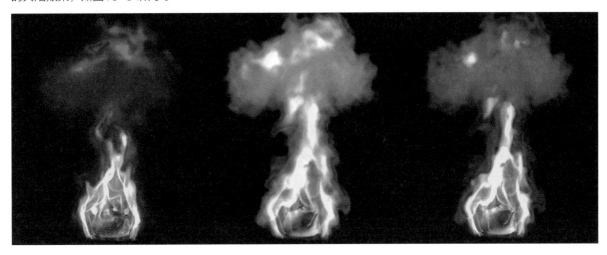

图13-34

**STEP 01** 设置烟雾的颜色。在Diffuse color【漫反射颜色】栏中将Simple color【单色调】设为蓝灰色，如图13-35所示。

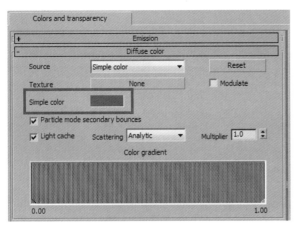

图13-35

**STEP 02** 渲染一帧后可以看到，烟雾部分变成蓝色了，如图13-36所示。

**STEP 03** 还可以将烟雾的颜色设置成其他更丰富的颜色。将Source【源】设置成Temperature【温度】后，下面的Color gradient【颜色渐变条】将被激活，可在颜色条上设置出更丰富的颜色。在颜色条中的任意位置单击鼠标右键，在弹出的右键菜单中选择Refine【重定义】项，此时，颜色条中会出现一个三角形的红

色标点，如图13-37所示。

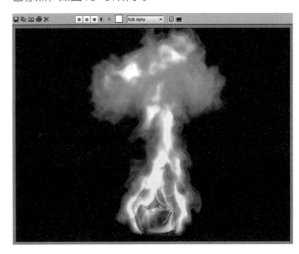

图13-36

**STEP 04** 双击红色标点即可对该红色标点位置上的颜色进行调整。这里将颜色条调成一个从白色到蓝色的渐变色，如图13-38所示。

**STEP 05** 降低白色部分的亮度。双击透明度控制图表中的第二个节点，将其往下移动到y轴数值为0.032的位置处，降低烟雾最亮部分的透明度，如图13-39所示。

**STEP 06** 渲染一帧，可以看到烟雾的颜色有了一个从白色到蓝色的渐变效果，但此时的白色过亮了，如图13-40所示。

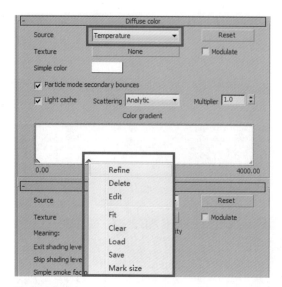

图13-37

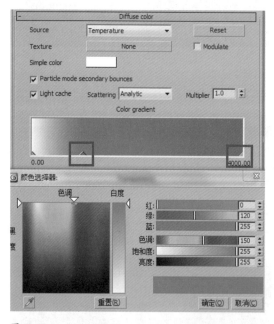

图13-38

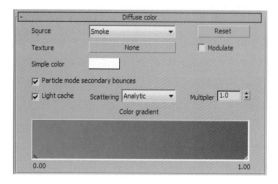

图13-39

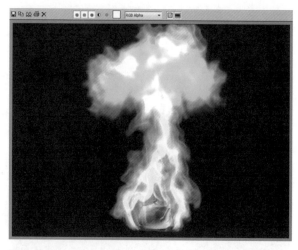

图13-40

STEP 07 降低白色部分的亮度。双击选中透明度控制图表中的第二个节点，将其往下移动到y轴数值为0.032的位置处，降低烟雾最亮部分的透明度。此时，可以从渲染效果中看到烟雾的亮度降低了很多，如图13-41所示。

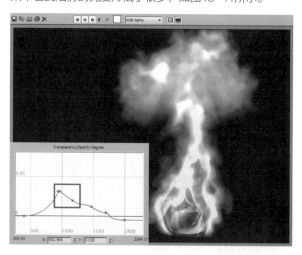

图13-41

STEP 08 将Source【源】设置成Smoke【烟】；然后，将颜色条的颜色设置成一个从淡灰蓝到深灰蓝的渐变色；再将Scattering【分散】设为Analytic + shadows【分析+阴影】模式并将Multiplier【倍增】值降低到0.16，如图13-42所示。

STEP 09 渲染一帧，可以看到火焰效果逼真了很多，并且，烟雾部分不再像之前那么强烈了，烟雾还产生了阴影效果，如图13-43所示。

STEP 10 这里需要的不是烟雾效果，而是火焰效果，因此，要在Diffuse color【漫反射颜色】栏下将Source【源】设为Disabled【禁用】，这样，烟雾便不会被显示出来了，但其通道依然会被渲染出来，如图13-44所示。

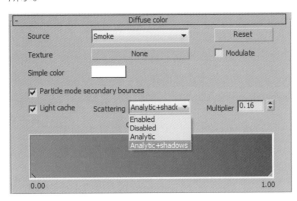

图13-42

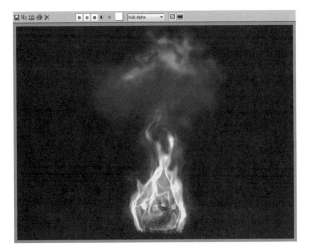

图13-43

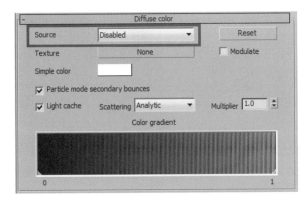

图13-44

**STEP 11** 禁用了烟雾效果后，火焰效果显得有点孤立了，所以，要对其进行调整，让其更加绚丽。在透明度控制图表中将火焰部分的节点调整到如图13-45所示的位置。

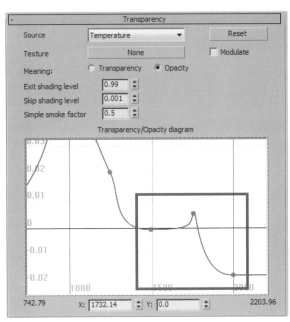

图13-45

**STEP 12** 渲染火焰，得到的效果如图13-46所示。

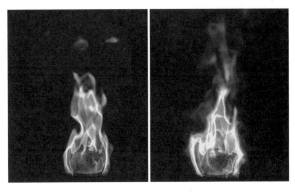

图13-46

至此，火焰特效便制作完成了。

# 第 14 章

## 飞流直下——瀑布

**本章内容**
- 在AE中制作瀑布效果
- 在三维中制作瀑布效果

## 14.1 项目创作分析

图14-1所示为一个天气预报的片头包装设计，该设计运用了写意的表现手法，将季节元素与当地的文化特色、代表性建筑等元素相结合来进行动画演绎，整个演绎主要是用水墨的穿梭来贯穿整个动画。

图14-1

在该片头包装设计中，重点是素材的构图和摆放等简单应用，其中的瀑布动画要用一些技巧来制作。现实中的瀑布是一种非常雄伟、壮观的水效果，让人感觉制作起来非常有难度，但在本章中，我们将轻松地制作出这种效果。本章将主要介绍如何用两种方法来轻松实现这种瀑布飞落的动画效果，第一种方法是在AE中用plAE插件快速模拟出具有二维视觉的瀑布，第二种方法是在3ds Max中用粒子系统快速模拟出具有三维空间感的瀑布。用这两种方法制作出的最终瀑布效果如图14-2所示。

图14-2

## 14.2　在AE中制作瀑布效果

Particle Illusion（pIAE）是AE中一款新的独立的粒子特效插件，它有着非常强大的2D粒子生成引擎，可以制作出非常华丽的粒子效果，使用起来简单、快捷。该插件功能强大、特效种类丰富多样，能够高效率地完成AE粒子特效的制作，从而提高AE的运作力。

pIAE插件有着成千上万的particleIllusion发射器，用户可以下载更多的pIAE预设特效并将这些特效安装到pIAE中，这样，就可以毫不费力地创造出各种高品质的效果了，如文字、爆破、火焰、烟火、云雾、水波和烟尘等。用pIAE插件制作出的瀑布效果如图14-3所示。

图14-3

**STEP 01** 新建一个Composition【合成】层和一个固态层，如图14-4所示。

图14-4

**STEP 02** 选中固态层，在Effect【效果】菜单中选择wondertouch特效中的particleIllusion【幻影粒子】特效。wondertouch是particleIllusion【幻影粒子】特效的主创公司，AE的Effect【效果】菜单中所安装的第三方特效插件都是以该特效公司的名称命名的。所有特效都可以在该公司名称的子菜单中找到，如图14-5所示。

图14-5

**STEP 03** 在幻影粒子界面左边的粒子发射列表中选择Drips【水滴】库下的Gurgle(faster)粒子特效。此时，特效界面的预览窗口中出现一个水花喷射的瀑布动态效果，如图14-6所示。

**注意：** 弹出的幻影粒子特效窗口和幻影粒子独立软件的界面差不多。界面窗口的左边是幻影粒子的发射器列表，所有粒子发射器都集中在该列表中。如果需要导入其他的特效预设，则可单击窗口左上角的Load New Library【设置新库】按钮。所有的预设文件都是以il3格式存在的。

图14-6

**STEP 04** 在预览窗口中移动鼠标指针时，可以看到水花跟随鼠标指针移动并在移动的轨迹上产生更多的水花，如图14-7所示。

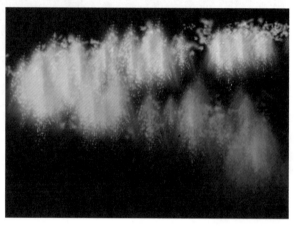

图14-7

**STEP 05** 选择所需的效果后，单击OK【确定】按钮。回到AE合成窗口并拖动时间滑块后，可以看到合成窗口中出现了水花特效。确定了所选择的特效后，就不能再返回幻影粒子界面修改了。如果要更换特效，则需重新创建特效。这里要将幻影粒子效果调成大瀑布的效果。在幻影粒子的特效面板中对mist【薄雾】和blobs【水花】两组参数进行调整。Gurgle参数项主要用于调整瀑布整体的大小、生命、数量和速度等参数，这里暂时不对其进行设置，如图14-8所示。

**STEP 06** 瀑布的位置是不能通过移动固态层来进行调整的。要改变瀑布的位置，就要选择特效面板中的ParticleIllusion【幻影粒子】名称；待合成窗口中出现描点后，再通过移动描点来改变瀑布的位置。这里将瀑布移到y轴位置为85的位置，如图14-9所示。

**STEP 07** 通过观察可以发现，此时的瀑布效果的边缘出现了黑色部分，把背景改为灰色后，黑色部分更加明显了，这严重影响到了瀑布的美观，如图14-10所示。

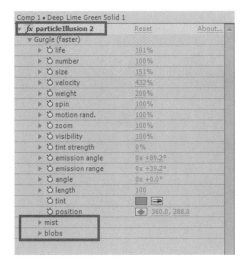

图14-8

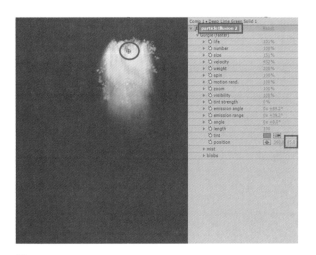

图14-9

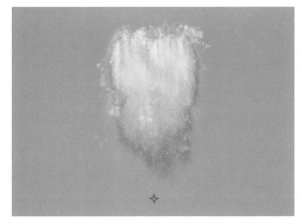

图14-10

**STEP 08** 将瀑布的图层模式改为Screen【屏幕】模式，使其更完美地融入到背景中，如图14-11所示。

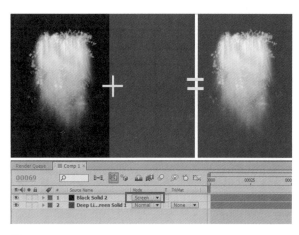

图14-11

**STEP 09** 改变瀑布的长度。将瀑布特效的mist【薄雾】参数栏下的life【生命】参数值设为25，使瀑布的每一个水花粒子的存活时间更长，如图14-12所示。

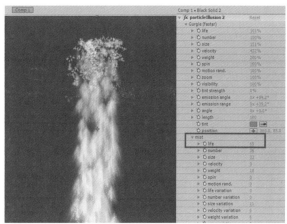

图14-12

**注意：** Gurgle参数组下也有一个薄雾的life【生命】参数，它能同时改变薄雾和水花的长度。

**STEP 10** 在合成窗口中可以看到，此时的瀑布宽度比较窄。将Gurgle参数组下的length【长度】值加大到200，以加宽瀑布的宽度，如图14-13所示。

此时，加宽后的瀑布效果显得比较稀疏，如图14-14所示。

**STEP 11** 将mist【薄雾】参数栏下的每个瀑布的size【大小】值都设为45。这里将life variation【生命随机】值设为50，让薄雾的生命产生一个随机的效果，如图14-15所示。

此时的薄雾效果饱满了很多，但水花效果都集中在了瀑布的顶部位置，如图14-16所示。

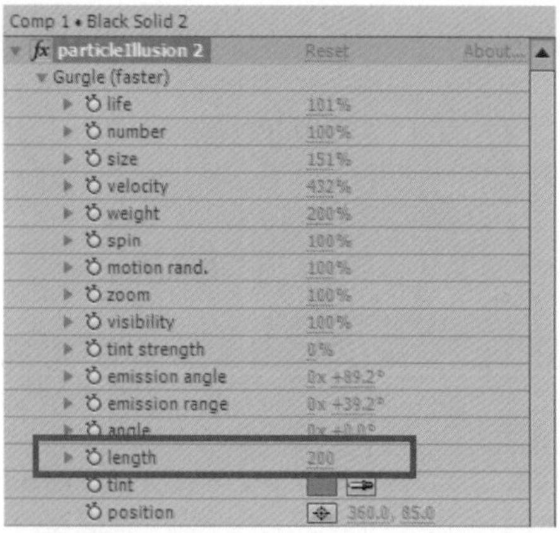

图14-13

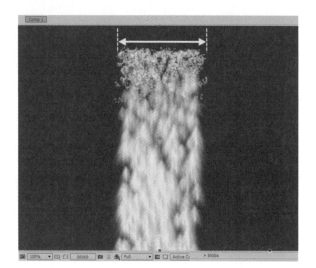

图14-14

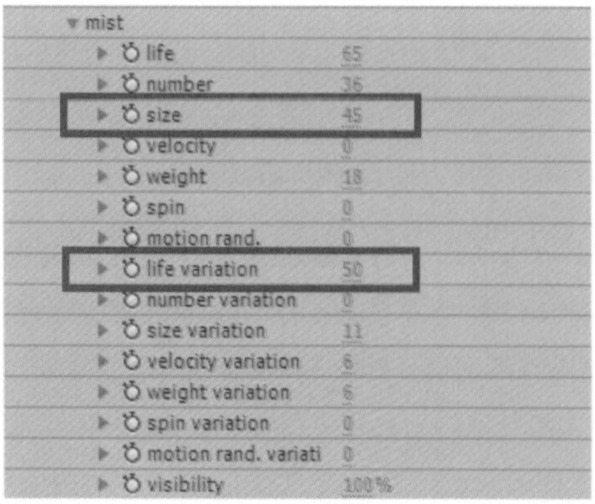

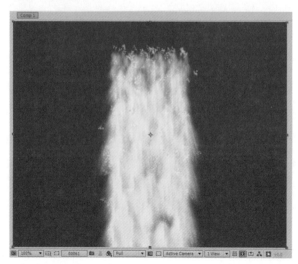

图14-16

图14-15

STEP 12 调整水花效果，让水花分布在瀑布的周围。将blobs【水花】参数栏下的水花的life【生命】值设为20，再将水花的number【数量】值设为20，如图14-17所示。

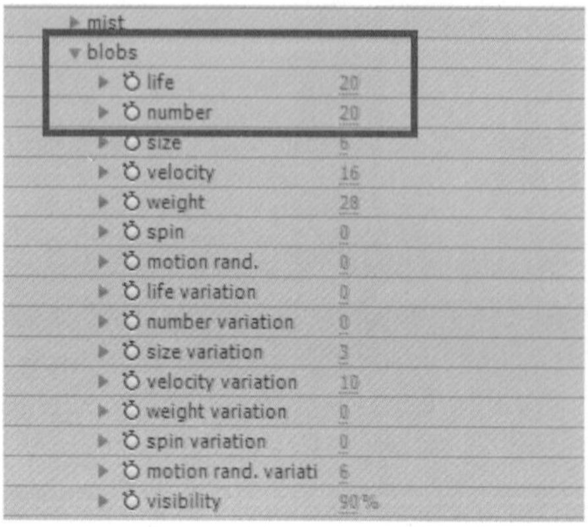

图14-17

STEP 13 至此，简单的瀑布效果便已制作完成了，效果如图14-18所示。

图14-18

## 14.3 在三维中制作瀑布效果

虽然pIAE插件的功能强大，但它的功能仅限于二维视觉效果，如果是在三维空间中，pIAE插件就无能为力了，例如，在三维中制作烟云旋转、穿过云雾、不同角度的破碎效果等。本节将主要介绍一种制作三维瀑布效果的快捷方法，在三维中制作出的瀑布效果如图14-19所示。

图14-19

### 14.3.1 制作瀑布的动态效果

瀑布的动态效果可以用3ds Max中内置的暴风雪粒子系统来制作，其制作思路为：先将粒子显示为面片，再给粒子添加一个重力效果，以模拟出瀑布飞落下来的动态感，如图14-20所示。

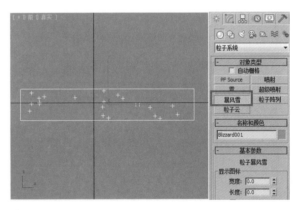

图14-21

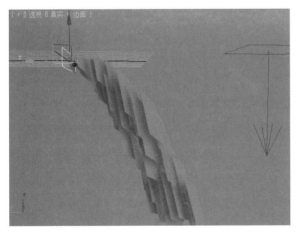

图14-20

STEP 01 创建一个粒子动画。在创建面板中的下拉列表中选择粒子系统后，单击对象类型栏中的暴风雪按钮，再在前视图中创建一个长方形的粒子发射器，如图14-21所示。

STEP 02 在暴风雪修改器面板中的视口显示栏下点选网格选项，再把粒子数百分比的值设为100%，使粒子在视图中完全显示出来。此时，可以看到场景中的粒子呈三角形形状显示出来了，如图14-22所示。

STEP 03 改变粒子的速度。到暴风雪粒子的粒子生成栏下将粒子运动速度值设为5，再将速度的变化值设为20%，如图14-23所示。

STEP 04 在暴风雪粒子的粒子计时栏中将粒子的发射开始帧设为第-100帧，即在第0帧时就开始发射出粒子了，如图14-24所示。

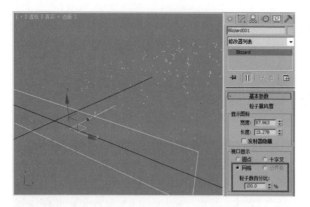

图14-22

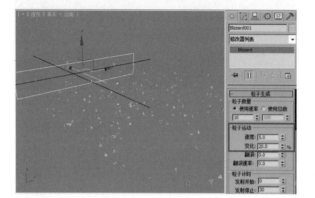

图14-23

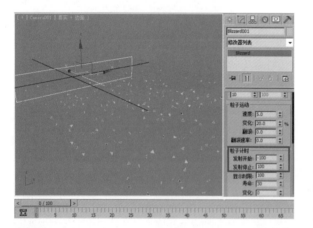

图14-24

STEP 05 在粒子大小栏下将粒子的大小值设为20。因为只有的粒子面积足够大，粒子贴图才能在模拟瀑布的水花效果时被清晰地显示出来，如图14-25所示。

STEP 06 由于此时粒子的形状是三角形的，因此，贴图时很容易留下生硬的边缘。在粒子类型的标准粒子栏下将三角形改成面或正方形，如图14-26所示。

图14-25

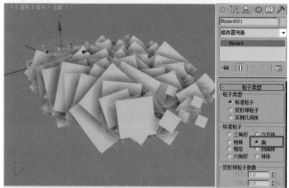

图14-26

STEP 07 调整粒子发射的视角。移动时间滑块后，发射出来的正方形面片的正面是始终朝向镜头的。这说明粒子系统所发射出来的粒子会自动识别镜头的位置并与镜头正面平行，如图14-27所示。

图14-27

STEP 08 此时，视图中的粒子是平行发射的。下面，要让粒子有一个如瀑布飞落般的坠落效果，单击创建面板的力空间扭曲的对象类型中的重力按钮，在场景中创建一个重力图标，如图14-28所示。

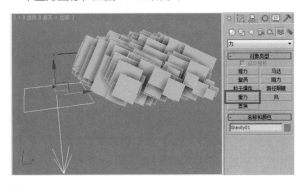

图14-28

**STEP 09** 将参数面板中的重力强度值减小到0.4，以降低粒子的坠落强度，如图14-29所示。

图14-29

**STEP 10** 单击工具栏中的绑定到空间扭曲按钮，按住鼠标左键并选择场景中的粒子发射器图标，将鼠标指针移到重力图标上后，释放鼠标左键。这样，粒子便有了一个重力效果，如图14-30所示。

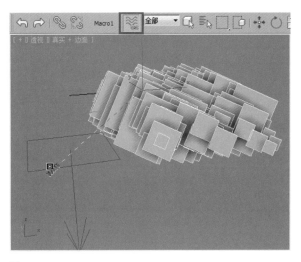

图14-30

**STEP 11** 向修改器面板的暴风雪修改器列表中添加一个重力绑定修改器，使暴风雪粒子系统所发射出来的粒子受到重力的影响。拖动时间滑块后，视图中的粒子开始向下坠落，如图14-31所示。

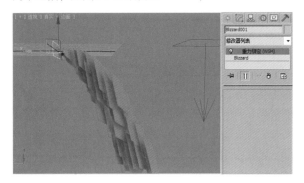

图14-31

## 14.3.2　制作瀑布的材质效果

瀑布材质的制作主要是给正方形粒子制作瀑布的水花贴图材质，再用自带的程序贴图模拟出瀑布飞落时的水花效果，如图14-32所示。

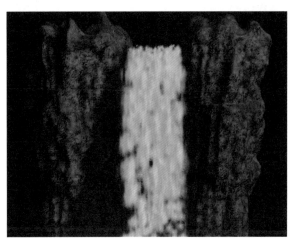

图14-32

STEP 01 选择一个材质球，再在明暗器基本参数面板中勾选面贴图选项，这样，制作出的材质贴图便会自动将材质应用到正方形粒子的每一个面上。由于该粒子的材质是贴图材质，因此，不需要贴图坐标。给漫反射颜色添加一个渐变贴图，再在渐变参数栏下将渐变颜色设置为从灰白到暗灰再到蓝的渐变色，最后，给该渐变颜色添加一个噪波效果，将噪波栏中的噪波数量设为1；将噪波类型设为分形；将噪波的大小值设为8.3，如图14-33所示。

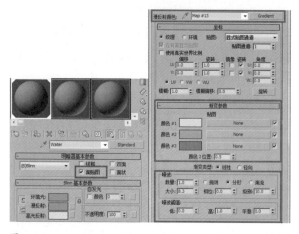

图14-33

STEP 02 拖动时间滑块后，发射出来的每一个正方形粒子就都有了一个灰蓝色的渐变贴图，并且，渐变中带有一些噪波效果。此时的正方形粒子贴图的四条边都很生硬，完全没有水花的效果，如图14-34所示。

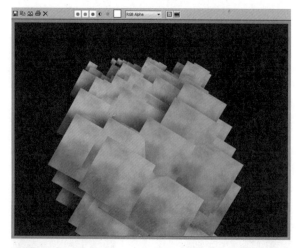

图14-34

STEP 03 对正方形粒子贴图进行虚化处理，即虚化每一个粒子贴图的边缘。给不透明度添加一个渐变贴图并暂时将渐变类型设为线性。渲染后，可以看到视图中的

粒子贴图产生了虚化的效果，并且，虚化的角度都是朝着同一个方向的，这说明此时的粒子贴图已经产生了线性的渐变效果了，如图14-35所示。

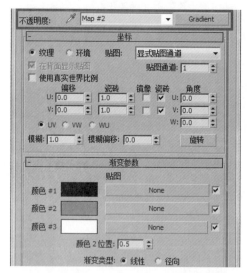

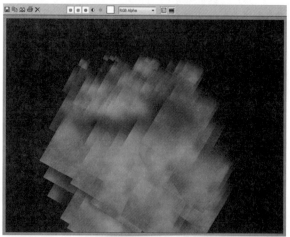

图14-35

STEP 04 将不透明度的渐变参数栏中的不透明度的渐变类型设为径向，如图14-36所示。

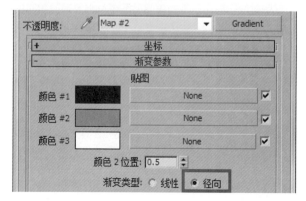

图14-36

**STEP 05** 再次渲染后，每一个粒子贴图的边缘就都被虚化了，但此时粒子贴图的噪波效果却变得不明显了，看上去完全没有了水花的效果，如图14-37所示。

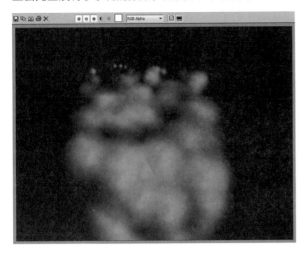

图14-37

**STEP 06** 给渐变贴图添加一些噪波效果。将渐变参数栏下的噪波数量设为0.2。此时，添加了噪波效果后的粒子贴图变得比较零碎，如图14-38所示。

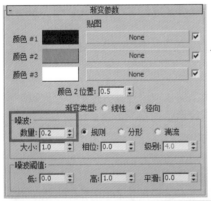

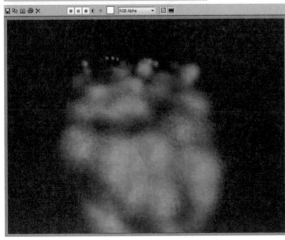

图14-38

**STEP 07** 给每一个产生噪波的粒子贴图都添加一个渐变效果，使粒子贴图的边缘产生噪波效果，而贴图中心是实的。给渐变贴图的第二个颜色添加一个渐变贴图，将新添加的渐变贴图的3个颜色设置成黑、白、黑的效果。为了让贴图中心实心的部分及白色部分不失去噪波效果，这里需要给新添加的渐变贴图也设置一个噪波效果，如图14-39所示。

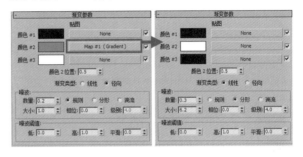

图14-39

**STEP 08** 渲染粒子后，瀑布的水花效果就出来了，如图14-40所示。

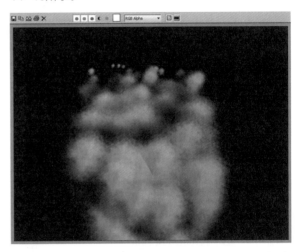

图14-40

**STEP 09** 由于瀑布的水花有一个向下坠落的动画，因此，水花应该有一个向下坠落的运动模糊效果，可通过改变粒子贴图的坐标参数值来实现运动模糊效果。给渐变贴图中心的实心部分及渐变的白色部分添加一个噪波贴图。进入噪波贴图的设置面板，将噪波的坐标类型设置为瓷砖，再分别将瓷砖在x、y、z轴上的坐标值设为1.9、0.3、1。从该组坐标值中可以看出，渐变贴图产生了一个沿x轴拉伸的噪波效果。最后，在噪波参数栏中对拉伸的噪波效果进行设置，如图14-41所示。

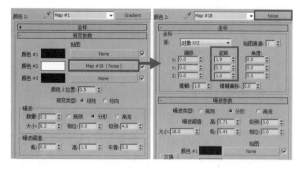

图14-41

STEP 10 给粒子的渐变贴图设置了拉伸的噪波效果后，便可得到水花的运动模糊效果，如图14-42所示。

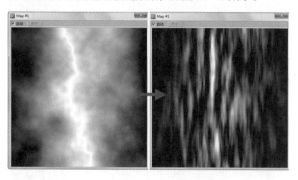

图14-42

STEP 11 渲染一帧后，可以看到噪波贴图的水花外形产生了拉伸的效果，但粒子还是比较稀疏，而在通道中所看到的粒子却是饱满的，这说明此时的粒子贴图材质不够亮，如图14-43所示。

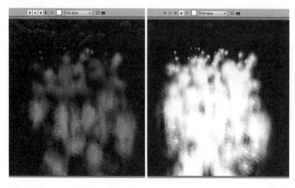

图14-43

STEP 12 将材质的基本参数栏下的自发光的颜色值设置为100。此时，粒子的水花效果就变得明亮了，如图14-44所示。

STEP 13 粒子的水花外形已经有一个拉伸效果了，但其内部的贴图却没有产生拉伸的效果，所以，水花看上去没有运动模糊的效果。在材质的漫反射颜色的渐变贴图参数栏中将瓷砖的坐标V值设为0.3，让内部的渐变贴

图整体产生拉伸的效果，如图14-45所示。

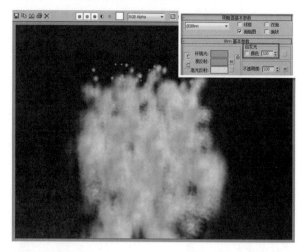

图14-44

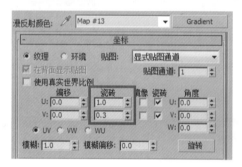

图14-45

STEP 14 再次渲染后，粒子贴图的运动模糊效果就被显现出来了，但此时的运动模糊效果是倾斜的，如图14-46所示。

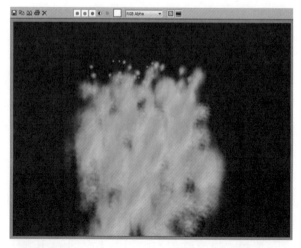

图14-46

STEP 15 将漫反射颜色的渐变贴图参数栏中的角度坐标的W值设为-30，让倾斜拉伸的贴图运动模糊效果变为

垂直拉伸的运动模糊效果，如图14-47所示。

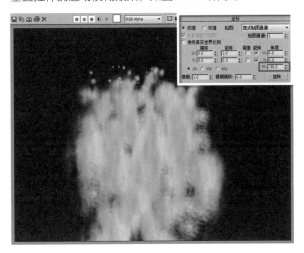

图14-47

图14-48

**STEP 16** 将山体模型导入视图窗口中，再将粒子发射器放在山体模型顶部的中间位置，以模拟出瀑布从山体悬崖一泻千里的效果。在暴风雪的修改器面板中加大粒子的数量值和生命值，使瀑布坠落的距离更长一点，如图14-48所示。

**STEP 17** 渲染一帧后，一条洁白、轻柔的瀑布从悬崖上一涌而出。此时的瀑布显得有点轻飘，这是由于瀑布和山体之间没有任何的阴影，如图14-49所示。

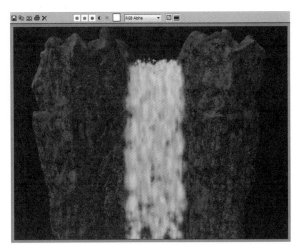

图14-49

**STEP 18** 在场景中添加一盏泛光灯，将泛光灯放在瀑布的右前方位置，再勾选常规参数栏中的启用灯光类型选项和启用阴影选项，如图14-50所示。

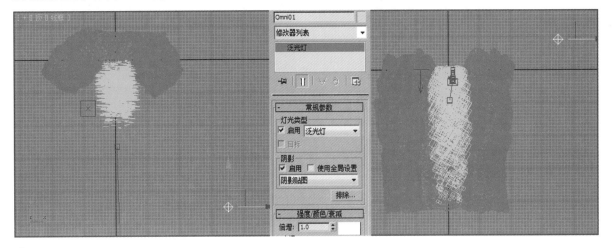

图14-50

**STEP 19** 再次渲染后，发现瀑布的阴影太黑了，如图14-51所示。

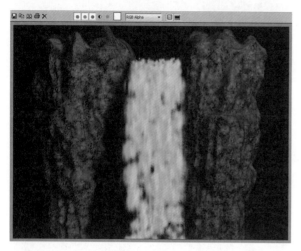

图14-51

**STEP 20** 在泛光灯的参数设置面板中将阴影参数栏中的阴影颜色设为灰色。此时，瀑布的效果就逼真多了，如图14-52所示。

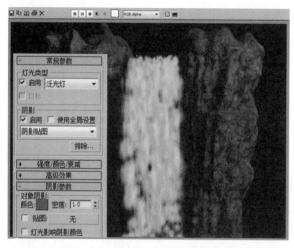

图14-52

**STEP 21** 调整镜头的角度。此时，瀑布的运动模糊角度与瀑布坠落下来的动势有点不相符合，如图14-53所示。

**STEP 22** 在瀑布的漫反射颜色的渐变贴图参数栏中，将角度坐标的W值设为-20。此时，瀑布的运动模糊效果就与其动势相吻合了，如图14-54所示。

**STEP 23** 降低重力的强度值，使瀑布更靠近悬崖的峭壁，如图14-55所示。

图14-53

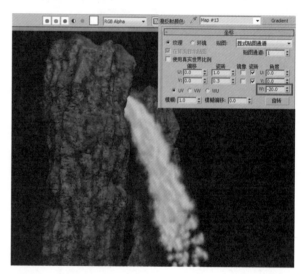

图14-54

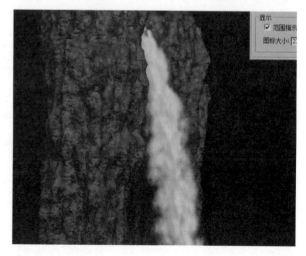

图14-55

至此，瀑布的两种制作方法就介绍完了。

# 第15章

# 文字爆破特效

**本章内容**
- ◆ 制作"卷"字的凹槽模型
- ◆ 制作"卷"字的爆破动画

## 15.1 项目创作分析

爆破特效是影视制作中常见的特技效果，它具有强烈的视觉冲击感，因此，被广泛应用于电视包装设计，如文字的破碎、石头的爆破及建筑的爆破特效等方面。各种制作破碎效果的软件和后期的艺术加工处理可以将散乱的破碎效果变得丰富而美观。破碎特效在电视包装中的各种不同应用如图15-1所示。

图15-1

本章将重点介绍一种在文字中进行的爆破效果，这里主要运用RayFire破碎特效工具来进行爆破处理。这种文字爆破的特点是，爆破特效在文字的凹槽内部发生后，文字的外形依然完好无损，此外，本章还将介绍文字爆破的两种动画效果，一种是在无撞击的情况下，文字自身产生的爆破效果；另一种是从文字的局部到整体的破碎动画。文字的爆破效果如图15-2所示。

图15-2

# 15.2 制作"卷"字的凹槽模型

整个文字的爆破特效将在一个"卷"字的凹槽中完成，因此，要先创建出"卷"字的凹槽模型，再进行爆破动画的设置。下面，开始制作一个"卷"字的凹槽模型。

**STEP 01** 将"开卷留香"文字路径导入到场景窗口中。选择修改器列表中的可编辑样条线修改器，将文字路径中的"卷"字分离出来，如图15-3所示。

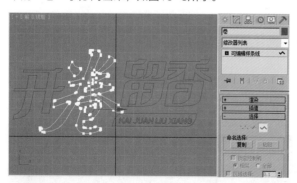

图15-3

**STEP 02** 下面，对"卷"字进行挤出和破碎处理。在透视图中创建一个平面并将其作为地面，给"卷"字添加一个挤出修改器。在修改器的参数栏下将挤出的数量设为19，如图15-4所示。

图15-4

**STEP 03** 制作"卷"字的边框厚度。将"卷"字复制一个后，关闭复制所得的"卷"字的挤出修改器开关，如图15-5所示。

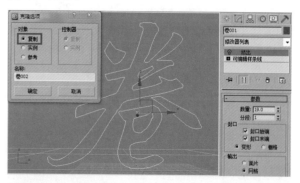

图15-5

**STEP 04** 回到复制所得的"卷"字的可编辑样条线模式，选择"卷"字上的所有样条线，再单击"卷"字的修改器面板中的轮廓按钮，如图15-6所示。

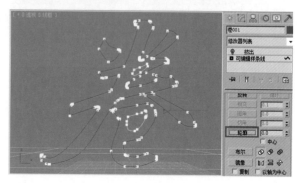

图15-6

**注意：** 暂时不要选择"卷"字路径上的上下两个封闭路径，如图15-6所示。

STEP 05 在前视图中单击以选中"卷"字的路径，按住鼠标左键的同时向下移动鼠标，此时，视图中出现了另一条与"卷"字路径平行的新路径。如果向上移动鼠标，则可以看到原路径的外圈出现了另一条与"卷"字路径平行的路径，那么，被复制的路径就会被包围在"卷"字的内部了。此时，"卷"字的内部有两条封闭的小路径没有被复制出新路径。分别选中这两条封闭的小路径，再根据路径的大小分别向外和向内挤出两条封闭的新路径，如图15-7所示。

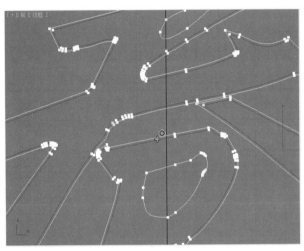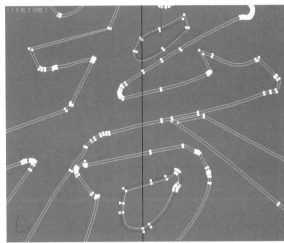

图15-7

STEP 06 对挤出的"卷"字路径的轮廓进行调整。新挤出的文字路径会根据文字笔画的复杂程度产生细微的变化，而有些细微的变形会产生错误，导致路径产生交叉效果，因此，这里要将路径多余的顶点删除，让变形过度的路径恢复正常，如图15-8所示。

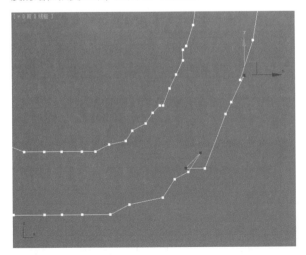

图15-8

STEP 07 调整好文字笔画的路径后，打开文字挤出修改器的开关。这样，便得到一个"卷"字的边框效果了，如图15-9所示。

图15-9

STEP 08 制作"卷"字的背板。"卷"字的背板就是"卷"字凹槽部分的槽底面板，也就是一个没有镂空效果的"卷"字。将边框"卷"字复制一个，再在弹出的克隆选项对话框中点选复制选项，如图15-10所示。

STEP 09 激活复制所得的"卷"字的可编辑样条线模式。在视图中选中所有封闭路径（除"卷"字内部的两个封闭小路径）的内部路径，再将这些内部路径删除。这样，便得到一个实心的"卷"字了，如图15-11所示。

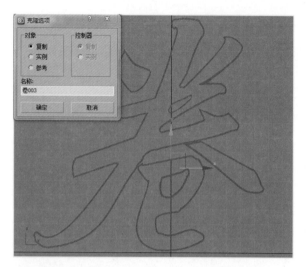

图15-10

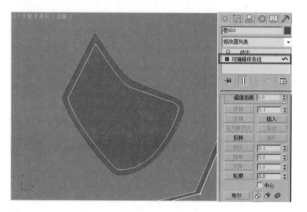

图15-11

**STEP 10** "卷"字内部的两条封闭小路径是"卷"字的镂空部分，这里要删除它们外圈的路径，以得到一个完整的"卷"字笔画效果，如图15-12所示。

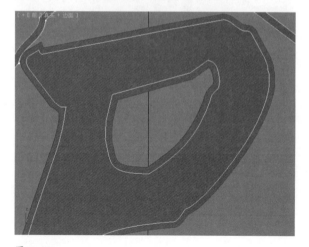

图15-12

**STEP 11** 移动"卷"字的外框，此时，可以清晰地看到

两个"卷"字的效果。最终得到的两个"卷"字效果如图15-13所示。

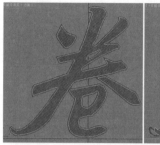

图15-13

**STEP 12** 将第一次制作的有厚度的"卷"字显示出来，将其作为凹槽内部的模型，该模型是用来制作破碎效果的，如图15-14所示。

图15-14

**STEP 13** 由于"卷"字的凹槽底板是一个厚度与边框一样的模型，因此，此时的"卷"字还不是一个呈凹槽的模型。移动凹槽底板后，便可看到"卷"字的厚度了，如图15-15所示。

图15-15

**STEP 14** 将修改器的参数栏下的底板挤出数量设为1，如图15-16所示。

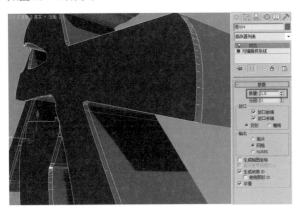

图15-16

图15-17

**STEP 15** 这样，便得到一个完整的"卷"字凹槽模型了，如图15-17所示。

至此，"卷"字的凹槽模型便已制作完成。下面，对"卷"字模型进行破碎处理。

# 15.3 制作"卷"字的爆破动画

这节将主要介绍两种"卷"字的爆破动画效果。其中一种是在没有任何撞击动画的情况下所产生的爆破动画，在这种动画效果中，整个"卷"字的爆破动画是在同一时间发生的；另一种是由撞击动画所产生的爆炸效果，在这种动画效果中，"卷"字模型的局部受到撞击后，爆破的动画便从这个撞击点开始破碎，并且，逐渐将文字全部破碎。两种不同的爆破效果如图15-18所示。

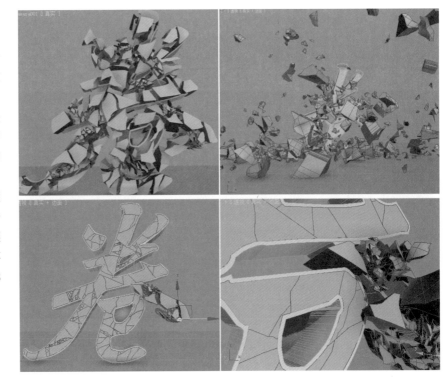

图15-18

**STEP 01** 制作第一种没有任何撞击动画的爆破效果。在创建面板的下拉列表中选择RayFire爆炸效果模拟工具；然后，单击对象类型栏下的RayFire按钮；再单击RayFire栏下的Open RayFire Floater【打开RF浮动面板】按钮，如图15-19所示。

图15-19

**注意：** 在RF1.58版本后，RayFire就将Shooting【射击】特效工具单独设置成一个操作界面了，该操作界面中增加了许多功能及特效。该特效工具主要用于制作各种枪炮的射击效果，在影视制作中经常被用到。

**STEP 02** 弹出的RF浮动面板中包含4个部分，这和以往的版本有所区别。Objects【对象】面板主要用于设置需要产生碰撞破碎的对象；Physics【物理学】面板主要用于设置模拟引擎及碰撞破碎动画；Fragmentation【破碎】面板主要用于设置模拟碰撞破碎的对象的破碎，包括对破碎的不同形状进行设置和对破碎的不同属性进行设置；Layers【图层】面板主要用于管理碎片的选择、删除、隐藏和冻结等设置，如图15-20所示。

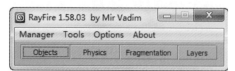

图15-20

**STEP 03** 单击Objects【对象】面板的Dynamic/Impact Objects【动态/影响物体】栏中的Add【叠加】按钮，将场景中的实心"卷"字添加进来，将其作为破碎模拟的对象，如图15-21所示。

**STEP 04** 单击Objects【对象】面板的Static & Kinematic Objects【静态动态物体】栏中的Add【叠加】按钮，将场景中的边框"卷"字、底板"卷"字和

地面添加进来，将它们作为静态的对象，如图15-22所示。

图15-21

图15-22

**注意：** 在模拟过程中，它们不会被移动，除了可作为地面或墙壁来使用，它们也可作为破碎对象的导向板。

**STEP 05** 设置好静态对象后，选中这些对象并单击右键，在弹出的快捷菜单中选择冻结当前选择项，使它们不会被选中，如图15-23所示。

图15-23

**STEP 06** 对实心"卷"字模型进行破碎处理。将Fragmentation Options【破碎选项】属性栏下的Iterations【反复】值设为1和5，也就是让"卷"

字产生一次破碎动画，而且，每次的破碎数量为5。将Fragmentation type【破碎类型】设置为ProBoolean-Uniform【超级布尔运算—规则形】，使破碎后得到的碎片有相近的尺寸，如图15-24所示。

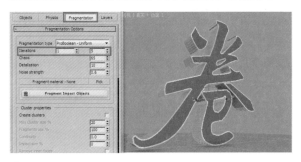

图15-24

STEP 07 单击破碎属性栏下的Fragment Impact Objects【破碎影响对象】按钮后，实心"卷"字就分裂开了。此时，可以通过选择移动碎片来观察破碎的结果，如图15-25所示。

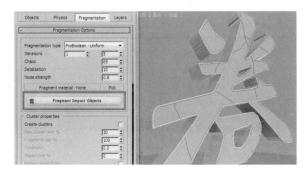

图15-25

STEP 08 每次破碎后所产生的新碎片都会被自动添加到Objects【对象】面板的Dynamic/Impact Objects【静态/动态对象】列表中，而破碎前的"卷"字模型则会被自动隐藏起来，如图15-26所示。

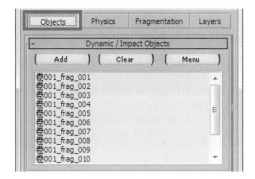

图15-26

STEP 09 如果对这次的破碎结果不满意，则可以在RF浮动面板的Manager【管理】菜单中选择Delete【删除】命令，删除上一次模拟的破碎结果。这样，静态/动态对象列表中的碎片便被删除了，而且，之前被隐藏起来的实心"卷"字又被显示在了该列表中，等待下一次的破碎，如图15-27所示。

图15-27

STEP 10 将上一次的破碎结果保存到Fragment【破碎】面板中，再次单击Fragment Impact Objects【静态/动态对象】按钮，这样，便可在之前的破碎结果的基础上再进行一次破碎处理。这次的破碎是对每一个碎片再进行5次的破碎，得到的破碎效果如图15-28所示。

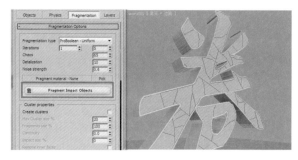

图15-28

STEP 11 选中所有的碎片后，回到Objects【对象】面板的Sleeping Objects【睡眠物体】栏中，单击Add【叠加】按钮，把场景中被选中的对象添加进来。作为睡眠对象的碎片不会进行动画的模拟，除非有运动物体撞击它们，如图15-29所示。

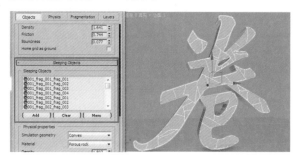

图15-29

**注意:** 由于此时场景中的所有碎片都已经被添加到 Sleeping Objects【睡眠对象】列表中了，因此，Dynamic/Impact Objects【静态/动态对象】列表中是不会有任何静态对象的。

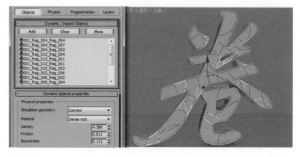

图15-30

**STEP 12** 在场景中选择任意的碎片，再给碎片结果添加一些破碎细节。到静态/动态对象列表栏下，将这些被选中的碎片添加到列表中，如图15-30所示。

**STEP 13** 下面，继续对这些碎片进行破碎处理。单击Fragmentation【破碎】面板中的破碎影响对象按钮后，被选择的碎片便被破碎了一次，从视图中可以看到，此时得到的小碎片数量还不够多；再次单击破碎影响对象按钮后，破碎的细节就丰富了很多，如图15-31所示。

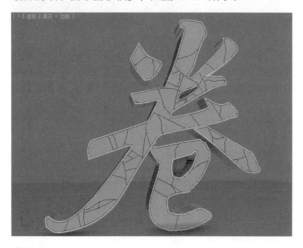

图15-31

**STEP 14** 将破碎细节也作为睡眠对象。选中场景中的所有碎片，单击Objects【对象】面板的Sleeping Objects【睡眠对象】栏下的Add【叠加】按钮，将所有被选中的碎片都添加到列表中，如图15-32所示。

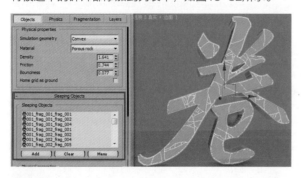

图15-32

**STEP 15** 继续对场景中的碎片进行破碎处理，任何一种碎片的爆炸效果都是由大量的碎片集合而成的，这些碎片中甚至会有呈粉末状的碎片。这里将部分碎片添加到

静态/动态对象列表中，再继续对它们进行破碎处理，如图15-33所示。

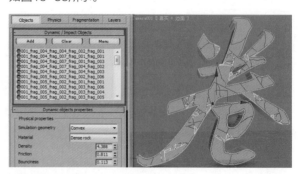

图15-33

**STEP 16** 最终得到的"卷"字模型的破碎结果如图15-34所示。

**STEP 17** 制作"卷"字的破碎动画。在Objects【对象】面板中将场景中所有的碎片添加到静态/动态对象列表中，如图15-35所示。

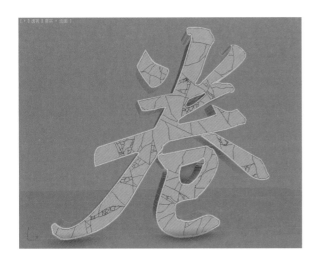

图15-34

图15-35

STEP 18 在Physics【物理学】面板的Physics Options【物理选项】栏下将Start frame【开始帧】设为10，即把破碎动画的开始时间设置为第10帧。单击物理选项栏下的开始预览按钮，开始进行动画模拟，如图15-36所示。

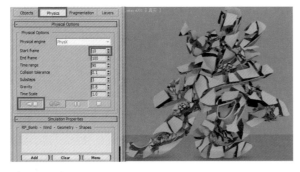

图15-36

**注意:** 该预览按钮不会记录下破碎动画的关键帧，因此，整个时间段都模拟完后，所有的对象将恢复它们的位置和动画。可以通过暂停按钮或时间滑块来观察模拟的动画；也可以通过单击时间

线上指定的时间帧来预览指定帧数位置上的模拟动画。

STEP 19 拖动时间滑块后，可以看到爆破的结果非常有视觉冲击力，丰富的碎片和具有扩散力的破碎动画使整个爆破动画显得非常逼真，如图15-37所示。

图15-37

STEP 20 如果要停止预览动画，则可将整个动画自动预览完；也可以在暂停的状态下，将时间滑块拖到第0帧位置处，再单击停止按钮，如图15-38所示。

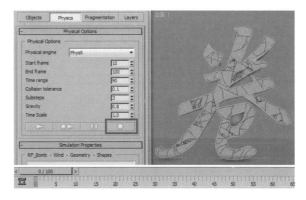

图15-38

**注意:** 如果在时间线的任意位置处单击停止按钮，那么，系统会将当前的破碎状态作为整个碎片的初始状态。

前面制作的爆炸效果是一种在没有任何撞击动画的情况下所发生的爆破动画。下面，制作一种由撞击动画所产生的爆炸效果。

STEP 21 在Objects【对象】面板的Sleeping Objects【睡眠对象】栏下，将场景中的所有碎片都添加到列表中，如图15-39所示。

图15-39

**STEP 22** 此时，静态/动态对象栏列表中是没有任何碎片的，如图15-40所示。

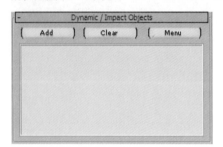

图15-40

**STEP 23** 让破碎动画从一个点开始破碎并逐渐将文字全部打碎。在场景中选中任意一个碎片，再在Objects【对象】面板下的静态/动态对象列表中将该碎片添加进来。单击Physics【物理学】面板的物理选项栏下的预览按钮。此时，场景中的所有碎片都出现了整体爆破效果，这说明此时的由局部到整体的破碎方法没有成功，如图15-41所示。

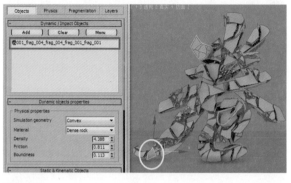

图15-41

**STEP 24** 换一个破碎对象重新尝试一下。重新向静态/动态对象列表中添加一个碎片，再次单击物理学面板中的预览按钮。此时，破碎动画已从文字的某一个点开始爆破，如图15-42所示。

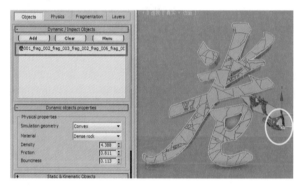

图15-42

**STEP 25** 从破碎动画的特写画面中可以看到，从一个点破碎开的碎片飞溅到旁边的碎片上并与之发生撞击后，会再次产生破碎的动画。这样连续撞击后，便形成了从一个点逐渐引爆全部文字的爆破动画，如图15-43所示。

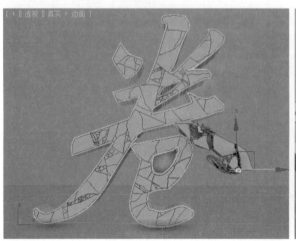

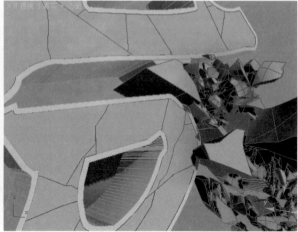

图15-43

**STEP 26** 文字模型左上角笔画碎片的破碎效果如图15-44所示。

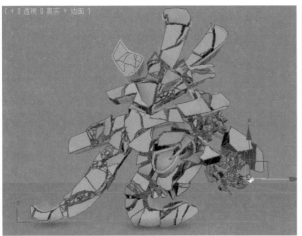

图15-44

**STEP 27** 至此，整个"卷"字的爆破动画便已制作完成。最后，给边框"卷"字和破碎的"卷"字赋予简单的白膜材质，实心"卷"字爆破后的效果如图15-45所示。

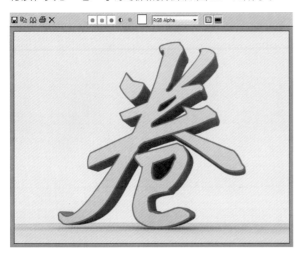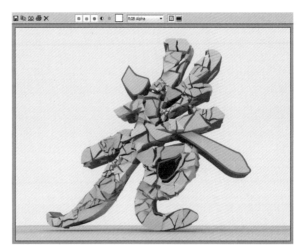

图15-45

**STEP 28** 给边框"卷"字换一个车漆质感材质，再把实心"卷"字换成一个带一点反射效果的黄色材质，如图15-46所示。

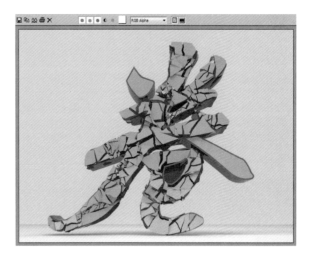

图15-46

STEP 29 "卷"字模型的最终爆破效果如图15-47所示。

图15-47

# 第16章

# 冲击光粒子特效

**本章内容**
◆ 制作拖尾粒子的扭曲形态 ◆ 调整拖尾粒子的扩散效果
◆ 渲染冲击光效 ◆ 调整拖尾粒子的主干部分

## 16.1 项目创作分析

图16-1所示为《少年才艺排行榜》活动的片头包装设计，该设计主要是用一些娱乐、动感的元素进行的演绎。该包装设计动画先是由一道富有视觉冲击力的光效来撞击地面，接着，引出金光闪闪的活动奖杯，最后，在奖杯的旋转动画中结束整个片头动画的演绎。

在该包装设计中，用到了一个非常绚丽的冲击光特效，这是电视包装设计中的一种高级的光效表现形式。冲击光效的表现形式多种多样，可以是几条拖尾光线，也可以是拖尾的粒子，甚至可以是无形的冲击波效果。

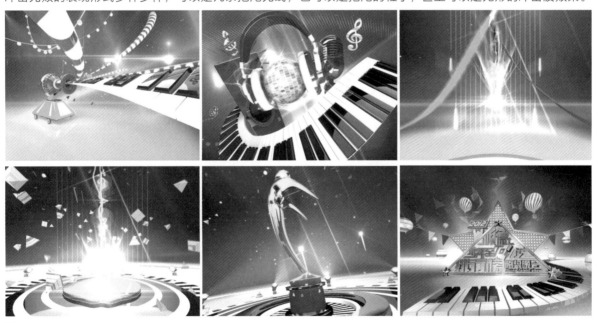

图16-1

该包装设计中的冲击光效是用多层光效来处理的，以使之富有视觉冲击力。冲击光效的头部是一个呈锥形的光效，头部的顶端位置有一道辉光，该辉光主要用于增强光效的气势。冲击光效的拖尾部分是光效的主要部分，它将决定整个光效的绚丽与否。本章将介绍一种电影级别的酷炫冲击光效，并且，重点讲解光效拖尾部分的神奇效果。

这种冲击光效由粒子组成，是由粒子在快速穿梭的过程中所产生的神奇扩散、扭曲形态所形成的一种非常酷炫的视觉冲击效果，如图16-2所示。

图16-2

## 16.2 制作拖尾粒子的扭曲形态

该冲击光效的拖尾粒子形态是一个以拖尾中心轴为中心的扩散效果，并且，扩散的粒子具有扭曲的噪乱效果。可以通过Spawn【繁殖】测试和Random Walk【随机游动】操作符来实现这种效果。繁殖测试可以让粒子产生扩散的效果，而随机游动操作符则可让粒子产生扭曲噪乱的效果，如图16-3所示。

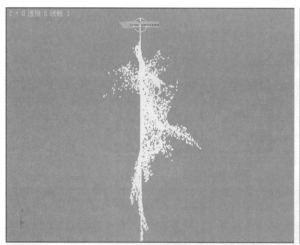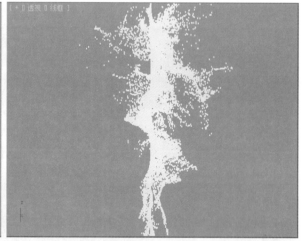

图16-3

**注意：**只有在安装了PF Tools Box#3扩展安装包后，随机游动操作符才会出现在PF粒子视图的仓库中。

STEP 01 在场景中创建一个PF Source【粒子流源】图标，如图16-4所示。

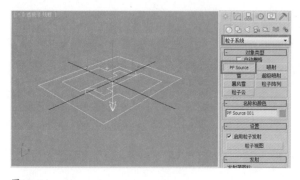

图16-4

STEP 02 创建粒子流源图标的另一种方法是按下键盘的数字6键，打开粒子视图，在视图窗口中创建一个Standard Flow【标准粒子流】；再在视图窗口中选择全局事件并在其发射参数面板中将视口数量倍增设为100%，让粒子完全显示出来，如图16-5所示。

STEP 03 在Event 001事件列表中选择Birth【出生】操作符，再在出生面板中将Emit Stop【发射停止】设为200，将Amount【数量】值设为2000，如图16-6所示。

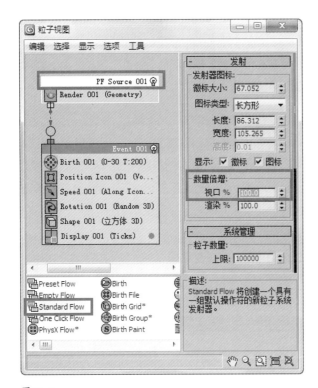

图16-5

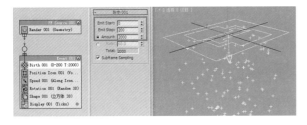

图16-6

**STEP 04** 在Position Icon【位置图标】操作符的参数面板中将Location【位置】设为Pivot【轴】。此时，视图中的粒子呈一条线状发射出来，如图16-7所示。

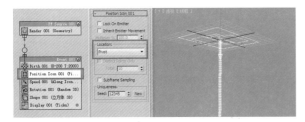

图16-7

**STEP 05** 给粒子添加一个非常重要的操作符——Random Walk【随机游动】，随机游动操作符主要用于控制粒子的速度，使粒子产生混乱的运动。添加随机游动操作符后，粒子产生了扭曲的效果了，如图16-8所示。

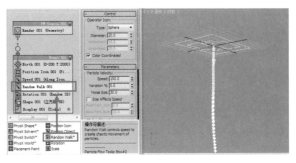

图16-8

**STEP 06** 将尾部的粒子放大，此时，发射出来的粒子整体已发生扭曲的效果，其内部的粒子也产生了轻微的噪乱效果，如图16-9所示。

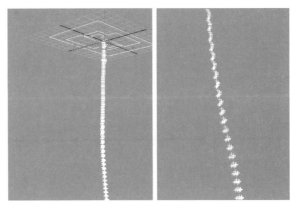

图16-9

**STEP 07** 在Random Walk【随机游动】操作符的参数面板中对粒子的噪乱效果进行调整。将Control【控制】栏下的Operator Icon【操作器图标】栏中的Type【类型】设置为Sphere【球形】。此时，视图中的方形发射器图标变成了球形的发射器图标，如图16-10所示。

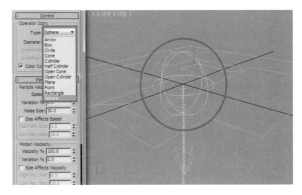

图16-10

**STEP 08** 操作器图标是独立控制粒子的，它不受PF粒子流发射器图标的约束。不同的操作器图标的位置，对粒子产生的影响也不同，如图16-11所示。

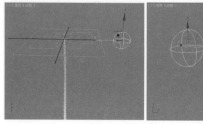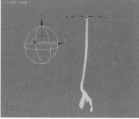

图16-11

**STEP 09** 在控制面板中把Diameter【直径】值设置为50。直径值的大小不会影响到粒子，加大该值是为了方便地观察粒子的发射状况和选中粒子，如图16-12所示。

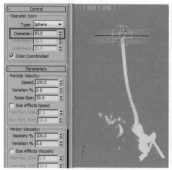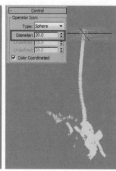

图16-12

**STEP 10** 将Particle Velocity【粒子速率】栏中的speed【速度】值设为250，以加快粒子的噪乱速度。此时，场景中的粒子的尾部出现了许多分叉，并且，分叉的效果比较凌乱，如图16-13所示。

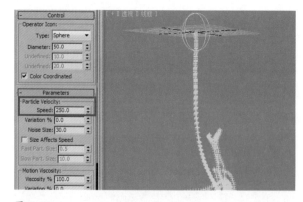

图16-13

**STEP 11** 分叉之所以显得比较凌乱，是由于分叉的噪乱尺寸过小。把粒子速率栏中的Noise Size【噪波大小】值加大到75，使尾部的分叉显得规律一些，如图16-14所示。

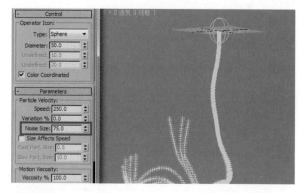

图16-14

**STEP 12** 将Speed【速度】操作符的参数面板中的Speed【速度】值设为250。此时，可以看到场景中的粒子的形态发生了变化，这说明粒子向下发射的速度减小了，如图16-15所示。

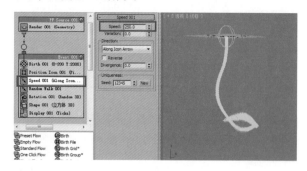

图16-15

**注意：** 速度操作符中的速度和随机游动操作符中的速度的控制结果是不一样的。速度操作符中的速度用于控制粒子发射出来的移动速度；而随机游动操作符中的速度则用于控制粒子随机混乱的速率。

**STEP 13** 将Speed【速度】操作符参数面板中的Variation【变化】值设为100。此时，可以看到场景中的粒子产生了向四周随机发射的混乱效果，如图16-16所示。

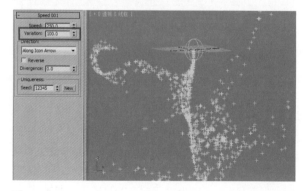

图16-16

**STEP 14** 此时的粒子混乱效果显得毫无规律，这并不是我们所需要的效果。冲击光效的混乱效果应整体保持在一条直线上，因此，要调整粒子的混乱效果。将Event 001事件面板中的Random Walk【随机游动】操作符拖出来，创建一个Event002事件面板，如图16-17所示。

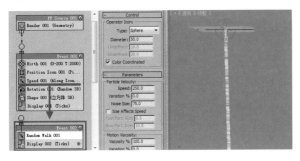

图16-17

**STEP 15** 选择粒子视图仓库中的Spawn【繁殖】测试，将其拖到Event001事件列表中，如图16-18所示。

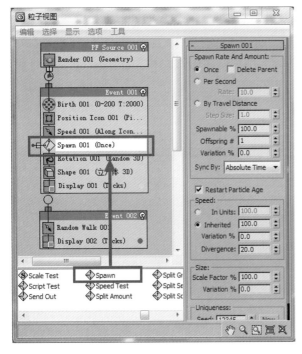

图16-18

**STEP 16** 点选Spawn【繁殖】测试的参数面板中的By Travel Distance【按移动距离】选项，该选项可让粒子根据其移动的距离，每隔一定的间距就发生一次繁殖。此时得到的粒子发射效果如图16-19所示。

**STEP 17** 将Step Size【步幅大小】设为40。此时，可以看到视图中生成的新粒子的间距缩小了，并且，粒子

的数量也相应地减小了，但此时的粒子是呈扩散状发射的，如图16-20所示。

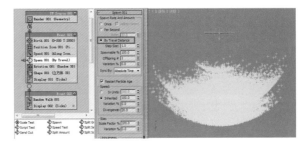

图16-19

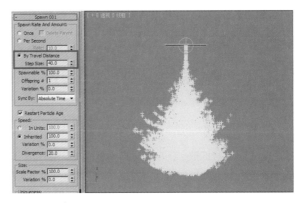

图16-20

**STEP 18** 将繁殖参数面板中的Speed【速度】栏下的Divergence【发散】值设为0，使繁殖出来的子粒子的运动方向与父粒子的运动方向保持一致，不产生任何角度的偏离。这样，粒子的发射效果便呈现为一条直线了，如图16-21所示。

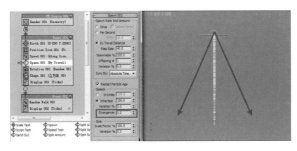

图16-21

**STEP 19** 将Spawn【繁殖】测试和Event 002事件的面板链接起来，再将两个事件面板中的粒子显示类型设为Dot【点】。此时，视图中的粒子的发射状态发生变化了，繁殖后的新粒子（即黄色部分的粒子）以父粒子（即蓝色部分的粒子）为中心产生了噪乱的效果，并且，父粒子保持为一条直线的状态，如图16-22所示。

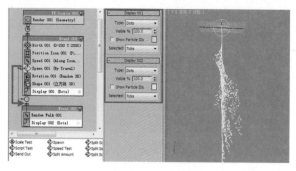

图16-22

四周扩散，而且，粒子的噪乱效果也将不断加大，但它们始终以父粒子为噪乱效果的轴心。这样，便形成冲击光效拖尾部分的雏形了，如图16-23所示。

图16-23

**STEP 20** 拖到时间滑块后，繁殖出来的粒子将不断地向

# 16.3　调整拖尾粒子的扩散效果

此时，拖尾粒子已经有一个基本的扩散、扭曲效果了。为了让这种扩散、扭曲效果富有层次感，应让拖尾粒子产生两次的繁殖效果；再通过对两次繁殖所得的粒子进行扭曲噪乱设置，使粒子的形态更加生动并产生更多的细节，如图16-24所示。

图16-24

**STEP 01** 调整拖尾部分粒子的噪乱效果。将Event 001事件列表的Spawn【繁殖】测试参数面板中的Spawnable【可繁殖】的百分比值设置为20%。这样，繁殖出来的新粒子的数量便减少了，如图16-25所示。

**STEP 02** 将Spawnable【可繁殖】的百分比值设为10%，再将Speed【速度】栏下的Inherited【继承】设为70，如图16-26所示。

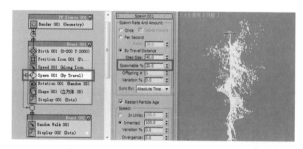

图16-25

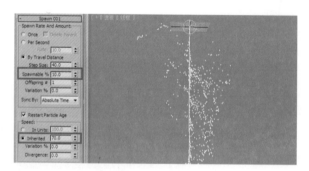

图16-26

**注意：** Inherited【继承】选项可以用父粒子速度的百分比值来指定每个繁殖后的粒子的速度。正值表示往父粒子的移动方向运动；负值则表示往父粒子运动的反方向运动。

**STEP 03** 此时，可以发现视图中繁殖出来的粒子数量减少了很多，接下来，要让繁殖后的新粒子再次进行繁殖，以丰富粒子的发射效果。将仓库中的Spawn【繁殖】测试拖到Event 002事件列表中，再在其参数面板中点选By Travel Distance【按移动距离】选项。此时，发射出来的粒子又聚成一堆了，如图16-27所示。

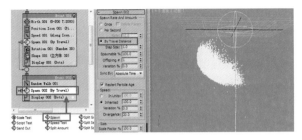

图16-27

STEP 04 将繁殖测试的参数面板中的Step Size【步幅大小】值设为30，再将Speed【速度】栏下的Inherited【继承】值设为70。这样，第二次繁殖出来的粒子便围绕在第一次繁殖出来的粒子的周围了，但此时粒子的发射状态显得比较模糊，如图16-28所示。

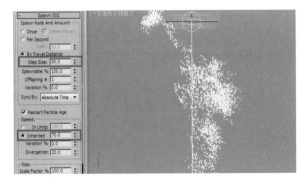

图16-28

STEP 05 将Divergence【发散】值设为0。此时，可以看到粒子的发射状态变得纤细了，这是因为繁殖出来的子粒子与父粒子有着相同的运动方向，如图16-29所示。

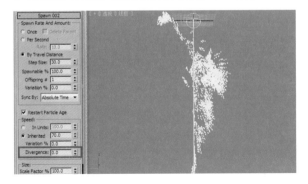

图16-29

STEP 06 用右键单击Event 002事件面板中的Random Walk【随机游动】操作符，从弹出的快捷菜单中选择复制，如图16-30所示。

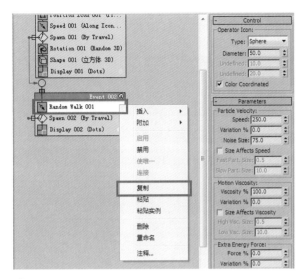

图16-30

STEP 07 在视图窗口中单击右键，选择粘贴，创建一个Event 003事件，如图16-31所示。

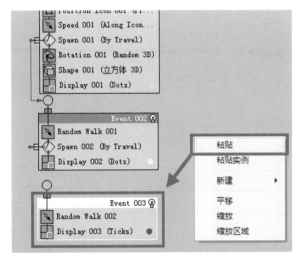

图16-31

STEP 08 将Event 002事件面板中的Spawn【繁殖】测试与Event 003事件链接起来。此时，第二次繁殖出来的子粒子（即深蓝色的粒子）便出现在第一次繁殖出来的粒子的周围了，如图16-32所示。

STEP 09 到Event 003事件面板的Display【显示】操作符参数面板中，将粒子的Type【类型】设为Dots【点】，得到的粒子效果如图16-33所示。

STEP 10 在Event 003事件列表中对Random Walk【随机游动】操作符的参数进行调整。将Operator Icon【操作器图标】的直径设为20；再在参数栏下将Particle Velocity【粒子速率】值设置为100并将Noise

Size【噪波大小】值设为30，得到的粒子效果如图16-34所示。

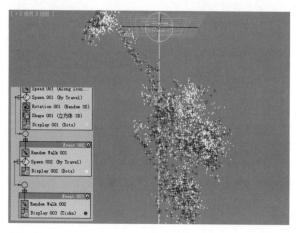

图16-32

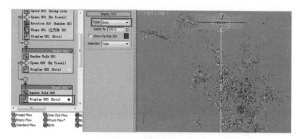

图16-33

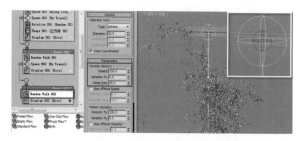

图16-34

STEP 11 拖到时间滑块后，由于粒子的数量较多，导致粒子向下冲击效果的拖尾部分的散开形态不够清晰，如图16-35所示。

图16-35

STEP 12 给散开的粒子设置一个死亡的动画，以减少粒

子的数量，使拖尾部分的散开形态变得清晰一些。选择仓库中的Delete【删除】操作符，将其拖到Event 002事件列表中。在删除操作符的参数面板中点选By Particle Age【按粒子年龄】选项，再将生命值设为80，随机变化值设为45，如图16-36所示。

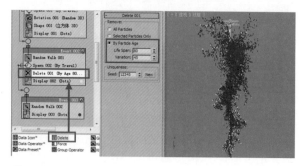

图16-36

STEP 13 继续减少拖尾部分散开的粒子的数量，这里需要给父粒子制作一个死亡动画效果。在仓库中选择Delete【删除】操作符，将其拖到Event 001事件列表中。在删除操作符的参数面板中点选By Particle Age【按粒子年龄】选项并将生命值设为50，随机变化值设为30，如图16-37所示。

图16-37

STEP 14 观察视图画面后发现，粒子的数量减少了，但粒子拖尾部分的散开形态并不美观。接下来，要调整粒子的拖尾散开效果，给拖尾部分的粒子添加一个阻力。在场景中创建一个阻力图标并将阻力的结束时间设为200，如图16-38所示。

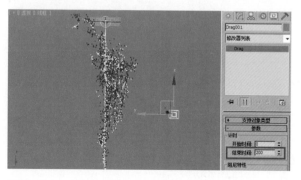

图16-38

STEP 15 给Event 002事件添加一个Force【力】操作符，再在其参数面板中将场景中的阻力添加到力空间扭曲列表中。此时，场景中黄色部分的粒子（即Event 002事件中的粒子）在受到阻力的影响后产生了更加扭曲的效果，如图16-39所示。

图16-39

**注意：** 由于此时Event003事件中的粒子（深蓝色部分的粒子）没有受到阻力的影响，因此，这部分粒子并没有跟随黄色部分的粒子产生形态的扭曲效果。

STEP 16 给Event 003事件中的粒子添加一个Force【力】操作符。在Event 002事件列表中选中Force【力】操作符，单击右键，从弹出的快捷菜单中选择复制，再在Event 003事件列表中单击右键，从快捷菜单中选择粘贴实例。这样，两个事件中的粒子便会同时受到阻力的影响，如图16-40所示。

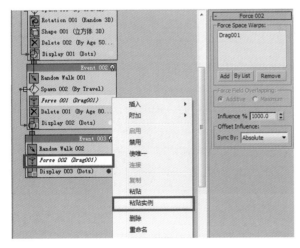

图16-40

STEP 17 拖到时间滑块后，黄色部分的粒子将在从上往下飞的过程中呈现出一种扭曲的噪乱效果。其繁殖出来的深蓝色粒子围绕在黄色粒子的周围，并且，产生了扭曲效果，如图16-41所示。

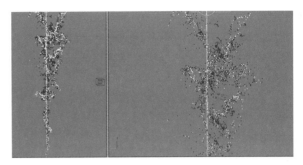

图16-41

STEP 18 为了让粒子的扭曲噪乱效果更加明显，可将Force【力】操作符的参数面板中的Influence【影响】值设置为2000。这样，粒子的扭曲效果便清晰可见了，如图16-42所示。

图16-42

STEP 19 从上面得到的粒子效果中可以得知，阻力对粒子扭曲形态的作用至关重要。关闭Event 003事件列表中的Force【力】操作符后，可以看到视图画面中只有散开的父粒子（Event 002事件中的粒子）产生了阻力效果，而Event 003事件中的粒子只有一个跟随父粒子运动的动画，如图16-43所示。

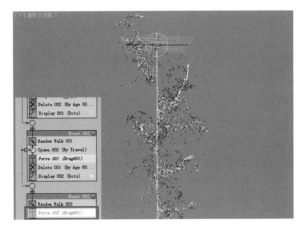

图16-43

**STEP 20** 如果只显示Event 003事件列表中的Force 【力】操作符，那么，得到的粒子效果会完全不一样。从视图画面中可以看到，虽然Event 003事件中的粒子产生了阻力效果，但由于父粒子（Event 002事件中的粒子）的散开形态是无规则的，因此，跟随它们运动的子粒子（Event003事件中的粒子）也出现了无规则的散开效果，如图16-44所示。

　　至此，一个漂亮的粒子扭曲噪乱效果就制作完成了。下面，对粒子进行渲染设置，以得到一个更完美的冲击光效。

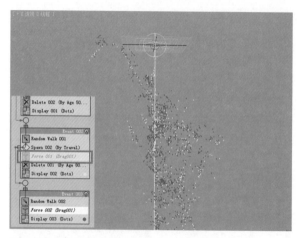

图16-44

# 16.4　渲染冲击光效

　　下面，将介绍如何对调整好的拖尾粒子的扭曲噪乱效果进行渲染。对于这种大量粒子的表现形态，一般用Krakatoa渲染器进行渲染。只要有一个漂亮的粒子形态，该渲染器就能将粒子的形态完美地渲染出来，但前提是粒子的数量不要超出电脑的承受范围。在渲染粒子拖尾效果的同时，给场景添加几盏彩色灯光，使拖尾的粒子效果更有层次感，如图16-45所示。

图16-45

**STEP 01** 在场景中创建两盏泛光灯，一盏为黄色，另一盏为蓝色。分别将两盏灯放置在前视图的右下角和右上角位置，如图16-46所示。

**STEP 02** 在Krakatoa菜单中选择Set Krakatoa As Current Renderer/Open Krakatoa GUI【渲染器设置】命令。这样，软件便会自动将渲染器设置成Krakatoa渲染器，而且，不会打开渲染面板，如图16-47所示。

**STEP 03** 在默认的渲染参数设置下渲染一帧粒子，可以看到此时的粒子效果还比较粗糙，但可以清晰地看到粒子形态的扭曲效果了，如图16-48所示。

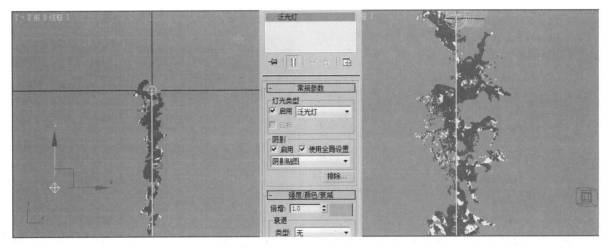

图16-46

图16-47

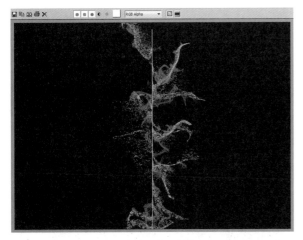

图16-48

**STEP 04** 打开渲染设置面板，调整粒子的颜色。单击Global Render values【全局渲染值】栏中的Override Emission【覆盖发射】按钮；再单击右边的Use【启用】按钮，在右边的颜色框中将颜色设置为蓝色。如果不激活Use【启用】按钮，那么，粒子将不受该颜色的影响，如图16-49所示。

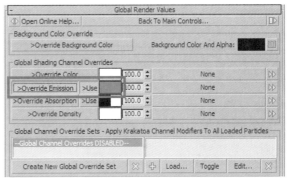

图16-49

**STEP 05** 在粒子的Birth【出生】操作符的参数面板中将粒子数量值加大到200000，再次进行渲染。此时，粒子的颜色发生了改变，并且，不再受场景中的黄色灯光的影响了，如图16-50所示。

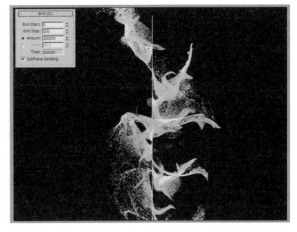

图16-50

STEP 06 将Use【启用】按钮关闭，从渲染结果中可以看到，粒子的颜色变成黄蓝色调了，并且，黄蓝色调的对比显得过于强烈，如图16-51所示。

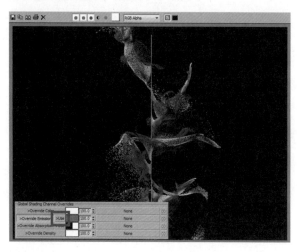

图16-51

STEP 07 调整粒子的颜色，让颜色的对比柔和一点。在粒子的显示参数面板中将两个事件中的粒子的显示颜色设为两个相近的蓝色。调整场景中的两盏泛光灯的设置。勾选常规参数面板的阴影栏中的黄色灯光的启用选项和全局设置选项；再勾选蓝色灯光的启用项并将其阴影类型设为Krakatoa Shadows【Krakatoa阴影】，如图16-52所示。

图16-52

STEP 08 再次渲染粒子后，由于受到灯光的影响，粒子的颜色变得柔和多了，但此时的粒子效果还是比较粗糙，如图16-53所示。

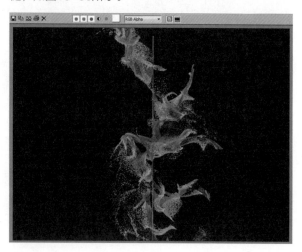

图16-53

STEP 09 调整粒子的精细度。在渲染面板的Main Controls【主控制】栏下将Final Pass Density【最终通过密度】设为0.5，如图16-54所示。

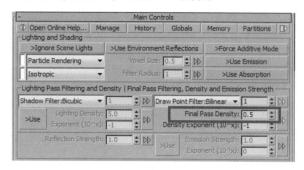

图16-54

STEP 10 渲染一帧后，粒子的形态变得细腻了些。该部分的粒子暂时调整到这里，得到的效果如图16-55所示。

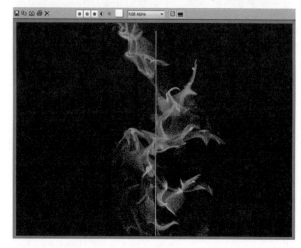

图16-55

# 16.5 调整拖尾粒子的主干部分

下面，要对中心轴部分的一根比较直的细线条上的粒子进行调整。此时，拖尾粒子的主杆是一条直线，这条直线是由Event 001事件中的粒子所组成的。由于它是整个冲击光效的主杆部分，因此，一定要使它表现出比较强烈的视觉冲击感，也就是说，它要有足够的力量来牵引整个冲击光效，如图16-56所示。

图16-56

**STEP 01** 给Event 001事件添加一个Random Walk【随机游动】操作符，让粒子产生一点扭曲的效果。这里暂时关闭Event00**STEP 02** 003事件中的粒子的显示，如图16-57所示。

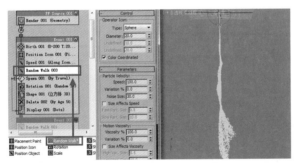

图16-57

**STEP 02** 在Event 001事件的Random Walk【随机游动】操作符参数面板中的Particle Velocity【粒子速率】栏下，将Variation【变化】值设为50%并将Noise Size【噪波大小】值设为100。此时，可以看到粒子产生了较明显的扭曲效果，如图16-58所示。

**STEP 03** 增强了粒子的扭曲效果后，粒子向下冲击的力量也减小了。接下来，在Extra Energy Force【额外能量】栏中将Force【力】值加大到200。这样，粒子便有了足够的向下冲的力量，同时，还带有一定的扭曲

效果，如图16-59所示。

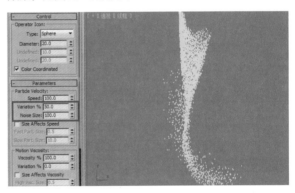

图16-58

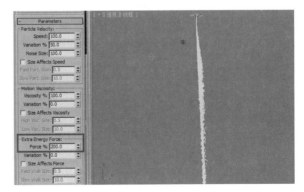

图16-59

**STEP 04** 拖动时间滑块，此时，Event 001事件中的粒子变得有重量感了，如图16-60所示。

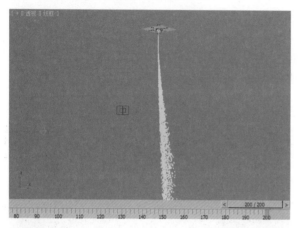

图16-60

**STEP 05** 在Event 001事件的Birth【出生】操作符参数面板中将粒子的停止时间设为第200帧，让粒子刚好完成一个从出生到消失的动画，如图16-61所示。

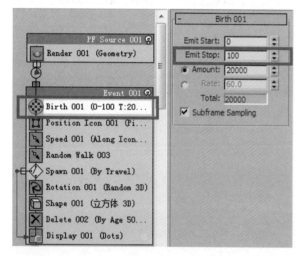

图16-61

**STEP 06** 将粒子的数量值加大到200000；然后，在渲染面板中的Main Control【主控制】栏下，将Final Pass Density【最终通过密度】设为0.5；再将Density Exponent【密度指数】设为-1，如图16-62所示。

**STEP 07** 再次渲染，便得到了一个绚丽的粒子冲击效果了，如图16-63所示。

**STEP 08** 分别将Final Pass Density【最终通过密度】

和Density Exponent【密度指数】的值设置为5和-3，得到一个更加奇幻、绚丽的粒子冲击效果，如图16-64所示。

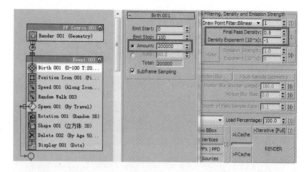

图16-62

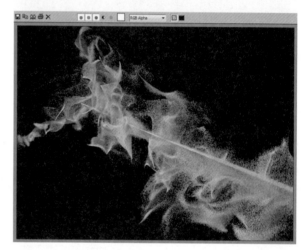

图16-63

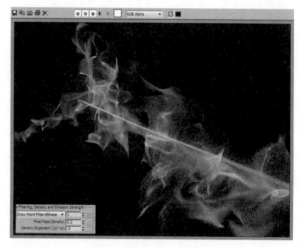

图16-64

STEP 09 最终得到的冲击粒子渲染效果如图16-65所示。

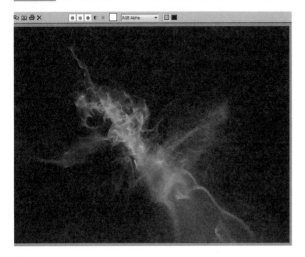 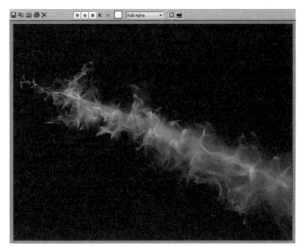

图16-65

# 第**17**章

## 万箭齐发

**本章内容**
- 制作箭的飞射轨迹
- 制作箭插入文字的动画
- 制作箭插入地面的动画

## 17.1 项目创作分析

　　如今，射箭特效已经成为影视制作中非常常见的特效了，电影《英雄》中的万箭齐发场面、《赤壁》中的草船借箭场面、动画片《勇敢传说》中主人公惊艳的射箭场面等都用到了射箭特效。射箭特效的视觉效果非常壮观且具有冲击感，可以让观众感到无比震撼。《创业顺德》这个创业类的电视活动宣传片也巧妙地运用了万箭齐发的特技效果。该宣传片将箭元素作为贯穿整个动画的主要元素，通过万箭穿梭于立体大气的三维文字之间营造出画面严肃的氛围，从而表达出创业的竞争压力和艰辛，如图17-1所示。

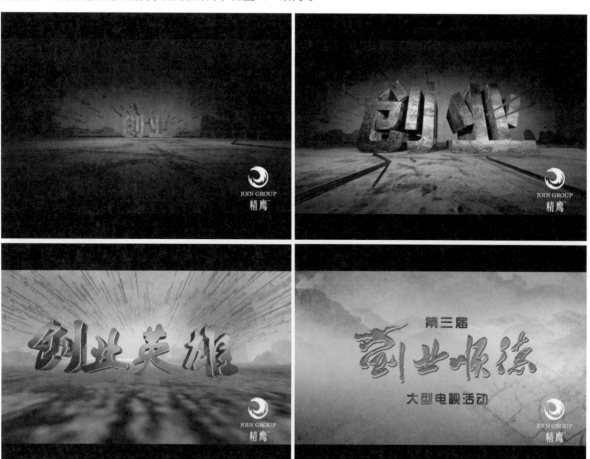

图17-1

本章将主要介绍如何制作箭元素并让万箭穿梭于三维文字当中。让箭逼真地插入文字中是本章将重点讲解的部分，也是整个宣传片的主要技术难点。其制作思路为：先用PF粒子发射器制作出万箭飞射的动画；再给粒子添加碰撞测试和锁定测试，让箭插入文字中并牢牢地锁定在文字上；最后，添加一个箭碰撞到文字后掉落下来并插入地面的动画，使射箭动画更逼真、自然。这样，一个富有视觉冲击感的万箭齐发特效就被轻松地制作出来了，如图17-2所示。

图17-2

## 17.2　制作箭的飞射轨迹

由于箭在飞射的过程中会受到重力的影响，因此，正确的飞射轨迹应该是一个呈抛物线形状的运动轨迹。一根箭的飞射动画可以通过手动操作来进行模拟，但万箭齐发的特效场面就不可能一根一根地进行调节了，因此，这里要用PF粒子系统来模拟万箭飞射的动画效果。为了使箭产生抛物线运动轨迹，这里还需要给场景添加一个重力，如图17-3所示。

图17-3

**STEP 01** 创建一个立体的文字和一个用作文字地面的较长的平面，如图17-4所示。

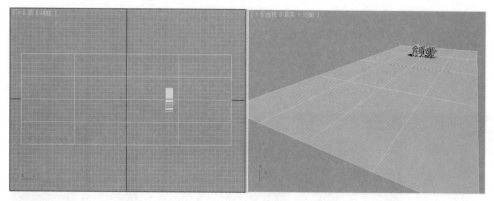

图17-4

STEP 02 对文字进行样条线编辑并将文字挤出一定的厚度，使文字稳稳地竖立在地面上，如图17-5所示。

图17-5

STEP 03 制作箭元素。按键盘上的数字6键，打开粒子视图，选择左视图。在视图窗口中创建一个Standard Flow【标准粒子流】发射器图标并让图标对准文字的正面，如图17-6所示。

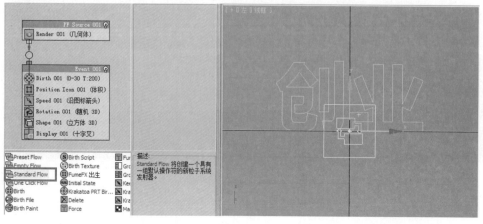

图17-6

**STEP 04** 调整发射器图标的大小，使发射器发射出来的粒子能落到文字上。将图标的长、宽设置成与文字的长、宽一样，也可将图标的长、宽设置得略大于文字的长、宽，如图17-7所示。

**STEP 05** 导入制作好的箭模型，在粒子视图的仓库中将Shape Instance【图形实例】操作符拖到Event 001事件列表中的Shape【图形】操作符上，使其替换掉图形操作符。在图形实例参数面板中将场景中的箭模型添加到粒子几何体对象中，如图17-8所示。

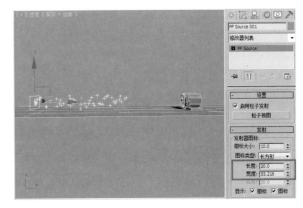

图17-7

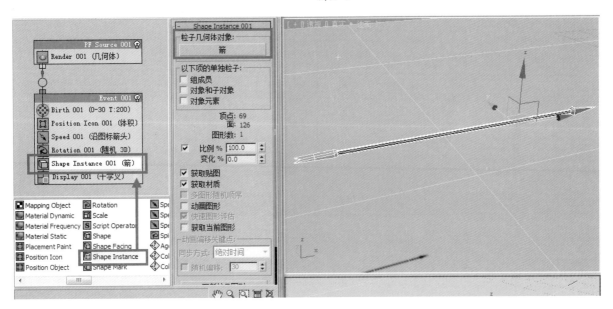

图17-8

**STEP 06** 将Display【显示】操作符参数面板中的类型设为几何体，使场景中的粒子以箭模型的形态出现，以方便观察粒子的运动状态，如图17-9所示。

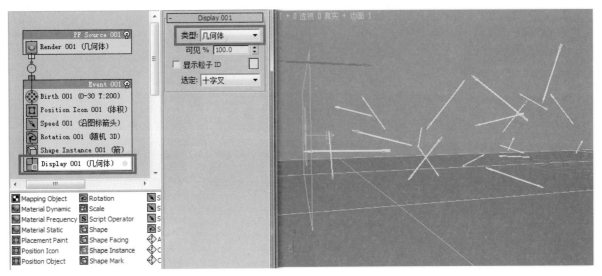

图17-9

**STEP 07** 在事件面板的Birth【出生】参数面板中将发射停止设为5，使粒子到第5帧位置后停止发射，第5帧位置前发射出来的粒子会继续向前运动，如图17-10所示。

**STEP 08** 在PF Source001【PF粒子源】全局事件的参数面板中将粒子的视口数量倍增值设为100%。这样，就可以更准确地看到射到文字上的箭模型的数量了，如图17-11所示。

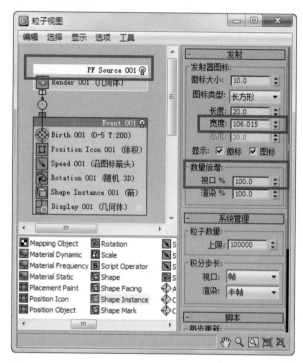

图17-10

图17-11

**STEP 09** 在Rotation【旋转】操作符的参数面板中将方向矩阵的类型设为速度空间跟随。此时，箭的方向将变成平行的发射状态，如图17-12所示。

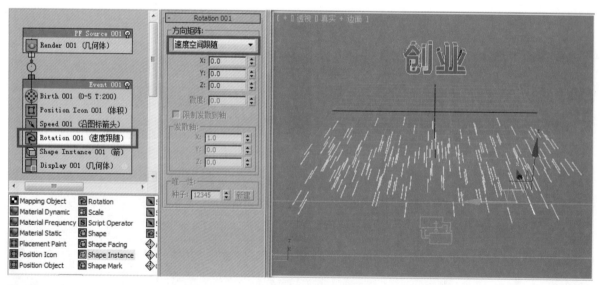

图17-12

**STEP 10** 此时，箭的发射方向与地面平行。当镜头拉近时，发现箭的朝向也是反向的。这里暂不对箭的朝向作调整，只调整箭的运动轨迹，使箭模型沿抛物线形状的运动轨迹发射出来并落到文字上。这样，箭的整个飞射过程便显得更加逼真了。在前视图中将发射器图标沿z轴逆时针旋转20度。此时，箭的发射角度就变成倾斜的状态了，如图17-13所示。

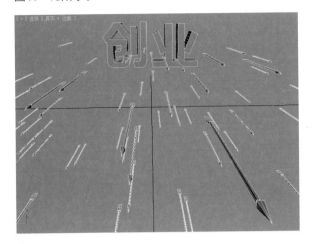
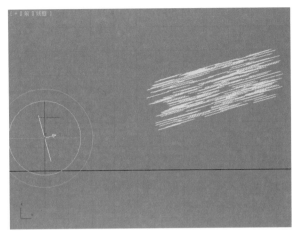

图17-13

**STEP 11** 拖动时间滑块后，箭朝着发射的方向笔直地向前并从文字的上空飞了过去，所以，此时的箭并没有出现抛物线的运动轨迹，如图17-14所示。

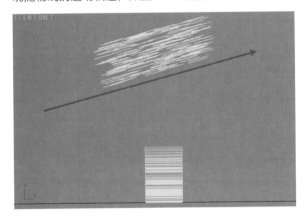

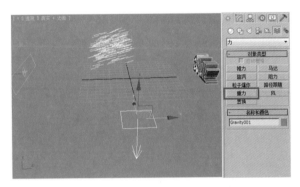

图17-15

图17-14

**STEP 12** 在场景中创建一个重力图标。要让箭的运动轨迹呈抛物线形状，就要给笔直向前飞射的箭添加一个重力。这样，箭就会置身于一个力场中并产生运动轨迹的变化，如图17-15所示。

**STEP 13** 给Event 001事件添加一个Force【力】操作符，再在其参数面板中将场景中的重力添加到力空间扭曲列表中。此时，由于重力的作用，箭在飞射的途中开始往下坠落了，如图17-16所示。

图17-16

**STEP 14** 此时，箭的抛物线运动轨迹已经出来了。这里还需要对箭的运动轨迹进行仔细的调整，使其更准确地射到文字上。在速度空间跟随方式下，飞射出来的每一根箭都呈现出了完美的抛物线运动轨迹，如图17-17所示。

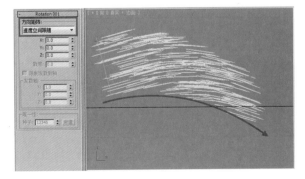

图17-17

STEP 15 将方向矩阵设为速度空间。此时，虽然所有发射出来的箭的运动轨迹都呈抛物线形状，但每一根箭的朝向依然与发射器图标的方向相垂直，如图17-18所示。

STEP 16 将方向矩阵设为世界空间后，所有箭的运动轨迹就都呈抛物线形状了，但每一根箭的朝向都是与地面平行的，如图17-19所示。

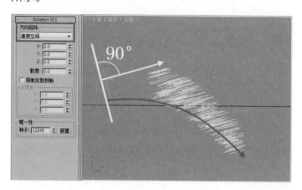

图17-18

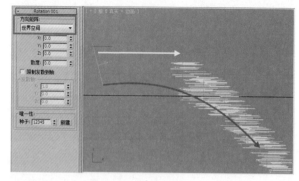

图17-19

STEP 17 将方向矩阵设为随机水平。此时，所有箭的朝向都变得非常混乱了，如图17-20所示。

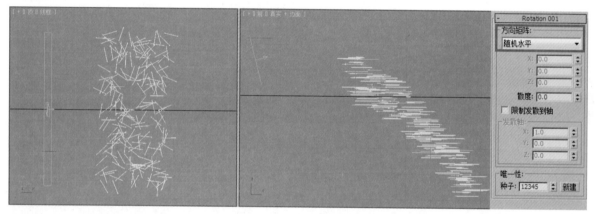

图17-20

STEP 18 接下来，在旋转操作符的参数面板中将方向矩阵设置为速度空间跟随，并将Y【y轴】的数值设为180°，使箭的朝向反过来，如图17-21所示。

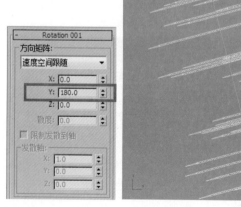

图17-21

STEP 19 在Force【力】操作符的参数面板中将影响值设为100，再在重力修改器面板中将重力值设为1.5。此时，箭就有了一个完美的抛物线运动轨迹了，并且，能够准确地射到文字上，如图17-22所示。

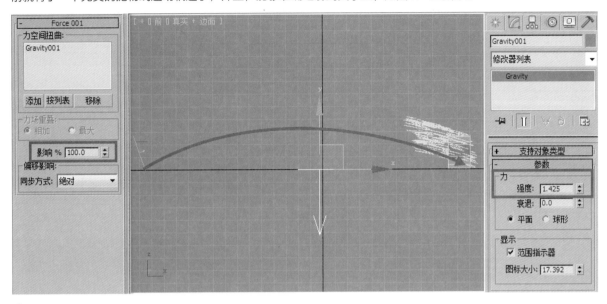

图17-22

# 17.3 制作箭插入文字的动画

虽然此时的箭能准确地射到文字上，但它们并没有落到文字上，而是穿过了文字。下面，要让箭稳稳地插在文字上。在场景中创建一个全导向器，导向器的作用是将任意对象指定为导向器并改变与之发生碰撞的对象的运动方向，如图17-23所示。

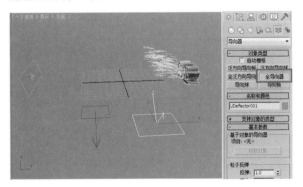

图17-23

STEP 01 单击全导向器的修改面板中的【拾取对象】按钮，在场景中拾取文字并将其作为导向器对象，如图17-24所示。

**注意：** 这里的导向器必须要与一个测试相配合才能产生作用。

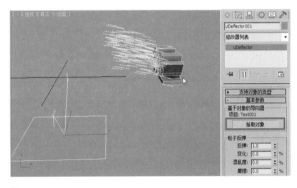

图17-24

STEP 02 在Event 001事件面板中添加一个Collision【碰撞】测试，再在其参数面板中将场景中的全导向器添加到导向器列表中，如图17-25所示。

STEP 03 此时，射到文字上的箭被反弹回来了，这说明箭与文字发生了碰撞效果，如图17-26所示。

STEP 04 不要让与文字发生碰撞的箭产生反弹的效果，而要让它们停留在文字上。在碰撞测试的参数面板中将碰撞的速度设为继续。拖动时间滑块后，箭依然继续穿透文字模型，如图17-27所示。

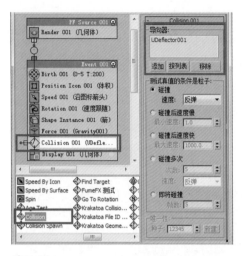

图17-25

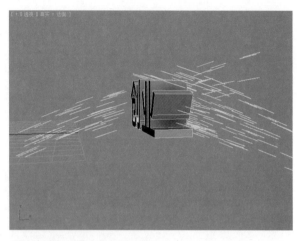

图17-26

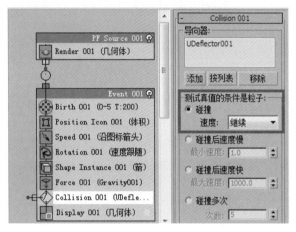

图17-27

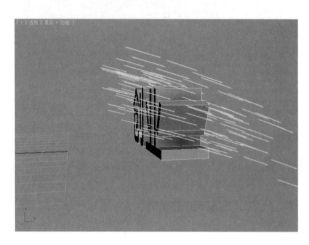

**STEP 05** 此时的箭之所以没有停留在文字上，是因为箭与文字发生碰撞后，产生了一个向前飞射的速度。将碰撞速度设为继续后，与文字发生碰撞的箭便会继续向前飞射了。接下来，要改变与文字发生碰撞后的箭的飞射速度。在粒子视图的仓库中将Speed【速度】操作符拖到视图窗口中，创建一个Event 002事件，再将Event 001事件中的Collision【碰撞】测试与Event 002事件链接起来。此时，与文字发生碰撞的箭的飞射角度发生了改变，如图17-28所示。

**STEP 06** 在Event 002事件的Speed【速度】操作符的参数面板中将速度值设为0。此时，可以发现文字的表面停留了一部分粒子，如图17-29所示。

图17-29

**STEP 07** 在Event 002事件的Display【显示】操作符参数面板中将粒子的显示类型设为几何体。这样，便可以清晰地看到与文字发生碰撞的箭深深地插入文字模型

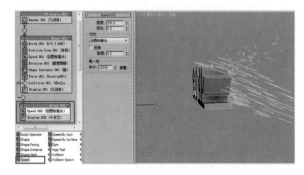

图17-28

中了，如图17-30所示。

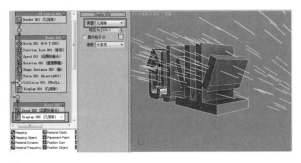

图17-30

**STEP 08** 制作完箭插入文字的动画后，给文字制作一个动画，使插入文字中的箭随文字一起运动。切换到前视图，在第25帧到第40帧位置处给文字层设置一个从空中掉落下来的动画，并且，让掉落下来的箭与地面产生一个简单的震动效果，如图17-31所示。

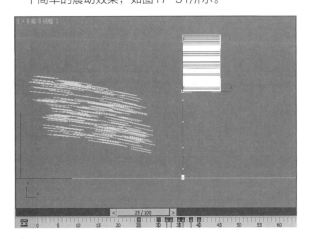

图17-31

**STEP 09** 拖动时间滑块后，文字掉落了下来，但插在文字模型上的箭并没有随文字一起掉落下来，而是一直停留在原位置，如图17-32所示。

图17-32

**STEP 10** 让箭随着文字一起运动。在Event 002事件面板中添加一个Position Object【位置对象】操作符，再在其参数面板中将场景中的文字添加到发射器列表中，如图17-33所示。

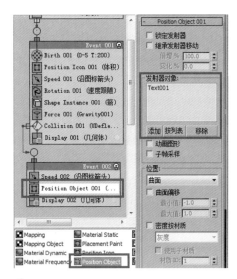

图17-33

**STEP 11** 拖动时间滑块后，箭还是没有随文字一起运动，如图17-34所示。

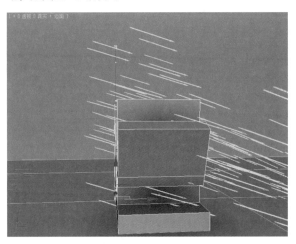

图17-34

**STEP 12** 勾选位置对象操作符的参数面板中的锁定发射器选项后，场景中的箭便随文字一起运动了，如图17-35所示。

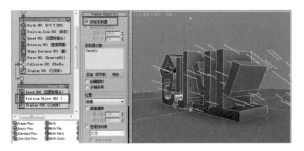

图17-35

STEP 13 给箭设置一个跟随文字运动的动画后，给文字设置一个扭曲变形的动画。此时的箭并没有跟随文字表面的扭曲和变形动画产生角度的变化，这说明此时的箭并没有牢固地锁定在文字的表面。接下来，给Event 002事件添加一个Lock/Bond【锁定/绑定】测试，再在其参数面板中将文字添加到锁定对象列表中。这样，箭便牢固地插入文字中并准确地跟随文字运动了，如图17-36所示。

图17-36

STEP 14 此时，箭跟随文字运动的动画已全部调整完了，最终效果如图17-37所示。

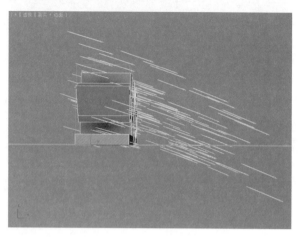

图17-37

# 17.4 制作箭插入地面的动画

下面，给箭制作一个部分插入地面的效果，即让一部分的箭与文字发生碰撞后反弹回来，再重新插入地面，以使箭与文字的整个碰撞动画更加逼真、完美。

STEP 01 在场景中创建一个全导向板，在其参数面板中拾取场景中的地面并将其作为导向器对象，如图17-38所示。

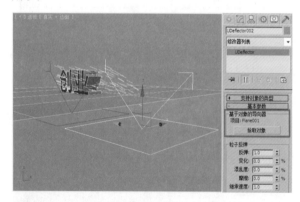

图17-38

STEP 02 将粒子视图窗口中的Event 001、002事件各复制一个，复制所得的两个新事件默认为不被链接，如图17-39所示。

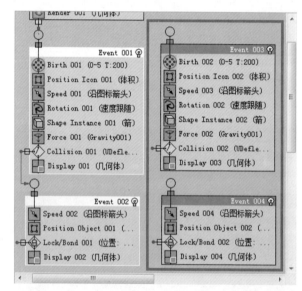

图17-39

STEP 03 分别将复制所得的两个新事件链接起来，如图17-40所示。

STEP 04 在Event003事件的Birth【出生】操作符参数面板中将粒子的数量值减少到50，如图17-41所示。

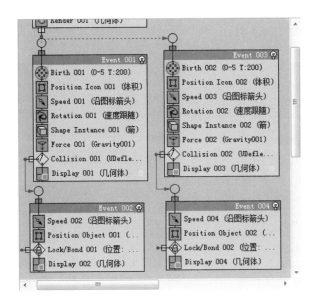

图17-40

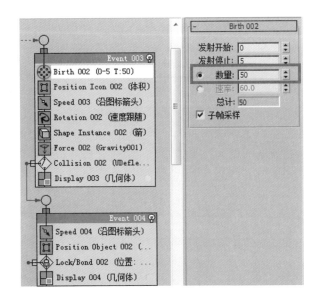

图17-41

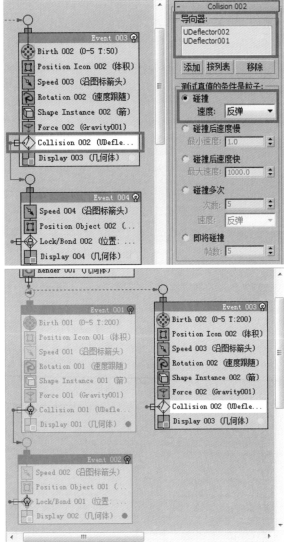

图17-42

**STEP 05** 在Collision【碰撞】测试的参数面板中将场景中的两个全导向器添加到导向器列表中，再将碰撞速度设为反弹。将碰撞速度设置为反弹后，这里的Event 004事件就没用了，可以将其删除。关闭Event001、002事件中的粒子的显示，以便更清楚地观察Event003事件的粒子动画效果，如图17-42所示。

**STEP 06** 拖动时间滑块后，可以发现箭与文字之间发生了强烈的碰撞效果，如图17-43所示。

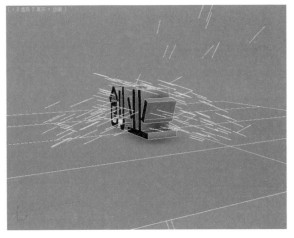

图17-43

**STEP 07** 调整碰撞的强度。在第二个全导向器的修改器面板中将反弹值设为0,将摩擦值设为100,如图17-44所示。

后被反弹回来并快速地落到地面上。虽然此时的碰撞强度减弱了,但箭还是没有插入地面,如图17-45所示。

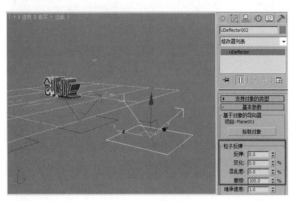

图17-44

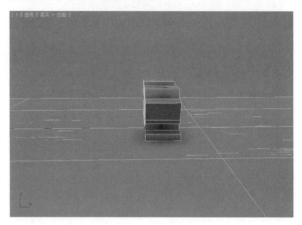

图17-45

**STEP 08** 拖动时间滑块后,可以看到箭与文字发生碰撞

**STEP 09** 对反弹后落到地面上的箭的状态进行调整,使箭插入地面。在粒子视图的仓库中将Rotation【旋转】操作符拖到视图窗口中,创建一个Event 004事件面板。将Display【显示】操作符参数面板中的粒子显示类型设为几何体。此时,可以看到地面上平坦的箭发生了角度的变化,其中一部分箭插入了地面,还有一部分箭掉到地面下去了,如图17-46所示。

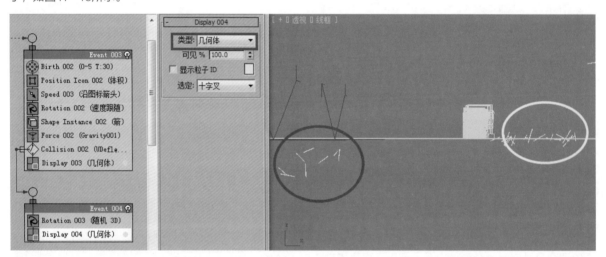

图17-46

**STEP 10** 调整掉落到地面下的那部分的箭,使它们都停留在地面上。在Event 004事件面板中添加一个Collision【碰撞】测试,再在其参数面板中将第二个全导向器添加到导向器列表中。此时,掉落到地面下的箭全部都回到地面上了,如图17-47所示。

**STEP 11** 从文字反弹到地面上的箭的插入效果完成后,将Event 001、002事件中的粒子显示出来。此时,场景中有一部分的箭穿透了地面,这部分箭是Event 001事件中插入文字后所剩下的。由于这部分的箭没有与任何对象发生碰撞,因此,就自然地掉落下来了,如图17-48所示。

**STEP 12** 关闭Event003、004事件中的粒子的显示。在Event001事件的Collision【碰撞】测试参数面板中将场景中的两个全导向器添加到导向器列表中,这样,掉落在地面上的箭便消失不见了,如图17-49所示。

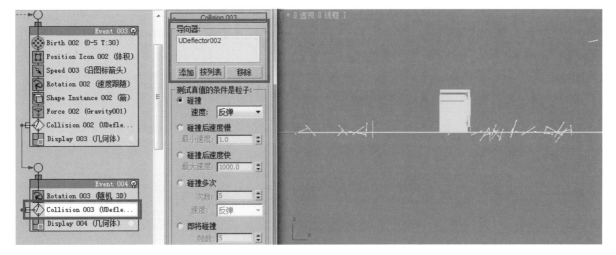

图17-47

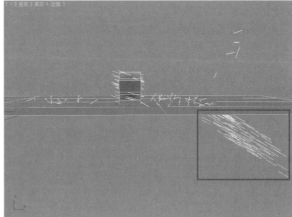

图17-48

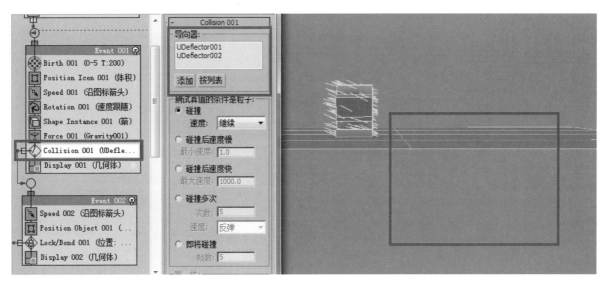

图17-49

第17章 万箭齐发 | 243

**STEP 13** 让掉落在地面上的箭与地面之间产生一个碰撞动画，即让这些箭插入地面。到Event002事件的Lock/bond【锁定/绑定】测试的参数面板中，把地面添加到锁定对象列表中。此时，场景中并没有箭插入地面中，如图17-50所示。

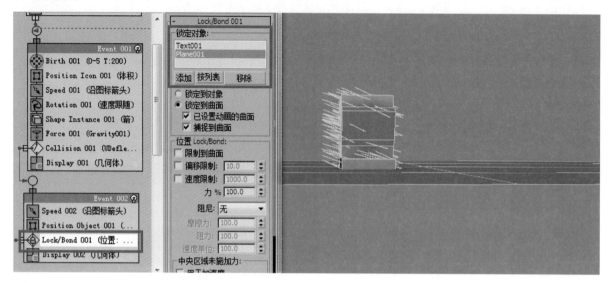

图17-50

**STEP 14** 出现上述现象的原因是Event 002事件面板中有一个Position Object【位置对象】操作符，该操作符已经把箭锁定在文字上了。将位置对象操作符关闭或删除后，场景中的箭就会插入地面了，如图17-51所示。

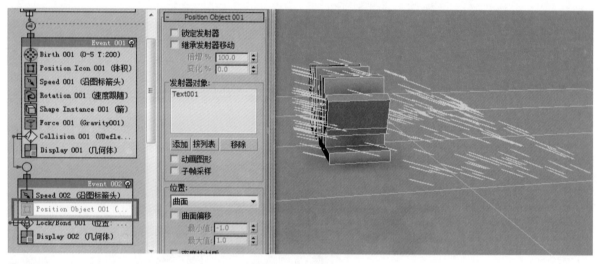

图17-51

**STEP 15** 此时，全部箭的动画便已制作完成了，效果如图17-52所示。
**STEP 16** 渲染一帧后，得到最终的万箭齐发的动画效果，如图17-53所示。

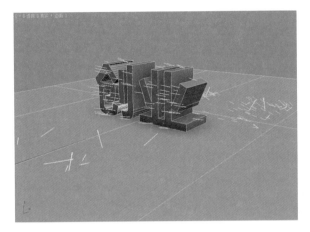

图17-52

图17-53

# 第18章

## 城市特效的合成

**本章内容**
◆ 车流与城市的合成
◆ 科技元素与城市的合成

## 18.1 项目创作分析

图18-1所示为一档电视新闻评论与引进专题相结合的电视专栏节目的包装设计，其中的新闻评论部分是将最新发生的全国重大热点和社会事件以最详尽、生动的形式传达给观众；而专题部分则引用了全国各地的特色专题故事，力求使观众获得生活启发与人生感悟。

该节目的包装设计中主要运用了城市建筑元素，通过在城市中穿插的一些动态的、具有科技感的信息元素使节目的相关内容结合到科技元素中。整个包装设计的动画是在多个城市元素中穿梭进行的，通过科技元素在城市中的搜索来引出节目的相关内容，整个动画的设计都紧密围绕着节目的宗旨，并且，紧贴国计民生和时事热点，可使观众能直观地接收到节目带来的信息。该包装设计的重点在于如何将科技元素与城市紧密地结合起来，这也是本章要重点讲解的。

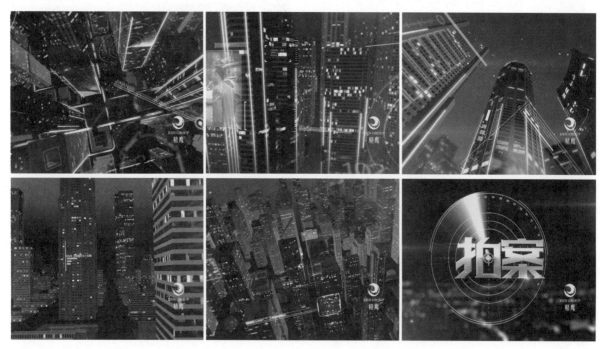

图18-1

本章将重点介绍两部分的内容，这两部分分别是城市中的车流合成和城市中的科技元素合成，它们的制作方法是一样的，都是先将3ds Max中的助手层和摄影机信息导入AE中，再将助手层替换为所需的元素，从而制作出与城市同步的动画，该节目包装的效果如图18-2所示。

图18-2

## 18.2 元素的准备

元素的准备阶段主要包括三维场景的输出、助手层和摄影机信息的输出，以及车流素材、科技感元素和相关视频素材的准备，如图18-3所示。

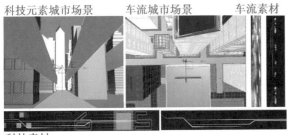

科技元素城市场景　　　车流城市场景　　　车流素材

科技素材

图18-3

STEP 01 在3ds Max中导入准备好的城市场景，再在场景中创建一个呈俯视角度的摄影机，如图18-4所示。

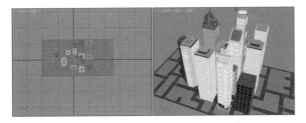

图18-4

STEP 02 在设置面板的下拉列表中选择MAX2AE，单击对象类型中的Helper Layer【助手层】按钮，再在顶视图中创建若干个方形助手层并将它们放在城市道路的中间。这些助手层可用于在后期中合成车流，如图18-5所示。

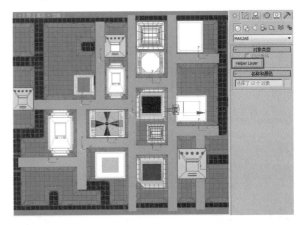

图18-5

STEP 03 从第0帧到第100帧位置处给摄像机设置一个平移的俯视角动画，如图18-6所示。

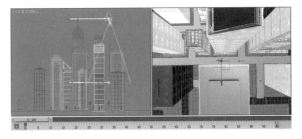

图18-6

STEP 04 制作简单的城市建筑材质，这里主要给材质的漫反射颜色、高光颜色、自发光和凹凸各添加一张相同的建筑贴图。在反射部分添加一个光线跟踪贴图并设置一个较低的反射值。每个结构不一样的建筑的贴图大小和位置也不一样。其中的一张贴图的设置如图18-7所示。

STEP 05 给建筑添加一张夜景楼房窗户的贴图，再根据不同建筑的结构给建筑指定不同的贴图。添加完贴图后，对建筑的反射贴图中的光线进行跟踪设置，如图18-8所示。

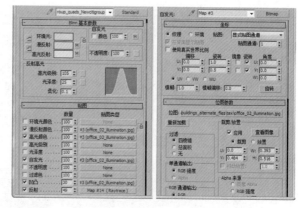

图18-7

图18-8

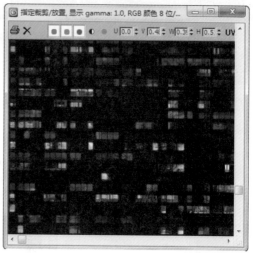

STEP 06 此时，可从最终建筑场景的俯视图效果中看到场景中的光线比较凌乱。为了让场景的光线变得集中又柔和，这里需要在场景的建筑顶部创建一盏泛光灯并开启泛光灯的阴影选项，使光线集中在建筑的顶部。这样，底部的街道部分就变暗了。此时，城市在俯视图的状态下显得更加有层次感了，街道上的车流也更加突出了，如图18-9所示。

图18-9

**STEP 07** 在指定渲染器面板中将渲染器设为默认扫描线渲染器，这样，可以更快速地渲染出场景的动画，如图18-10所示。

图18-10

**STEP 08** 输出完场景的动画后，下面，开始输出场景中的助手层和摄影机信息。在助手层的修改器面板中打开Scene Export【场景导出】窗口，先对助手层的输出路径和AE中的合成层名称进行设置；再在Setting【设置】栏和Global Setting【全局设置】栏中设置导出的条件。设置好参数后，单击Export to File【导出到文件】按钮，导出助手层信息，如图18-11所示。

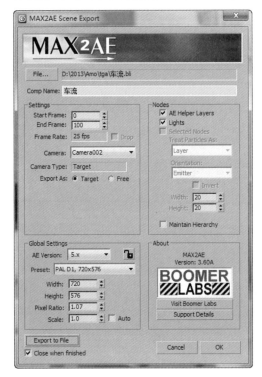

图18-11

**注意：** 助手层输出路径和AE中合成层名称的设置必须要与输出的场景动画的设置保持一致，否则，助手层导入AE后将与插件动画不相匹配。

**STEP 09** 给场景添加一个略微偏仰视角度的摄影机。科技元素的三维场景如图18-12所示。

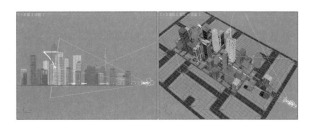

图18-12

**STEP 10** 先从第0帧将摄像机平行推近到第15帧的视角；然后，继续缓缓地平行推近摄影机到第95帧的视角；再在缓缓推近摄影机的同时，将摄影机的目标点缓缓往上移，使摄像机有一个较大的仰视角。摄影机的动画视角如图18-13所示。

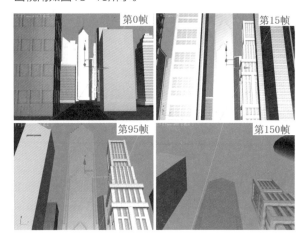

图18-13

**STEP 11** 在场景中添加助手层，分别使助手层穿插在城市的各个角落，再将助手层的方向和大小都保持为同样的设置，如图18-14所示。

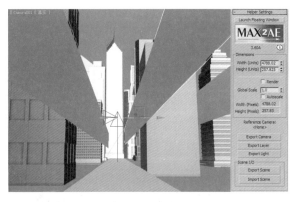

图18-14

**注意：** 将助手层的信息导入AE后，可以任意对其大小和方向进行调整。

**STEP 12** 将其中的两个助手层穿插在两排建筑的背后。在输出该场景的建筑时，需要分两次进行，一次是输出除这两个助手层背后建筑以外的其他所有建筑；另一次是输出这两个助手层背后的建筑。这里的地面也是需要分开输出的，这样可以更方便地进行合成。最后输出的场景的助手层信息和摄影机信息如图18-15所示。

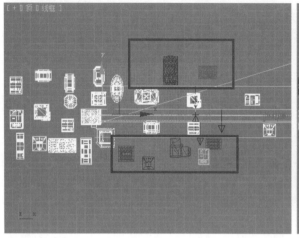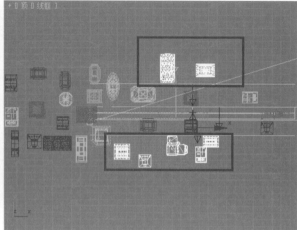

图18-15

## 18.3　车流与城市的合成

在该城市特效合成中，白天时的车流从远处看上去就是一辆辆快速驶过的汽车，基本上能看出汽车的轮廓；但夜景中的车流就完全没有汽车的轮廓了，只能看到一道道金色的白光在街道上流动。将夜景中的车流融入三维城市场景中的方法有很多种，这里介绍一个最简捷的方法，就是将三维中的助手层信息导入AE中，再用准备好的车流素材替换掉助手层，这样，便可得到夜景车流和城市场景结合的效果了，如图18-16所示。

图18-16

**STEP 01** 在AE中将车流城市的序列文件导入时间线窗口中，如图18-17所示。

图18-17

**STEP 02** 此时，可以发现城市有点偏暗了，因此，需要对亮度进行调整。给城市添加一个Levels【色阶】效果器，再对RGB的Input White【输入白色】值进行设置并对其Blue【蓝色】通道进行设置，如图18-18所示。

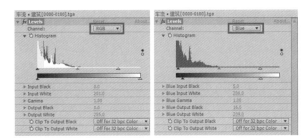

图18-18

**STEP 03** 此时，可以看到画面的颜色变成暗蓝色了，并且带有一点暗黄的色调，整体上有一种沐浴在月光下的色调感，如图18-19所示。

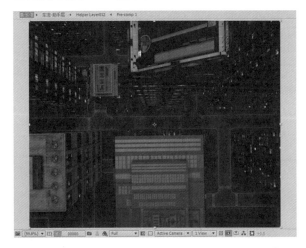

图18-19

**STEP 04** 在File【文件】菜单的Scripts【脚本】下选择BILF_Import.jsx脚本命令，再在打开的BLI File Import Tool【BLI文件导入工具】面板中导入从三维中输出的"车流.bli"文件和"科技元素.bli"文件，如图18-20所示。

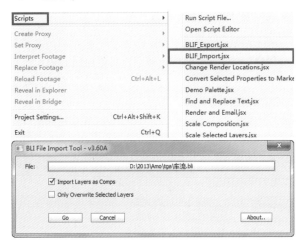

图18-20

**STEP 05** 将一个车流助手层的合成层导入合成窗口中。此时，助手层就完全被放在城市的顶部了，如图18-21所示。

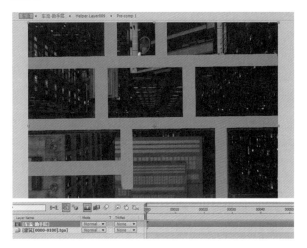

图18-21

**STEP 06** 将合成窗口中的助手层替换为车流。打开车流助手层合成层，此时，可以看到该合成层中有12个助手层、一个摄像机及一盏关闭了灯光层的灯光，如图18-22所示。

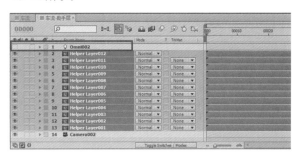

图18-22

**STEP 07** 下面，用车流素材一层一层地替换掉所有的助手层。将车流素材导入其中的一个助手层中，由于车流素材不够宽，因此，这里需要将其复制一层。这样，一个简单的车流素材便替换好了，如图18-23所示。

**STEP 08** 用同样的方法替换掉12层助手层。此时，由于车流素材的边缘比较生硬，因此，这里要给助手层绘制一个Mask【遮罩】，再对助手层的边缘进行虚化处理，如图18-24所示。

**STEP 09** 回到总合成窗口中，可以看到车流素材已经制作好了，但此时的车流并未能很好地与城市结合，也就是说，此时的车流并未能准确地穿插到城市的街道之中，如图18-25所示。

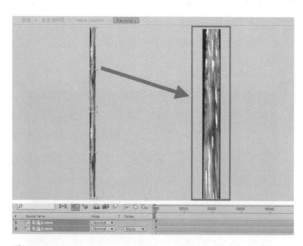

图18-23

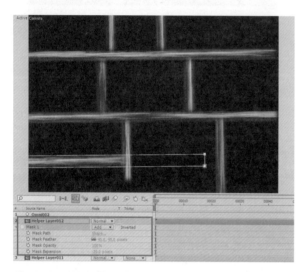

图18-24

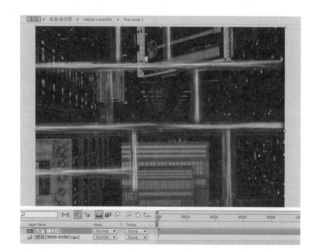

图18-25

**STEP 10** 将"建筑-通道"序列文件导入时间线的车流层上并单独输出建筑文件（不包括地面）。将车流层

的轨道蒙版设为Alpha Inversion【通道反转蒙版】模式。此时，车流中被建筑遮挡住的部分就不见了，如图18-26所示。

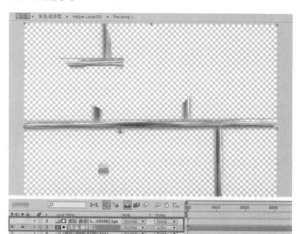

图18-26

**STEP 11** 将城市层显示出来。此时，合成窗口中的车流已很好地穿插在建筑中了，如图18-27所示。

图18-27

**STEP 12** 对车流层进行处理，让其更自然地融入街道中。先给合成层添加一个Levels【色阶】效果，将画面的整体亮度降低一点；然后，添加一个Tritone【三色调】效果器，把Blend With Original【和原图像混合程度】的值设为60%；再添加一个Glow【辉光】特效，将发光的颜色设为从黄色到蓝色的渐变效果；最后，将发光的半径值设为73，如图18-28所示。

**STEP 13** 此时，车流便很好地融入到城市的街道中了，如图18-29所示。

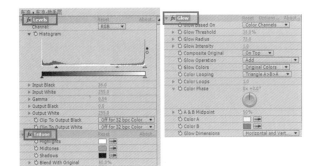

给该固态层添加一个4-Color Gradient【4色渐变】特效，让画面的色彩变得更丰富，4个颜色的设置如图18-30所示。

图18-28

图18-30

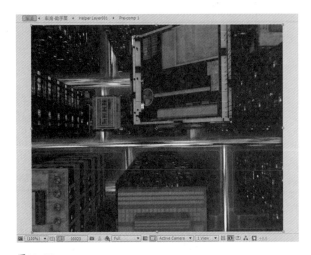

图18-29

**STEP 14** 调整画面的整体色调。新建一个固态层，再

**STEP 15** 最终的车流城市效果如图18-31所示。

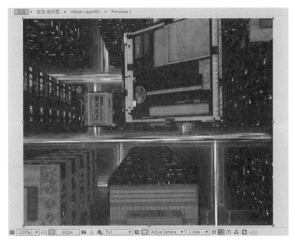

图18-31

# 18.4 科技元素与城市的合成

　　该城市特效合成中的科技元素的合成同样要用到三维中的助手层信息，科技元素的三维空间感比车流更强，因为它不是局限在一个平面内，而是存在于城市中的任何一个角落，所以，科技元素的制作要比车流元素的制作更复杂。该合成动画要准备的元素就是科技元素，除了要准备一些信息数字的变化、光线的流动以外，还要准备一些可以与视频画面相结合的、具有科技感的信息框之类的元素。科技元素与城市场景的合成效果如图18-32所示。

图18-32

**STEP 01** 将输出的城市建筑序列和地面序列文件导入到时间线上，其中的建筑序列包括内侧建筑序列和外侧建筑序列，如图18-33所示。

图18-33

**STEP 02** 输出后的3个序列文件如图18-34所示。

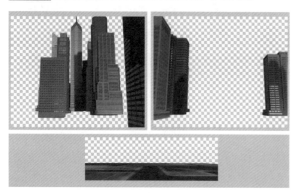

图18-34

**STEP 03** 对建筑层进行处理。先调整建筑层的色调，给建筑层添加一个Color Balance【色彩平衡】效果，降低色彩中黄色部分的颜色深度；然后，添加一个Curves【曲线】效果，调整画面的对比度；再添加一个Tritone【三色调】效果，降低和原图像的混合程度，也就是让画面变得更灰，如图18-35所示。

**STEP 04** 从第0帧到第50帧给建筑的Curves【曲线】效果和Blend With Original【和原图像的混合程度】特效设置一个动画。在第0帧位置处将三色调的混合效果设为0，即让画面呈全灰度效果，如图18-36所示。

**STEP 05** 从建筑在第0帧位置处的效果可以看出，此时的画面不仅亮度非常低，而且，饱和度也是最低的。建筑变黑后，画面就变得漆黑一片了，整个建筑的轮廓也

都看不到了，如图18-37所示。

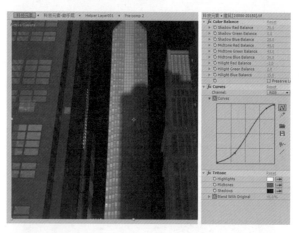

图18-35

图18-36

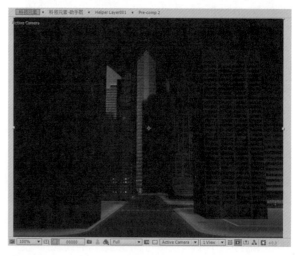

图18-37

**STEP 06** 给城市的背景添加一张天空图片。由于城市场景是有一个摄像机动画的，因此，也要给天空图片设置一个跟随摄像机视角变化的动画。打开天空层的三维开关，得到的效果如图18-38所示。

**STEP 07** 从第0帧到第45帧给天空图片制作一个缓缓放大的、由上而下的位移动画。天空图片的三维空间动画效果如图18-39所示。

图18-38

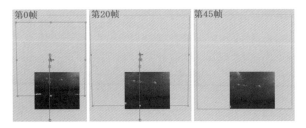

图18-39

**STEP 08** 在第100帧位置处给天空图片设置一个缓缓翻转的动画；再在第150帧位置处，给天空图片设置一个快速翻转和向下的位移动画。从图中可以清晰地看到天空层的动画轨迹，如图18-40所示。

图18-40

**STEP 09** 给建筑制作一个天空的反射效果。先将天空层复制一层，再将复制所得的新天空层作为天空反射层并将其放在时间线的最上层。将建筑层也复制一层，把复制后的新建筑层放在天空层的上面，再将天空层的轨道蒙版设为Alpha【通道】模式并把图层模式设为Classic Color Dodge【典型颜色减淡】，最后，将天空反射层的透明度设置为90，如图18-41所示。

**STEP 10** 此时，天空就被淡淡地反射到建筑的表面了，如图18-42所示。

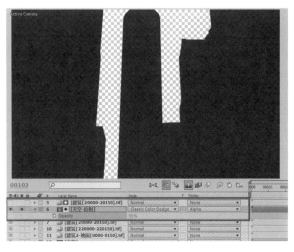

图18-41

**STEP 11** 将背景天空层显示出来。此时，城市的场景就显示得更加逼真了，如图18-43所示。

图18-42

**STEP 12** 添加科技元素到合成窗口中。将科技元素助手层导入到时间线上，再将图层模式设为Add【叠加】模式，使科技元素叠入到场景中，如图18-44所示。

**STEP 13** 将助手层替换为科技元素。进入科技元素的其中一个Helper Layer【助手层】中，将制作效果不好的运动线条和闪烁的数字流导入助手层并关闭原来的助手层固态层的显示开关。将数字流层的图层模式设为Add【叠加】模式，让其跌入运动的线条中；将数字流层的Opacity【透明度】设为58，如图18-45所示。

**STEP 14** 回到空间元素合成层中，从第0帧到第15帧给Helper Layer001【助手层001】（即替换好的科技元素层）设置一个从合成窗口外扩散飞入合成窗口中的动画。这样，第一个助手层就替换完成了，如图18-46所示。

图18-43

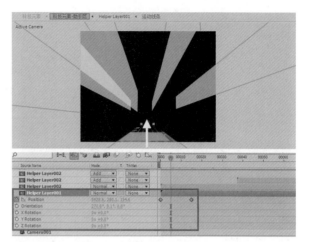

图18-46

STEP 15 此时，从第二个Helper Layer【助手层】的科技元素层中看出，合成窗口依然是由数字流和运动线条构成的，如图18-47所示。

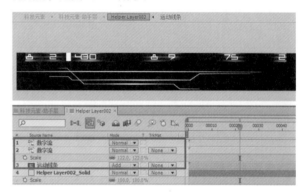

图18-47

图18-44

STEP 16 用同样的方法替换其他所有的助手层。这里将最上面一个助手层的图层模式设为Add【叠加】模式，是因为助手层中的科技元素都是带有黑底的图层，如果两个助手层重叠了，那么，上面一层助手层便会把下面一层的助手层遮挡住，如图18-48所示。

STEP 17 将其中的几个科技元素复制几份并错开它们的出现时间。这部分元素是放在仰视角镜头部分的，当镜头呈仰视角后，前面的科技元素将不可见，如图18-49所示。

STEP 18 平视角和仰视角的科技元素效果如图18-50所示。

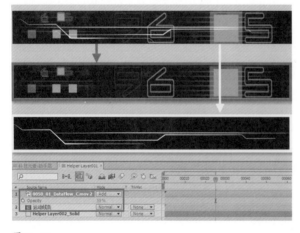

图18-45

STEP 19 在合成窗口中添加科技元素助手层，让它们穿插在建筑中。该科技元素助手层是在三维中单独输出的，位于建筑层的后面，因此，这里要将该助手层放在内部建筑层和外侧建筑层之间，并且，将图层模式改为Add【叠加】模式，如图18-51所示。

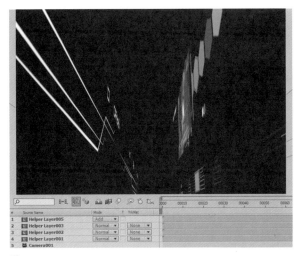

图18-48

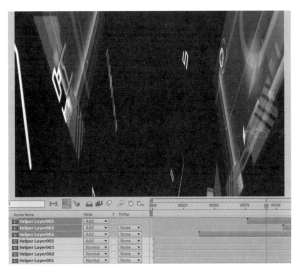

图18-49

图18-50

**STEP 20** 将第二个科技元素助手层复制一层并增加其亮度。最终得到的科技元素穿插在建筑中的效果如图18-52所示。

**STEP 21** 制作建筑旁边的复制科技元素。新建一个科技元素助手层的预合成，将第一个科技元素助手层中的Helper Layer001【助手层001】和摄像机复制过来，

如图18-53所示。

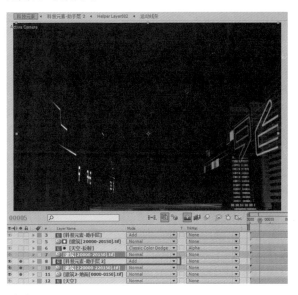

图18-51

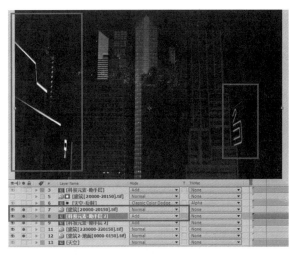

图18-52

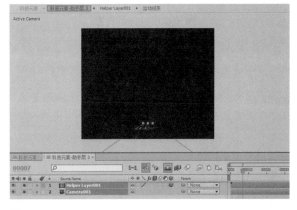

图18-53

**STEP 22** 在合成窗口中将助手层设置成垂直效果并降低图层的透明度。这里将助手层复制一个并将复制所得的助手层替换为新的科技元素，如图18-54所示。

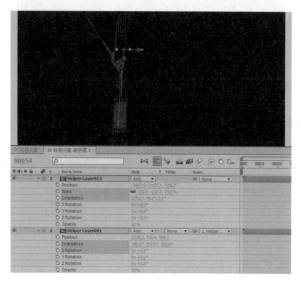

图18-54

**STEP 23** 回到科技元素总合成层，将科技元素助手层3的图层模式设为Add【叠加】模式，得到的效果如图18-55所示。

图18-55

**STEP 34** 制作一个科技光效。复制科技元素助手层3后，得到科技元素助手层4，给科技元素助手层4替换元素。如果直接在时间线上的科技元素助手层4后替换内容，则会影响到原助手层的内容，因此，要在项目窗口中将科技元素助手层3复制一个，再把复制所得的科技元素助手层4拖入时间线中，这样，在替换该层的内容时，就不会影响到科技元素助手层3中的内容了，如图18-56所示。

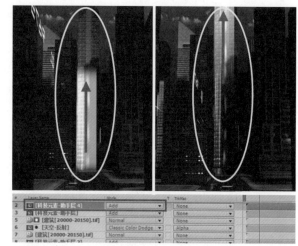

图18-56

**STEP 25** 此时，合成窗口中的科技光效元素是由数字流、运动线条和一个有Mask【遮罩】虚化效果的白色条所组成的，如图18-57所示。

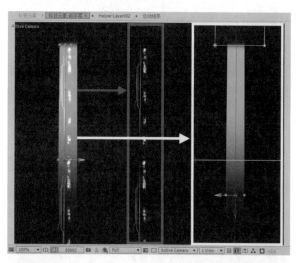

图18-57

**STEP 26** 给科技光效层中的科技元素设置一个由下而上的位移动画，如图18-58所示。

图18-58

**STEP 27** 给科技光效背后的建筑制作一个科技光效飞过建筑时的闪白效果。将建筑层复制一层并给其中的一个建筑绘制一个矩形Mask【遮罩】。给该建筑添加一个Curves【曲线】效果，将建筑的亮度调到最大；然后，更改建筑的图层模式为Add【叠加】模式；再给它设置一个透明度的动画。这样，当科技光效从建筑上飞过时，该建筑就会有一个淡入、淡出的动画效果了，如图18-59所示。

图18-61

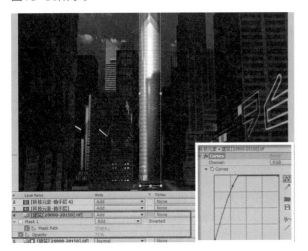

图18-59

STEP 28 调整画面的整体色调。新建一个调节层，给该调节层添加一个4-Color Gradient【4色渐变】特效，再将图层模式改为Color Dodge【颜色减淡】模式，如图18-60所示。

图18-60

图18-62

STEP 29 此时的画面效果如图18-61所示。

STEP 30 最后，从第0帧到第5帧，把背景天空层的三色调特效设置中的混合程度设置为0~100，如图18-62所示。

STEP 31 此时，科技元素与城市场景的合成便已制作完成。最终的城市特效合成效果如图18-63所示。

图18-63

# 第**19**章 | 照片的转接技法

**本章内容**
- ◆ 第一组照片的转接特效——由整体到局部
- ◆ 第二组照片的转接特效——由局部到整体再到局部
- ◆ 处理色调

## 19.1 项目创作分析

　　如今，用图片来制作动画已经成为电视包装中最常用的一种表现形式了，这种表现形式大多是用推、拉、摇、移、叠化等简单的处理手法来进行制作的，最终得到的效果一般都是图片的直白展示。《纪录中国》片头的制作同样应用了图片的表现形式，但它的表现手法更加丰富。该片头动画由许多照片组成，先通过摄像机的推拉运动来完成不同照片组之间的转换，然后，将摄像机移到定版画面所在的照片上，接着，摄像机镜头继续向前推进，直到定版画面中的人物移出到镜头之外，最后，出现定版标题字，如图19-1所示。

图19-1

　　在该片头中，所有镜头都衔接得非常自然，这要归功于两组复杂照片的转接动画。其中第一组照片的衔接是由整体到局部的转接动画。这里连续两次用到了整体到局部的转场技法，即将大场景推入局部的照片后，镜头继续推入照片中的一张局部照片中。实际上，在整个照片的转接过程中，已经巧妙地将3组镜头衔接起来了。第二组照片的衔接是由局部到整体、再到局部的转接动画，这一组转接动画的制作原理和第一组很相似，但表现手法有所不同。用转接动画将所有的镜头衔接起来后，要对镜头的色调进行处理，使前、后镜头的色调更加和谐、自然。两组转接动画的效果如图19-2所示。

图19-2

# 19.2 第一组照片的转接特效——由整体到局部

图19-3所示的转接动画是若干个相框从远处飞过来，镜头推向其中的一个相框；当相框慢慢放大到充满屏幕后将停止运动；镜头继续缓缓向前推进，与此同时，之前被放大的相框内部的照片自然地飞落下来；镜头继续推进到另一张照片，开始下一组镜头的动画。这里连续两次使用了从整体到局部的转场技法，而且，两次的衔接都非常流畅、自然，如图19-3所示。

图19-3

STEP 01 在三维场景中设置好照片的推进动画后，将这些助手层导出。选中其中一个助手层后，单击助手层修改器面板下的Export Scene【导出场景】按钮，如图19-4所示。

STEP 02 在弹出的MAX2AE场景导出设置窗口中设置文件的导出路径；将Camera【摄像机】设置为Camera001并勾选AE Helper Layers【AE助手层】选项和Lights【灯光】选项，如图19-5所示。

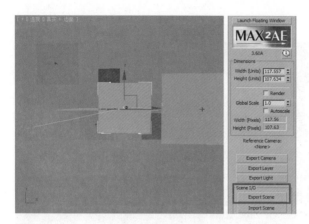

图19-4

图19-6

图19-7

**注意：** 相框助手层内一定要有摄像机，否则，不能获得正确的空间关系。

**STEP 05** 让动画自然地过渡到其中的一个相框。将其中一个相框摆放在视觉的中心位置，将相框的尺寸调整为720×576，也就是将相框的尺寸大小设置成与合成窗口的大小相同；对相框进行动画设置。仅靠摄像机将相框放大到刚好充满合成窗口的话，会影响摄像机的动画，而在保留摄像机自身动画的前提下，配合调整相框的位移动画则可以使整个转接动画更加流畅，如图19-8所示。

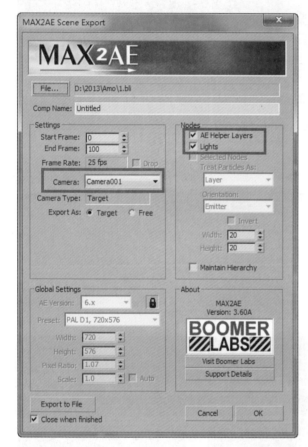

图19-5

**STEP 03** 将相框助手层和摄像机导入到AE中，再将相框层复制一层，将复制所得的层命名为云层，如图19-6所示。

**STEP 04** 将相框层复制若干个，再用相框助手层内的空间关系对相框助手层进行重新排列。把所有的相框层都替换为云朵图片并创建一个摄像机Camera 2，如图19-7所示。

图19-8

**STEP 06** 按下键盘上的Alt+Ctrl+P组合键，开启相框文件内的变速关键帧，将图层往后移并将第一帧往前无限延长。这样，只要将图层的第一个变速关键帧移到所需的时间点后，就可以设置第一帧的静止画面了。此时，相框被放大到刚好充满屏幕后，相框内的画面便开始动起来了，如图19-9所示。

图19-9

**注意：** 这里是通过移动图层来使关键帧对齐到指定的时间点，而不是通过移动关键帧。

**STEP 07** 在运动穿梭的过程中，转场相框内的画面是由第二个场景变速后将第1帧静止延长得来的。当相框移向镜头并慢慢放大到满屏后，相框内的画面便动起来了，此时，画面中就出现了第二个场景的整个动画了，如图19-10所示。

图19-10

**注意：** 此时，第二个场景的动画并不是直接从第0帧开始的，它是由一张照片飞落到镜头中心后，镜头缓缓推进到照片中所得来的。在镜头推进的过程中，照片的色调由原来的彩色变成了怀旧的黄色，因此，第二个场景的动画不仅有一个元素运动的转场过程，还有一个色调转换的过程。转换色调的目的是将人的思绪带到当时的情境中，使人产生回忆。这种多个要素的转换，能使画面的衔接更加自然，使镜头的转换更加流畅。

**STEP 08** 至此，第一组照片的转接特效便已制作完成，效果如图19-11所示。

图19-11

# 19.3　第二组照片的转接特效——由局部到整体再到局部

第二组照片的转接动画演示的是摄像机在一组照片中穿梭，即摄像机不断地往后拉，然后，场景定格在一个相框中；摄像机继续缓缓向后拉，当出现相框所在的房间和人物后，场景定格在一个相框中；摄像机继续保持向后拉的动画，直到出现一组相框后，摄像机开始向右平移至另一个相框，同时，摄像机镜头推进到相框内的画面。整个转接动画一气呵成、流畅、自然，最后展示的场景是一组相框，其中每一个相框的内容都是局部的画面，如图19-12所示。

图19-12

下面，对这组照片的转接动画的制作技巧进行讲解。该转接动画中的镜头动画都是用三维中的助手层来制作的，但这不是转接动画的重点，重点是在后期制作中合成和衔接这些动画。

STEP 01 下面，开始制作转接动画的前面一段动画，该动画演示的是房间内的相框被拉出后，放大成大的场景画面。在相框助手层中添加一个人物相片，如图19-13所示。

图19-13

STEP 02 在相片中人物的背后添加一张房间的图片，再在房间的墙壁上添加一个镂空的相框，该相框用于放置前一个镜头的合成层。让房间与人物之间保持一定的前后距离，这样，当摄像机拉出相框后，就可使人感受到空间的存在了，如图19-14所示。

STEP 03 将前一个镜头的合成层放到墙壁上的相框内，将一张有视觉空间感的图片放在合成层与相框的中间，以增强整个动画的透视空间感，如图19-15所示。

图19-14

图19-15

STEP 04 第二组照片转接特效中的由局部到整体的前面一段转接动画如图19-16所示。

图19-16

**STEP 05** 摄像机从相框拉出来后，会出现若干个相框的场景。实际上，这是将两部分的内容拼到一起制作而成的，如图19-17所示。

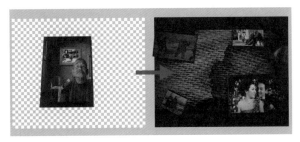

图19-17

**STEP 06** 为了让两个拼到一起的内容之间的过渡动画更加流畅和自然，要把转接动画的相框放在场景中并给其设置一个位移动画，以使其跟随场景移动，如图19-18所示。

图19-18

**STEP 07** 摄像机从转接相框中拉出来后，开始向右移动，直到下一个转接相框出现，摄像机才缓缓地推进去，如图19-19所示。

图19-19

**STEP 08** 第二个转接相框也是用不同内容拼合而成的，该相框的内容是下一个镜头（即落版镜头）的合成层。可以在时间线上看到，当摄像机缓缓平移到大概第260帧位置时，转场相框3图层便出现了，如图19-20所示。

图19-20

**STEP 09** 观察落版镜头的摄像机推进动画后发现，落版镜头中的几个前景人物是分开的，而且，是由具有前后距离的两个图层组成的。当摄像机从左向右缓缓移动时，可以看到人物的透视变化，这样，整个摄像机的推进动画就变得更加逼真自然了，如图19-21所示。

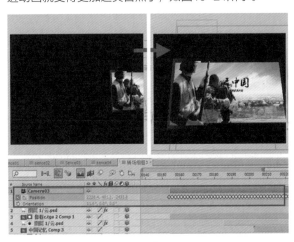

图19-21

**STEP 10** 当摄像机完全推进到落版画面中后，人物刚好移出画面，如图19-22所示。

图19-22

# 19.4　色调的处理

完成照片的衔接动画后，会发现很多图片素材的色调都不统一，下面，对其进行调色。由于该片头有一个明确的主题，因此，这里要根据主题的定位来对画面的色调进行相应处理。一般是在总合成窗口中处理画面的色调，如图19-23所示。

图19-23

**STEP 01** 其中一个色调比较凌乱的画面如图19-24所示。

**STEP 02** 对画面进行处理。新建一个调节层，给其添加一个Looks【调色】特效，如图19-25所示。

**STEP 03** 因为该片头是由多个普通的场景构成的，而且，每个不同的场景都有着不同的意义，所以，画面的色调处理需要一定的技巧，操作要灵活。在保证基本色调不变的前提下，可以根据不同的场景来转换色调，为了让不同的场景的转场动画更加自然，这里需要给色调调节层设置一个淡入、淡出的动画，如图19-26所示。

图19-24

图19-25

图19-26

**STEP 04** 至此，整个动画的转接技法就介绍完毕了，最终的转接特效的分镜头如图19-27所示。

图19-27

第**20**章 | 合成穿梭的流光特效

**本章内容**
◆ 三维流光特效的制作
◆ OBJ文件的导出
◆ 流光网格特效的合成

## 20.1　项目创作分析

图20-1所示为"好人之星"颁奖晚会的片头包装设计，晚会的主旨是"弘扬好人精神，创建文明城市"。这个包装设计中运用了几条绚丽夺目的光线，整个动画的演示是让光线穿梭于整个动画，伴随着光线的穿梭，场景中的人物照片逐个被照亮；然后，在光线的环绕下，引出晚会的奖杯；最终，主题文字定版于画面的中心。

图20-1

本章将重点介绍动画中的绚丽光线的制作。在该包装设计中，光线是最为突出的，也是最难表现的视觉元素。该光线运用两种软件制作而成，先在3ds Max中制作出主光线元素，再在After Effects中制作环绕在主光线周围的网格元素。将这两种软件结合使用，可使光线变得非常灵动、有生机，更具现代科技感，如图20-2所示。

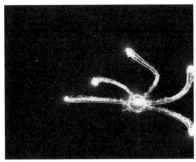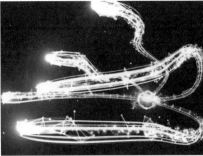

图20-2

# 20.2 三维流光特效的制作

制作流光特效时，先要在3ds Max中制作主光线元素，包括主光线元素的穿梭动画和镜头动画，此外，还要制作出流光网格部分的三维模型，该三维模型就是主光线没被赋予材质的模型部分，也就是说，主光线元素和网格部分是用同一个三维模型制作而成的。

**STEP 01** 在场景中创建一个曲线路径和一个圆柱体，给圆柱体做一个圆滑处理，让圆柱体的顶部与其侧面有一个平滑的过渡效果，如图20-3所示。

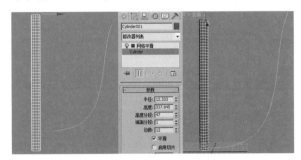

图20-3

**STEP 02** 在修改器列表中给圆柱体添加一个路径变形绑定修改器，使圆柱体沿曲线路径运动，如图20-4所示。

**STEP 03** 给圆柱体设置一个沿路径运动的动画。将第0帧到第10帧的路径变形的百分比值设为-105~-100；将第30帧位置处的百分比值设为-81；将第100帧位置处的百分比值设为0，如图20-5所示。

**STEP 04** 给圆柱体设置一个光线材质。在材质编辑器中给材质球的漫反射颜色和不透明度添加一个光线的贴图，贴图的设置如图20-6所示。

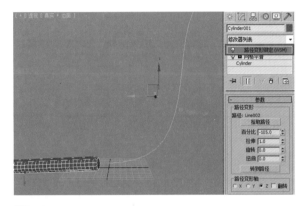

图20-4

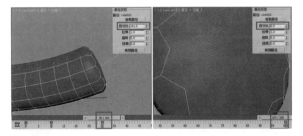

图20-5

**STEP 05** 在修改器列表中给圆柱体添加一个UVW贴图修改器，然后，在参数面板中将贴图方式设置为柱形并勾选封口选项；再给圆柱体添加一个Noise【噪波】修改器，使圆柱体在x轴、y轴和z轴上产生噪波效果。勾选动画栏中的动画噪波选项并将频率值设为0.02，让噪波有一个微弱的动画，如图20-7所示。

**STEP 06** 至此，简单的三维光效便已制作完成，渲染一帧后得到的效果如图20-8所示。

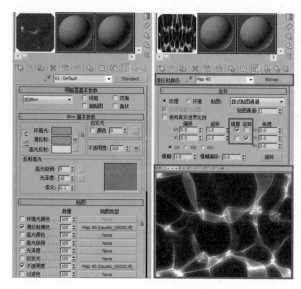

图20-6

图20-7

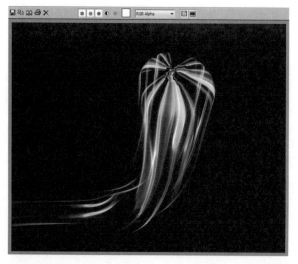

图20-8

STEP 07 制作光线辅助元素（即网格元素），使其在光线周围运动。在视图中创建一个网格元素模型，再勾选其修改器面板的渲染栏下的在渲染中启用选项并在视口

中启用选项，使路径以网格形式出现在视图中并可被渲染出来。将路径的径向厚度设置约为20，边的数值设为6，不让网格对象有过多的网格，如图20-9所示。

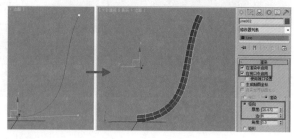

图20-9

STEP 08 用鼠标右键单击修改器列表中的Line【线】，再在弹出的菜单中选择可编辑多边形，将线转换为多边形对象，如图20-10所示。

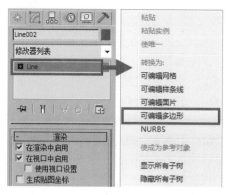

图20-10

STEP 09 给网格对象设置一个生长动画，在修改器列表中给网格对象添加一个切片修改器，如图20-11所示。

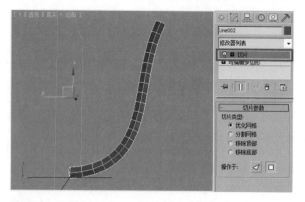

图20-11

STEP 10 激活切片修改器的切片平面模式并点选切片参数栏中的移除顶部选项。这样，视图中切片平面右边的网格对象便被移除了，如图20-12所示。

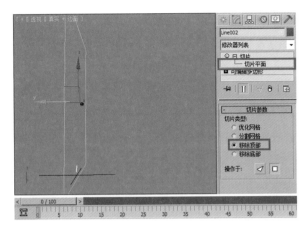

图20-12

**STEP 11** 激活关键帧的记录模式。在第50帧位置处，将切片平面逆时针旋转60°，大概只露出一半的网格对象，这样，一个简单的生长动画就制作完成了，如图20-13所示。

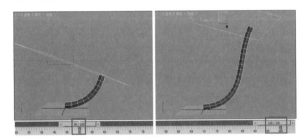

图20-13

**STEP 12** 给场景制作一个镜头动画。在视图中创建一个摄影机并在第10帧位置给摄像机创建一个关键帧，记录下摄影机的状态，摄影机的视角如图20-14所示。

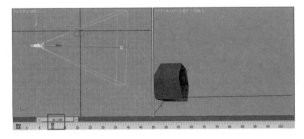

图20-14

**STEP 13** 在第30帧位置处，将摄影机稍稍向右平移，如图20-15所示。

**STEP 14** 在第60帧位置处，将摄影机往上移至网格对象的顶部，使摄影机呈俯视角状态，如图20-16所示。

**STEP 15** 在第80帧位置处，继续将摄影机往上拉并始终将网格对象的顶面作为视觉中心，如图20-17所示。

**STEP 16** 在第90帧位置处，快速将摄影机推向网格对象

的对面，这样，摄影机的镜头动画便制作完成了，如图20-18所示。

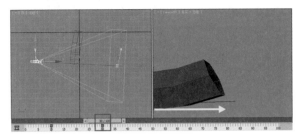

图20-15

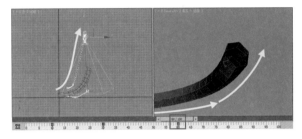

图20-16

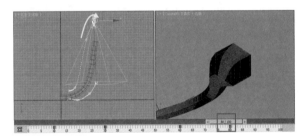

图20-17

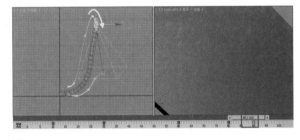

图20-18

**STEP 17** 输出场景元素，这里用MAX2AE助手层对场景元素进行输出。在创建面板的下拉列表中选择MAX2AE，再在对象列表中选择Helper Layer【助手层】，在场景中创建一个助手层平面，如图20-19所示。

**STEP 18** 单击助手层的修改器面板中的Scene I/O【场景导入/导出】栏中的Export Scene【输出场景】按钮，如图20-20所示。

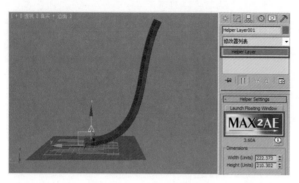

图20-19

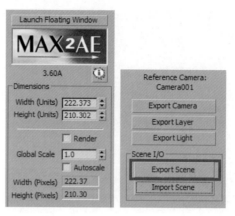

图20-20

STEP 19 在弹出的MAX2AE Scene Export【场景输出】面板中设置好输出文件的路径及输出后导入到AE中的Comp名称，再将Frame Rate【帧速率】设置为25fps并单击Export to File【输出到文件】按钮，如图20-21所示。

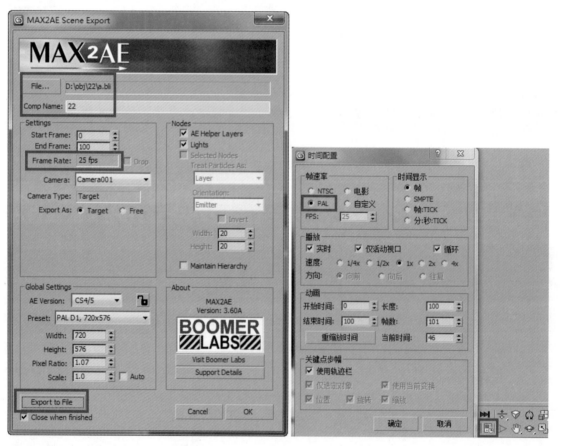

图20-21

**注意：** MAX2AE工具只能导出场景中的助手层、灯光和摄影机对象，而场景中的网格对象是不能被导出的。在输出场景元素前，要将场景的帧速率设置为25fps，这里只需点选时间配置面板中的帧速率栏下的PAL项即可。因为在AE中，时间帧速率应用的是25帧。

# 20.3 导出OBJ文件

虽然流光网格部分和主光线元素是用同一个三维模型制作而成的，但流光网格特效的制作是在AE中完成的，因此，需要将主光线元素的三维模型导出为一个OBJ格式的文件，而且，这个OBJ格式的模型文件必须具有主光线元素的穿梭动画和摄像机动画，也就是说，这个OBJ格式的文件必须是一个动画序列文件。因为3ds Max内置的导出设置是不能导出OBJ序列文件的，所以，这里需要用一个Obj Sequence Export脚本来完成这一步。

**STEP 01** 将场景中的网格对象导出为OBJ文件，OBJ文件是要被导入AE中并进行后期处理的。在导出面板的保存类型中选择OBJ-Exporter格式，如图20-22所示。

图20-22

**STEP 02** 因为OBJ格式只能保存场景中的元素，而不能保存元素的动画，所以，为了能在导出OBJ格式的同时导出元素的动画，这里要用Obj Sequence Export【obj序列导出】脚本来解决这个问题。该脚本可以将场景中的元素一帧一帧地导出来，并且，把所有帧串连到一起，形成一个obj动画序列。在MAX Script菜单中运行该脚本后，在弹出的脚本面板中设置好导出文件的路径和导出的时间范围，单击Export【导出】按钮，如图20-23所示。

图20-23

**STEP 03** 此时，可在弹出的导出计算窗口中看到当前导出对象的统计信息，如图20-24所示。

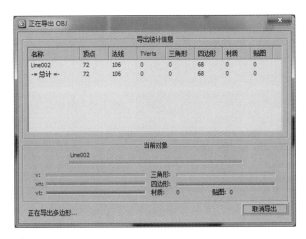

图20-24

制作完三维部分的元素后，要将这些元素导入AE中并进行合成处理，这里主要是用三维中的Plexus【网格】特效滤镜将三维导出的OBJ文件转换为网格效果。

**STEP 04** 先新建一个合成层窗口，然后，新建一个固态层，并在Effects【效果】菜单中选择Plexus【网格】滤镜。此时，Effects Controls【效果控制】面板中出现了一个Plexus Toolkit【网格工具包】和一个Plexus【网格】滤镜，如图20-25所示。

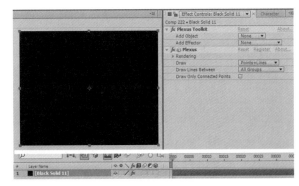

图20-25

**STEP 05** 选择Plexus Toolkit【网格工具包】的Add Object【添加对象】下拉列表中的OBJ。此时，效果控制面板中的网格工具包下面会出现一个Plexus OBJ Object【网格OBJ对象】工具栏，如图20-26所示。

**STEP 06** 单击Plexus OBJ Object【网格OBJ对象】工具栏中的Import OBJ【导入OBJ】项，再在弹出的Open Object File【打开对象文件】对话框中导入之前

在AE中输出的OBJ序列，如图20-27所示。

图20-26

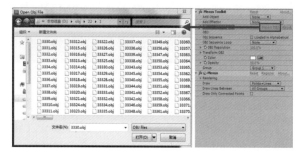

图20-27

STEP 07 修改文件名的序号。从三维中输出的OBJ序列文件的文件名的位数不同，所以，文件的排列出现混乱。这里手动将文件名为3330.obj、3331.obj、3332.obj……3339.obj的文件改成名为33300.obj、33301.obj、33302.obj……33309obj的文件，如图20-28所示。

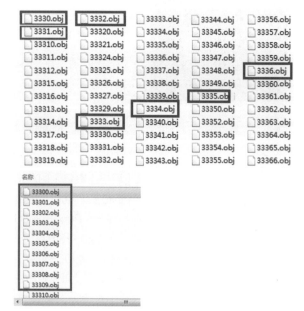

图20-28

STEP 08 由于此时的合成窗口中只显示了序列动画的第1帧，因此，将OBJ序列导入后，在合成窗口中看不到任何的序列动画，如图20-29所示。

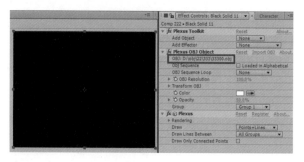

图20-29

STEP 09 让导入的OBJ序列动画在合成窗口中完整地显示出来。展开Plexus OBJ Object【网格OBJ对象】工具栏，勾选Obj Sequence【OBJ序列加载】选项，这样，OBJ序列动画便在合成窗口中完整地显示出来了，如图20-30所示。

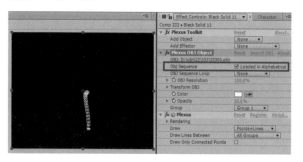

图20-30

STEP 10 在合成窗口中导入之前在AE中导出的助手层文件。由于助手层文件是Bli格式，因此，要到文件菜单的Scripts【脚本】中选择BLIF_Import.jsx脚本，如图20-31所示。

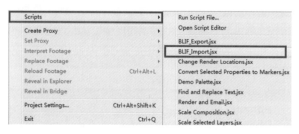

图20-31

STEP 11 在弹出的BLI File Import Tool【文件导入工具】面板中将从三维中导出的a.bli助手层文件添加进来。勾选Import Layers as Comps【作为合成层导入】选项，然后，单击GO【运行】按钮，如图20-32所示。

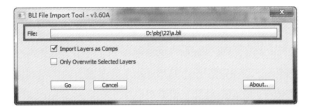

图20-32

图20-33

**STEP 12** 此时，助手层文件和摄像机就都被导入到合成窗口中来了。将它们放在一个Comp合成层中，如图20-33所示。

**注意：** 此时的摄像机是具有关键帧动画的。

## 20.4 流光网格特效的合成

流光网格是重叠在主光线元素上的辅助元素，它是用Plexus【网格】特效和OBJ动画序列来制作的，它可使整个流光的效果更加灵动、有生机，并且，更具现代科技感。

**STEP 01** 将前面制作的网格效果层粘贴到该合成窗口中，拖动时间滑块到时间线的第一帧位置，此时，合成窗口中的网格对象便出现在窗口的左下角位置了，这说明摄像机的动画是正确的，如图20-34所示。

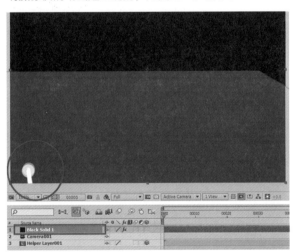

图20-34

**STEP 02** 拖动时间滑块，此时，网格对象向左移到了画面以外，这和三维中的网格对象的动画是不一致的，如图20-35所示。

**STEP 03** 调整Plexus【网格】的参数，让OBJ网格对象的动画恢复正常。在Plexus OBJ Object【网格OBJ对象】工具栏下展开Transform OBJ【OBJ变换】

项，该项主要用于设置OBJ在合成窗口中的位置、大小、旋转和透明度。这里将OBJ X Scale【x轴缩放】设为−100，将OBJ的朝向翻转过来，让网格对象的动画向右移动，如图20-36所示。

图20-35

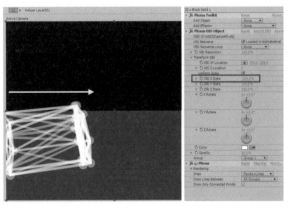

图20-36

**STEP 04** 为了更好地观察网格对象动画的准确性，可将三维中的网格对象输出为一个带通道的tga序列文件，并且，将其导出到合成窗口中来。此时，AE中的网格对象的动画并未与tga序列动画重叠，这说明此时Plexus【网格】参数不准确，如图20-37所示。

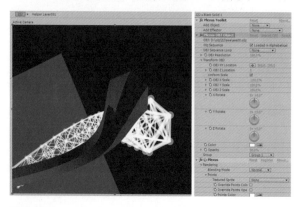

图20-37

STEP 05 取消勾选Uniform Scale【统一比例】选项，再分别将OBJ Y Scale【y轴缩放】和OBJ Z Scale【z轴缩放】的数值设置为-100。拖动时间滑块后，网格对象的动画就基本与tga序列的动画相吻合了，但动画的位置还是有点偏移，如图20-38所示。

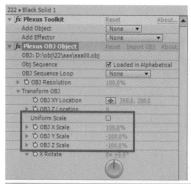

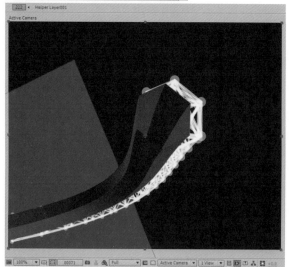

图20-38

STEP 06 在Plexus Toolkit【网格工具包】的Add Effector【添加效果器】下拉列表中选择Transform【变换】效果器，此时，效果器控制面板中将添加一个Plexus Transform【网格变换】效果器。对网格对象的偏移问题进行处理，将参数栏中的X Translate【x轴转换】值设为1，Z Translate【z轴转换】值设为4，如图20-39所示。

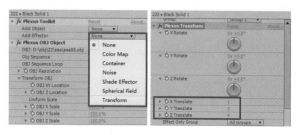

图20-39

STEP 07 拖动时间滑块后，可以看到网格对象的动画与tga序列动画已经完全吻合了，如图20-40所示。

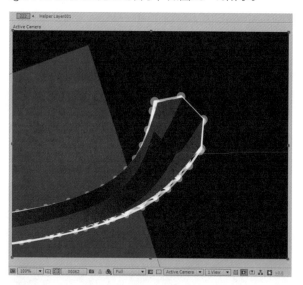

图20-40

STEP 08 下面，对网格对象的效果进行调整。将Plexus【网格】的参数设置中的Points Size【顶点大小】值设为0.5，将Line Thickness【线的粗细】设为0.3，这样，整个网格的线条效果便显得纤细了些，如图20-41所示。

STEP 09 给网格对象设置一个衰减效果。将Lines【线】参数栏下的Maximum Distance【最大距离】设为0，Fade-Out Distance【淡出距离】设为30，这样，网格对象就有一个从上而下透明淡出的效果了，如图20-42所示。

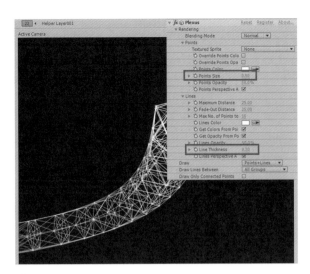

图20-41

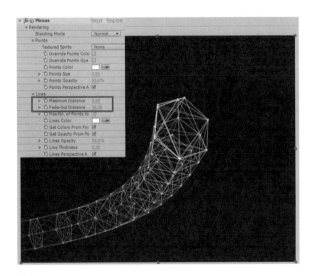

图20-42

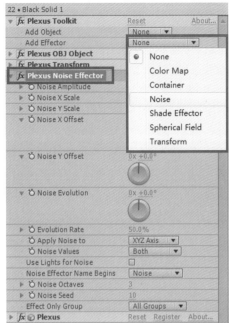

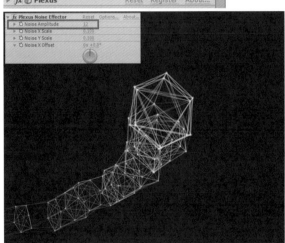

图20-43

**STEP 10** 让网格对象产生一个随机波动的噪乱效果。在 Plexus Toolkit【网格工具包】中给网格对象添加一个 Noise【噪波】效果器，此时，效果器控制面板中便多了一个Plexus Noise Effector【网格噪波效果器】。在噪波效果器参数栏下将Noise Amplitude【噪波振幅】设为12，该参数值可用于控制网格的噪乱幅度。得到的噪波效果如图20-43所示。

**STEP 11** 给噪乱的网格对象设置一个随机的位置偏移动画。将时间滑块移到第0帧位置，单击噪波效果器参数栏下的Noise X Offset【x轴噪波偏移】左端的时间码表，创建一个当前值的关键帧；再将时间滑块移到第90帧位置，如图20-44所示。

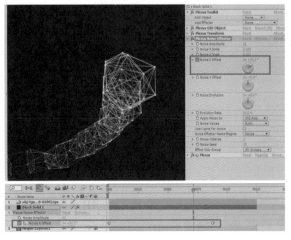

图20-44

**STEP 12** 给网格对象的最后部分的动画制作一个网格扩散的效果。在第90帧到第95帧位置处将Noise Amplitude【噪波振幅】的数值设置为12~500，使网格的噪波幅度快速加大，大到几乎扩散到合成窗口外面；再到第250帧位置处，将Noise Amplitude【噪波振幅】的数值加大到653，让网格继续缓缓扩散，如图20-45所示。

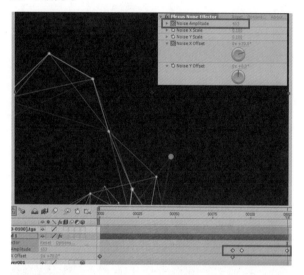

图20-45

**STEP 13** 此时，网格对象的网格还是比较密集的，在Plexus OBJ Object【网格OBJ对象】参数栏下将OBJ Resolution【OBJ分辨率】值降低到64%，使网格对象上的网格数量大大减少，如图20-46所示。

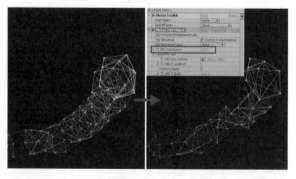

图20-46

**STEP 14** 至此，光线上的网格元素就制作完成了。导入之前在三维中制作好的光线元素，将其放在网格对象的下面，如图20-47所示。

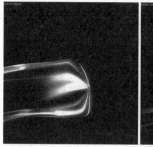

图20-47

**STEP 15** 给网格对象的头部绘制一个Mask【遮罩】并对遮罩边缘进行虚化处理，让网格有一种从光线的顶部延伸出来的感觉，使网格元素与光线更加融合。由于网格对象是运动的，因此，这里要给Mask【遮罩】做一个跟随动画，如图20-48所示。

图20-48

**STEP 16** 给光线的顶部添加一个辉光效果，让该辉光效果也跟随光线一起运动。最终的酷炫光线效果如图20-49所示。

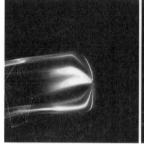

图20-49

# 第21章

## 酷炫光效星球的合成

**本章内容**
- ◆ 神秘星球的层次处理
- ◆ 缤纷的边缘光效的合成
- ◆ 绚丽的环绕光效的合成

## 21.1　项目创作分析

　　如今，星球已经成为电视包装中必不可少的元素了。制作星球元素的方法有很多，可以用三维贴图制作，也可以用后期的三维特效滤镜来制作。《长江新闻号》的栏目包装设计用到的星球元素不再追求真实的效果，它是介于虚化与真实之间的效果展现。该包装设计中的星球元素主要是用三维和后期的方法来制作的，其中的基本镂空星球模型是用三维制作出来的，而色彩和光效部分则是在后期中合成出来的，如图21-1所示。

图21-1

　　本章将重点对这种光效星球的制作进行详细的解析，在三维中制作光效星球并没有太大的难度，重点在于后期对色彩、光影的层次处理，以及对复杂光效的合成处理，色彩、光影和层次是合成中最难把握的地方。该光效星球的制作方法是：先在3ds Max中制作几个简单的星球模型和几个需要在后期中处理成光效的辅助模型；然后，在AE中对神秘星球进行层次处理；再用AE中的Plexus【网格】特效将从三维中导出的OBJ辅助模型处理成绚丽的光线效果，并且，让这些光效环绕在星球的周围，这样，便可以得到一个神秘、酷炫的光效星球效果了，如图21-2所示。

图21-2

## 21.2　神秘星球的层次处理

　　处理星球层次的第一步是在3ds Max中制作几个简单的星球模型和几个需要在后期中处理成光效的辅助模型。星球模型包括一个用贴图方法制作而成的实心贴图星球和一个由星球板块构成的镂空星球。为了使星球的层次更丰

第21章　酷炫光效星球的合成 | 279

富，要将这两个星球模型各输出一个亮调效果和一个暗调效果，再在AE中将这些星球模型进行组合，将其处理成一环套一环的层层包裹的效果。

STEP 01 在3ds Max中制作几个简单的模型并将这些模型导出为OBJ格式的文件，再将这些OBJ格式的文件导入AE中并进行合成处理，如图21-3所示。

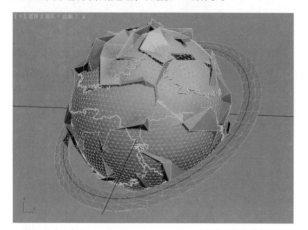

图21-3

STEP 02 这里的球体是用Geosphere【几何球体】模型制作的，它与Sphere【球体】模型的区别是网格形状的不同。几何球体模型的网格形状是三角形的，而球体模型的网格形状是四边形的，如图21-4所示。

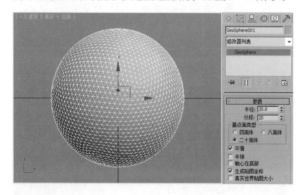

图21-4

STEP 03 图21-5所示的几个辅助模型都是用来处理星球的光效的。

STEP 04 星球主体部分的模型分为内部贴图星球模型和外部镂空星球模型，如图21-6所示。

STEP 05 将星球模型输出为带通道的序列文件。输出外部镂空星球的亮调效果和暗调效果；输出内部贴图星球的亮调效果和暗调效果；将其他辅助模型都输出成OBJ格式的文件，如图21-7所示。

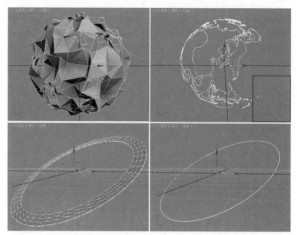

图21-5

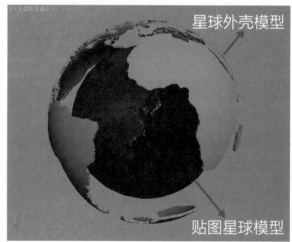

图21-6

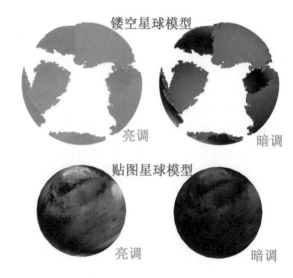

图21-7

**STEP 06** 合成窗口中新建一个星空背景预合成，该星空背景由星星图和带云彩的宇宙空间图组成，如图21-8所示。

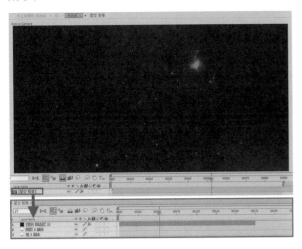

图21-8

**STEP 07** 原来的星空图片比较暗，这里给其添加一个Curves【曲线】滤镜，以提高星空的亮度；再给星空图片添加一个Color Balance【色彩平衡】效果器，将星空调成蓝色调，如图21-9所示。

**STEP 08** 在合成窗口中新建一个摄像机和一盏照明灯，并从第0帧到第85帧位置给摄像机设置一个缓缓向前推进的动画，如图21-10所示。

**STEP 09** 给星空设置一个景深效果，让其从中心到四周有一个从暗到亮的变化效果。将星空预合成复制一层，再在复制所得的星空合成的中心位置画一个圆形Mask【遮罩】并把遮罩羽化值设为300。给圆形遮罩添加一个Curves【曲线】滤镜，降低复制所得的星空合成层的亮度，得到的效果如图21-11所示。

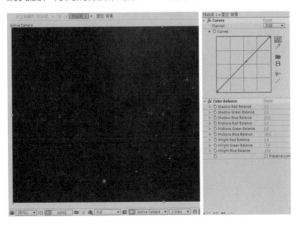

图21-9

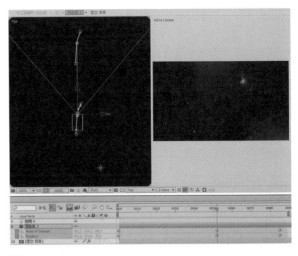

图21-10

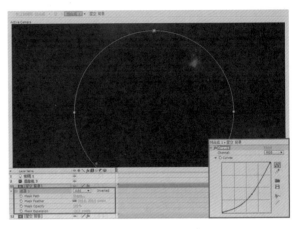

图21-11

**STEP 10** 新建一个外部星球合成层，将镂空星球和贴图星球两个星球模型导入该合成层中，如图21-12所示。

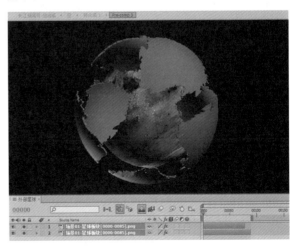

图21-12

**STEP 11** 对外部星球的层次进行处理。由于此时的外部星球是镂空的，可以看到星球的背面部分，因此，不能将贴图星球放在镂空星球的内部。将镂空星球的背面部分抠掉，让其看起来像是被外部星球包裹着的贴图星球。在镂空星球的镂空部分绘制一个Mask【遮罩】。由于之前的外部星球有一个细微的旋转动画，因此，要给Mask【遮罩】设置一个跟随镂空部分运动的动画，如图21-13所示。

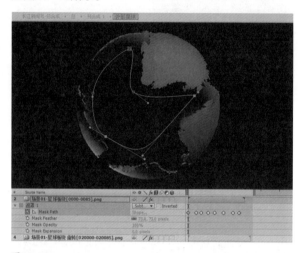

图21-13

**STEP 12** 给镂空星球的遮罩设置一个高光效果，让其显得更加立体。将镂空星球复制一层并在复制所得的新镂空星球上绘制两个圆形Mask【遮罩】，这两个圆形Mask【遮罩】一大一小、相互交叉。由于镂空星球有一个细微的动画，因此，这里要给Mask【遮罩】设置一个跟随动画并将图层模式设为Screen【屏幕】。此时，镂空星球就变得更有立体感了，如图21-14所示。

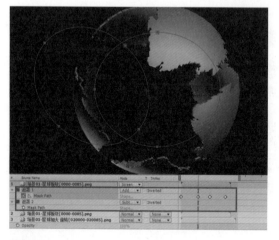

图21-14

**STEP 13** 调整内部星球的层次感。将贴图星球显示出来

并将其复制一层。将复制所得的贴图星球层的图层模式改为Multiply【正片叠底】模式，此时，贴图星球的效果依然比较灰、没有任何立体感，如图21-15所示。

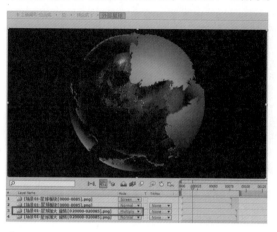

图21-15

**STEP 14** 将下面一层贴图星球层的亮度降低，以提高它上面的贴图星球局部的亮度，让贴图星球显得更立体、更有质感，如图21-16所示。

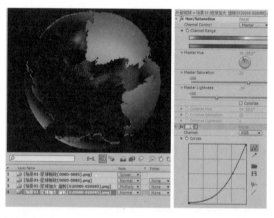

图21-16

**STEP 15** 新建一个内部星球预合成，将之前输出的亮调效果贴图星球序列导入。调整该预合成层的对比度，使星球表面的光点更亮、周围部分更暗，如图21-17所示。

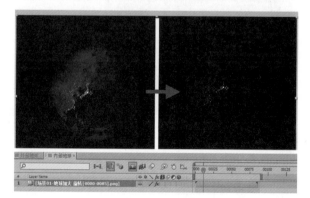

图21-17

**STEP 16** 给内部星球预合成添加一个Curves【曲线】滤镜，降低星球的整体亮度，只留下星球中心部分的光点。调整光点的亮度，让其偏黄色调，将光点作为星球表面的城市灯光效果，贴图星球层的效果设置如图21-18所示。

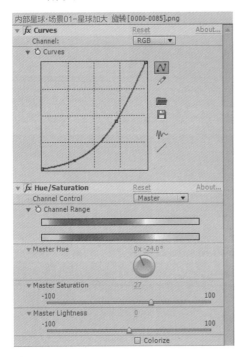

图21-18

**STEP 17** 将贴图星球层复制一层，让白亮的光点变得更加闪亮，但此时光点周围还是有点黑。复制外部星球预合成中的亮调效果贴图星球并将其粘贴到此处的合成层上，再在贴图星球上绘制一个Mask【遮罩】。由于星球有一个旋转动画，因此，这里要给Mask【遮罩】设置一个跟随动画，如图21-19所示。

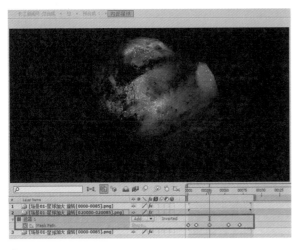

图21-19

**STEP 18** 将内部星球预合成放到总合成窗口中，再开启内部星球与外部星球合成层的图形转换栅格化开关。这样，两个预合成中的效果便被准确地显示出来了，如图21-20所示。

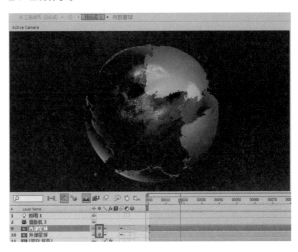

图21-20

**注意：** 在内部星球预合成窗口中的三个图层的图层模式必须设为Screen【屏幕】模式，否则在总和成窗口中，内部星球会遮挡住镂空星球。

**STEP 19** 添加一个中部星球层，把该星球层放于外部星球与内部星球之间，以丰富星球的层次感。新建一个中部星球预合成，导入之前在三维中输出的亮调效果镂空星球，调整该层的对比度及色相饱和度，如图21-21所示。

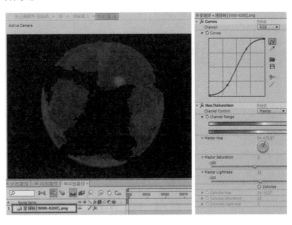

图21-21

**STEP 20** 由于这里只需要中部星球的边缘部分，因此，要让其边缘部分显示在外部星球与内部星球之间。因为中部星球的中心部分会遮挡住星球，所以，要把中心部分抠掉。给中部星球层绘制两个圆形Mask【遮罩】，让遮罩遮挡住中部星球的中心部分，再将一部分边缘也遮掉，使边缘部分产生虚实的变化，如图21-22所示。

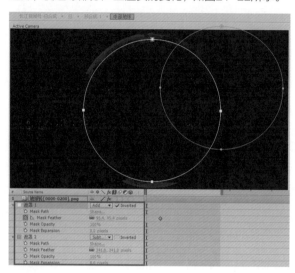

图21-22

**STEP 21** 给中部星球添加层次效果。在合成窗口中新建一个摄像机并打开中部星球层的三维开关。将星球的尺寸缩小为外部星球与内部星球之间的大小，如图21-23所示。

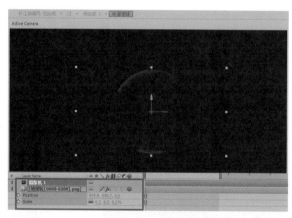

图21-23

**STEP 22** 将中部星球层复制几层，分别将复制所得的合成层旋转不同的角度并给这些合成层设置不同的大小。将最中间两层合成层的图层模式设为Add【叠加】模式，使这些图层更加融合，如图21-24所示。

**STEP 23** 中部星球预合成中的三个镂空星球的Mask【遮罩】效果如图21-25所示。

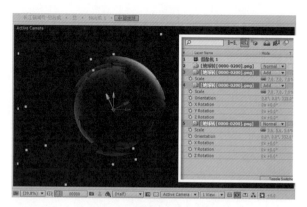

图21-24

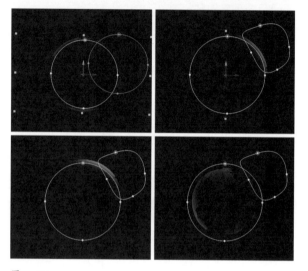

图21-25

**STEP 24** 将中部星球合成层也导入到总合成窗口中，开启它的图形转换开关。此时，星球模型已经有了非常丰富的层次效果，如图21-26所示。

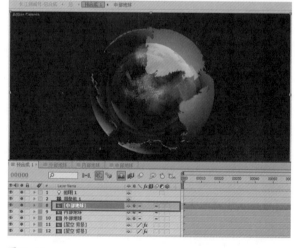

图21-26

# 21.3 缤纷的边缘光效的合成

边缘光效就是指环绕在星球边缘的高光效果，这些高光不是材质的高光，而是一种比较虚幻的、用于表现星球层次的彩色光环。这些呈月牙形状的彩色光环不仅可以突出星球的层次，还可以使星球变得更加立体。

**STEP 01** 新建一个边缘高光预合成，由于边缘高光要与总合成中的三维空间相匹配，因此，这里要将总合成中的摄像机和外部星球预合成中的两个星球层粘贴进来。因为这两个星球层只是边缘高光的位置参考，所以，这里要将这两个星球层的透明度设置得比较低，如图21-27所示。

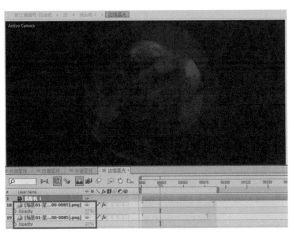

图21-27

**STEP 02** 新建一个淡蓝色的固态层并给其绘制两个Mask【遮罩】。给第二个Mask【遮罩】设置一个羽化值，让其呈现出一个内虚外硬的月牙形状，如图21-28所示。

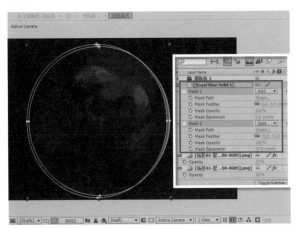

图21-28

**STEP 03** 打开固态层的三维开关，调整蓝色高光的位置与大小，使其环绕在外部星球的边缘，如图21-29所示。

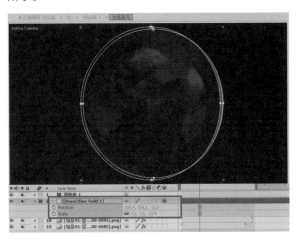

图21-29

**注意：** 在二维空间中的图层开启三维开关后，它便置身于三维空间中，其在三维空间的位置和在二维空间的位置是不同的，因为在三维空间中的图层多了一个纵深的位置。

**STEP 04** 用同样的方法制作出另外几个不同颜色的高光，让它们分别包围在内部星球与外部星球的边缘，再将它们的图层模式设置为Add【叠加】模式，如图21-30所示。

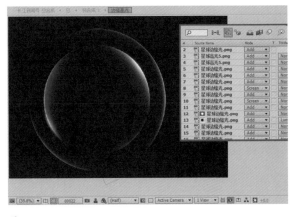

图21-30

**STEP 05** 将边缘高光预合成导入总合成窗口中，打开合成图层的图形转换开关，此时，星球的效果显得更加神秘、梦幻了，如图21-31所示。

图21-31

# 21.4 绚丽的环绕光效的合成

这一节将主要介绍如何用AE中的Plexus【网格】特效将从三维中导出的OBJ辅助模型处理成绚丽的光线效果，并且，要让这些光效环绕在星球的周围。还将讲解如何用Particle【粒子】特效来制作一个呈放射状的光线效果，从而使星球显得更加光芒四射。

**STEP 01** 新建一个OBJ预合成，将总合成中的摄像机复制并粘贴进来。用该摄像机的三维空间新建一个黑色固态层并将其作为遮罩层，给该固态层绘制一个圆形Mask【遮罩】并给其设置羽化效果，如图21-32所示。

图21-33

**STEP 03** 给下面的固态层添加一个Plexus【网格】特效，如图21-34所示。

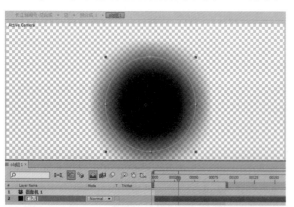

图21-32

**STEP 02** 新建一个固态层并将该固态层的图层模式设为Add【叠加】，再将轨道蒙版设置为Alpha Inversion【通道反转蒙版】。给遮罩层设置一个Mask【遮罩】动画，该动画和前面设置的Mask【遮罩】动画是一样的，同样是一个跟随星球运动的跟随动画，所以，这里可以直接将前面设置好的动画复制过来，如图21-33所示。

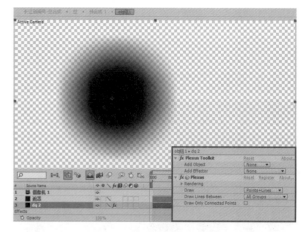

图21-34

**STEP 04** 在Plexus Toolkit【网格工具包】中的Add Object【添加对象】下拉列表中选择OBJ，如图21-35所示。

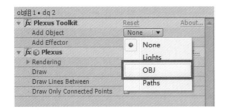

图21-35

**STEP 05** 此时，效果控制面板中会自动出现一个Plexus OBJ Object【网格OBJ对象】效果。单击Import OBJ【导入OBJ】项并在下面的空白处导入一个准备好的OBJ圆球模型文件，如图21-36所示。

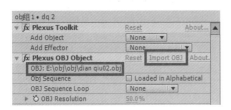

图21-36

**STEP 06** 此时，合成窗口中出现了一个白色的圆，如图21-37所示。

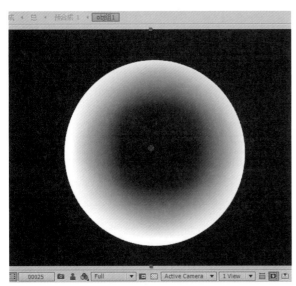

图21-37

**STEP 07** 将Plexus OBJ Object【网格OBJ对象】选项栏中的OBJ X Scale【x轴缩放】数值设置为130%，Z Rotate【z轴旋转】值设置为100，再将Plexus【网格】选项栏下的Points Size【顶点大小】值设为0.03，Line Thickness【线的粗细】设置为0.02，Max No. of Points to【顶点的最大数量】值设为2，如图21-38所示。

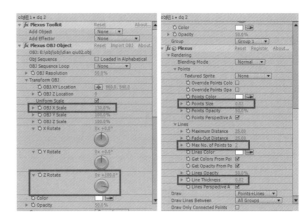

图21-38

**STEP 08** 此时，原本白色的圆变成了一个呈网格显示的圆球，如图21-39所示。

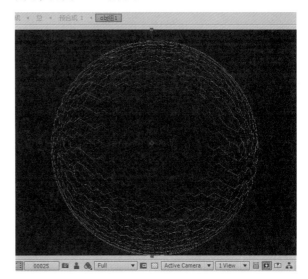

图21-39

**STEP 09** 将圆球网格的Opacity【透明度】设为30%，如图21-40所示。

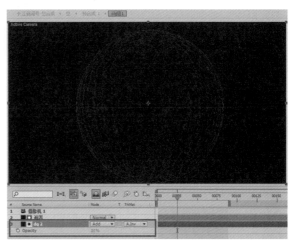

图21-40

**STEP 10** 给网格设置一个旋转动画。到Plexus OBJ Object【网格OBJ对象】选项栏下，将第0帧到第85帧位置的Y Rotate【y轴旋转】数值设置为63°~0°，如图21-41所示。

图21-41

**STEP 11** 新建一个固态层并给该固态层绘制一个椭圆型Mask【遮罩】，如图21-42所示。

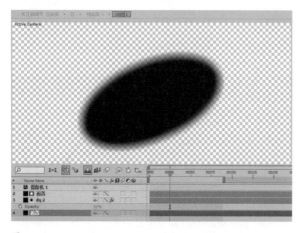

图21-42

**STEP 12** 新建一个固态层并给其制作一个圆形的点状线条，再给点状线条设置一个OBJ X Scale【x轴缩放】动画和X Rotate【x轴旋转】动画，如图21-43所示。

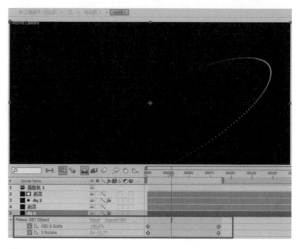

图21-43

**STEP 13** 在该固态层的Plexus【网格】特效设置面板中导入一个圆环线条的OBJ文件，然后，给圆环线条添加一个FL Depth of Field【FL景深】特效，让其有一个虚实变化效果，再给其添加一个4-Color Gradient【4色渐变】效果器，让其有一个缤纷的色彩变化效果，如图21-44所示。

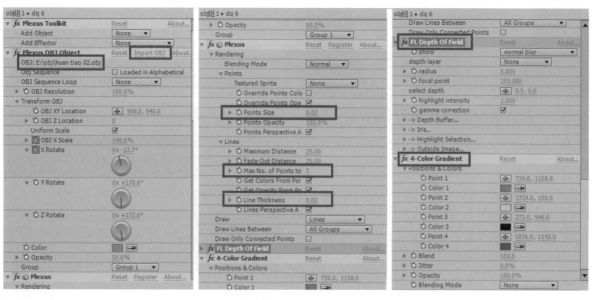

图21-44

**STEP 14** 圆环线条的效果如图21-45所示。

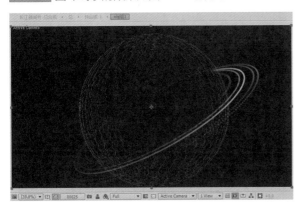

图21-45

**STEP 15** 设置圆环线条的细节。将圆环线条固态层（连同遮罩一起）复制几层后，随机调整 X Scale【x轴缩放】的数值，以改变圆环线条在x轴上的缩放动画，如图21-46所示。

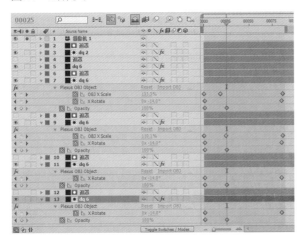

图21-46

**STEP 16** 制作环绕在星球周围的光线。将圆环线条固态层（连同遮罩一起）复制一层，此时，可以发现复制所得的环绕光线的透视角度和原来的圆环线条的透视角度是不一样的，如图21-47所示。

**STEP 17** 复制另一个环绕线条的OBJ文件，得到的环绕光线效果如图21-48所示。

**STEP 18** 环绕光线的Plexus【网格】特效设置如图21-49所示。

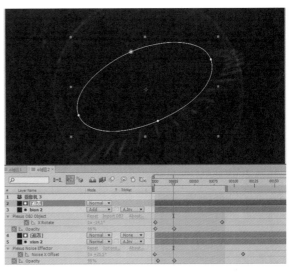

图21-47

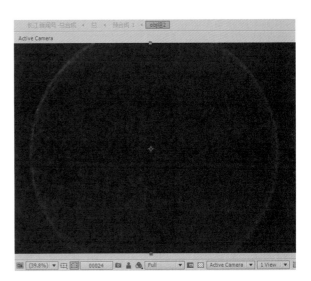

图21-48

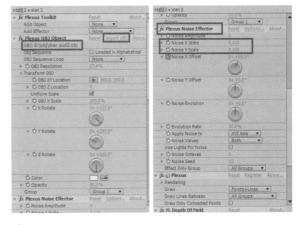

图21-49

STEP 19 通过观察可以发现，环绕光线的遮罩效果与圆环线条的遮罩效果是不一样的，如图21-50所示。

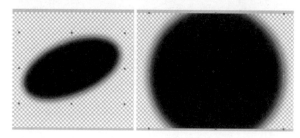

图21-50

STEP 20 此时，星球的周围出现了许多光线，星球呈现出一种置身于宇宙空间的奇幻效果，如图21-51所示。

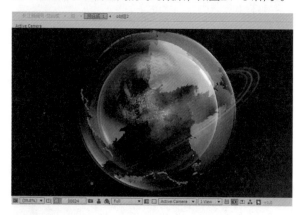

图21-51

STEP 21 给星球添加光线细节，使光线效果呈放射状。新建一个粒子预合成，将总合成层中的摄像机复制过来。创建一个遮罩和一个粒子固态层，给遮罩层绘制一个圆形的羽化Mask【遮罩】，该遮罩层的动画制作与OBJ中的动画制作是一样的，如图21-52所示。

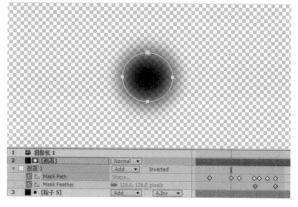

图21-52

STEP 22 对粒子固态层的Particular【粒子】特效的参数进行设置，让每一个发射出来的父粒子拖出子粒子，制作出一个如烟花爆炸效果般的放射效果，相关的参数设置如图21-53所示。

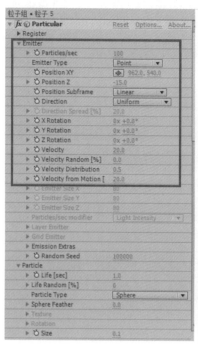
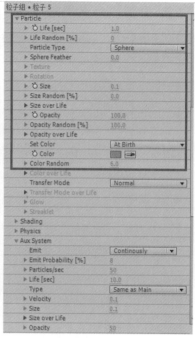
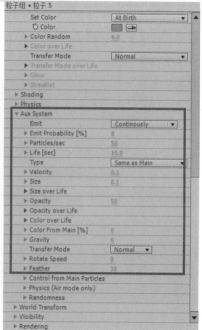

图21-53

**STEP 23** 此时，一串串粒子将呈放射状向四周飞散出去。由于效果的中心部分被遮罩遮挡住了，因此，中间部分的效果并没有呈现出放射状的烟花效果，如图21-54所示。

图21-54

**STEP 24** 给效果的中心部分添加一些粒子。复制前一个粒子动画（连同遮罩层一起），将粒子层的轨道蒙版设为Alpha【通道】，使中心部分也产生粒子效果，如图21-55所示。

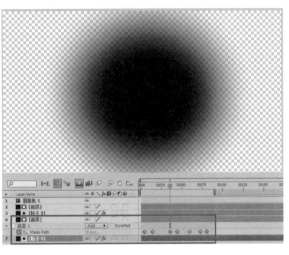

图21-55

**STEP 25** 调整第一个粒子特效的放射效果，使粒子呈线条状发射出去，并且，使每一根线条都有一个衰减的效果，相关的参数设置如图21-56所示。

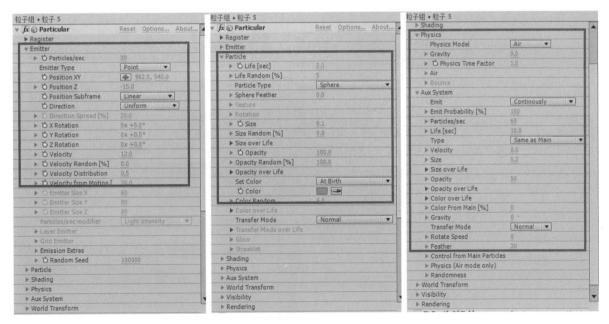

图21-56

**STEP 26** 这样，粒子便有了一个放射状的线条效果，如图21-57所示。

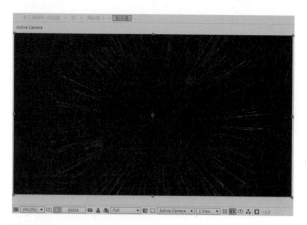

图21-57

**STEP 27** 给放射的线条添加一个FL Depth of Field【FL景深】效果,让放射的线条有一个虚实的变化效果。将景深特效的Radius【半径】值设为5,Focal Point【焦点】设为255,得到的放射线条的虚实效果如图21-58所示。

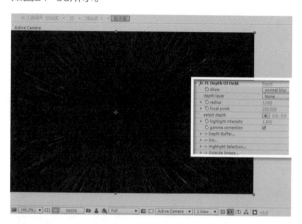

图21-58

**STEP 28** 将粒子图层复制若干层,以得到更多的放射线条,使粒子有一个光芒四射的效果,如图21-59所示。

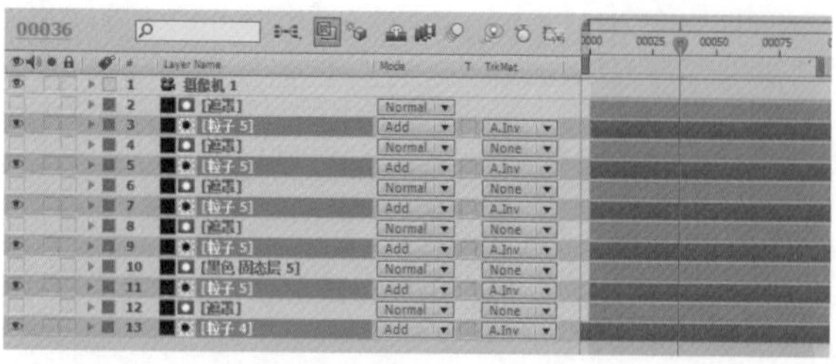

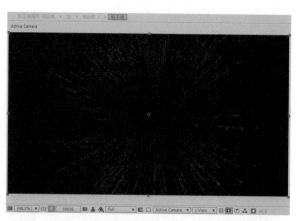

图21-60

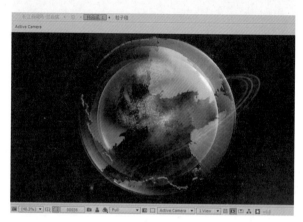

图21-61

**STEP 31** 给整体画面添加辉光效果,使星球产生一种受阳光照射后反射出强烈光芒的效果。新建一个固态层,给其绘制一个Mask【遮罩】,使辉光效果只影响到星球的一部分。给辉光的Brightness【亮度】设置一个动画,使特写镜头逐渐推近到星球时,辉光逐渐变亮,如图21-62所示。

图21-59

**STEP 29** 粒子预合成的最终放射效果如图21-60所示。

**STEP 30** 将粒子预合成导入总合成中并开启所有图层的图形转换开关,让粒子叠入星球中,使星球产生光芒四射的效果,如图21-61所示。

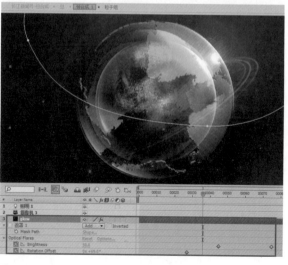

图21-62

**STEP 32** 辉光层的辉光特效设置及色相饱和度设置如图21-63所示。

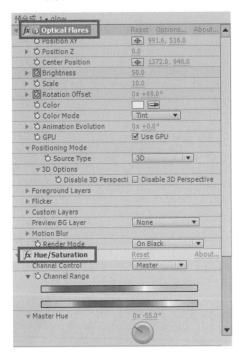

图21-63

**STEP 33** 在辉光的选项面板中选择一个比较简单的辉光效果。如果找不到合适的辉光效果，则可选择一个比较相似的辉光并对其进行调整。可以在辉光的Stack【堆叠】面板中将不需要的光效隐藏起来，只留下合适的光效，如图21-64所示。

图21-64

**STEP 34** 至此，炫酷的光效星球便制作完成了，最终效果如图21-65所示。

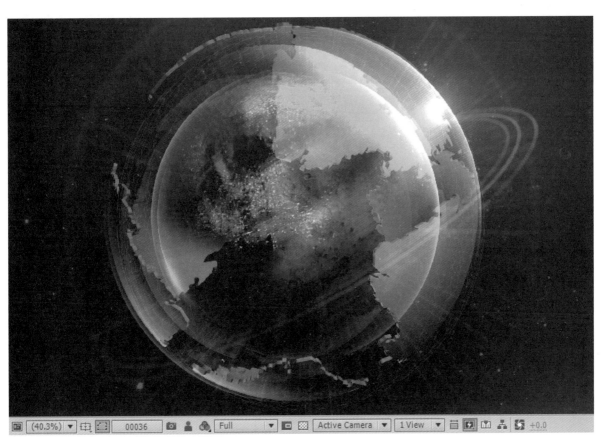

图21-65

# 第**22**章 光效的合成

本章内容
- ◆ 绚丽AE光效的制作
- ◆ 光效转场动画的合成
- ◆ 辉光特效的应用

## 22.1 项目创作分析

　　如今，光效已经成为电视包装设计中的必备元素，可以用三维软件和合成软件可制作出各种眩目的光效，光效能为宣传片和电视栏目的片头、片花锦上添花。要想使包装设计作品吸引观众的视线，就要在色彩、构图、光效和节奏等方面有所突破。光效可以给一般的场景或多个复杂的、完全不相干的场景增添色彩，如图22-1所示。

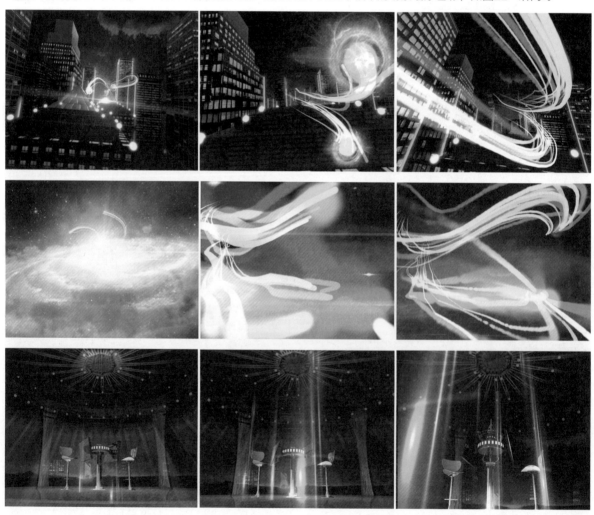

图22-1

本章将主要介绍如何在AE与三维中输出光效，以及如何在场景动画中对光效进行合成处理，此外，还将介绍如何使光效很好地融入场景中，使动画画面绚丽夺目。这里分别从3个方面对光效和合成处理进行详细的解析，先介绍如何将AE中穿梭的光效融入到具有空间感的三维场景中，让光效变得有空间透视感；再介绍如何用穿梭的光效巧妙地转换两个完全不同的场景，并让转场效果变得绚丽且独具特色；最后，将介绍一种常见的辉光特效的独特用法，将其更立体地融入到场景中后，画面效果将变得更大气且富有视觉冲击感。

## 22.2　绚丽AE光效的制作

这一节要介绍的光效是由Particle【粒子】特效制作完成的，将重点讲解如何将从AE中输出的穿梭的光效融入到具有空间感的三维场景中，使光效变得有空间透视感。该光效的制作思路为：先用灯光来完成光效的三维空间运动轨迹的制作，让其运动轨迹与场景的三维空间动画相吻合；再将光效关联到灯光上，使光效跟随灯光运动。这样，便可以得到一个光球拖着长长的光线在场景中飞舞穿梭的动画了，如图22-2所示。

图22-2

STEP 01 将制作好的绚丽城市背景图导入合成窗口中并在合成窗口中新建一个摄像机和一盏灯光，如图22-3所示。

图22-3

**STEP 02** 为了能更清楚地看到灯光的位置，可降低城市背景图的透明度并调整灯光和摄像机的位置，使灯光位于画面的视觉中心位置（即宝塔的位置），如图22-4所示。

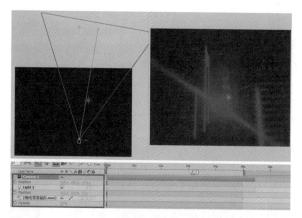

图22-4

**STEP 03** 设置灯光的位移动画，让其在金字塔之间穿梭。在时间线的第0帧位置处单击灯光层的Position【位置】前面的时间码表，给当前的灯光位置创建一个关键帧，如图22-5所示。

图22-5

**STEP 04** 将时间滑块拖到第11帧位置处，再将合成窗口显示为两个并排的仓库。切换到顶视图窗口中，将灯光向左前方移动；再切换到摄像机窗口中，将灯光向左上方移动，使灯光从城市背景图中的第一个金字塔后面绕过来，如图22-6所示。

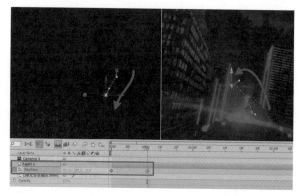

图22-6

**STEP 05** 将时间滑块拖到第24帧位置处，继续在顶视图窗口中将灯光向左前方移动；再在摄像机窗口中将灯光向下移动，让灯光有一个俯冲的动画，如图22-7所示。

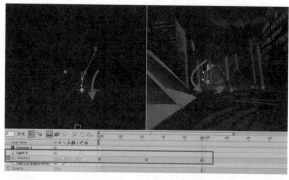

图22-7

**STEP 06** 将时间滑块拖到第2秒03帧的位置，在顶视图窗口中将灯光向前移动，让灯光更靠近摄像机；再在摄像机窗口中将灯光向下移动到窗口的右下角位置，如图22-8所示。

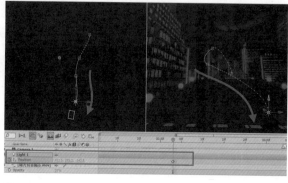

图22-8

**STEP 07** 最后，将时间滑块移到第3秒位置处，在顶视图窗口中将灯光向左前方移动到摄像机的视角外面；再在摄像机窗口中将灯光向左上角移动，使灯光的运动轨迹呈现一个向内凹的抛物线形状并让灯光从画面的左上角飞到画面之外，如图22-9所示。

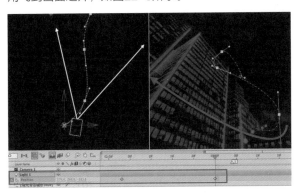

图22-9

**注意：** 在顶视图中对灯光进行的调整是对灯光的左右位置的调整；在摄像机窗口中对灯光进行的调整是对灯光的上下位置的调整。调整顶视图中的灯光时，可以在摄像机视图中看到灯光的位置变化，因此，可以在两个视图中交替地对灯光进行调整。

**STEP 08** 新建一个固态层，给固态层添加一个Particular【粒子】特效。展开该特效的Emitter【发射器】栏，按住键盘上Ctrl+Alt组合键的同时用左键单击发射器栏下的Position XY【xy轴位置】前的时间码表，以激活固态层下的Position XY【xy轴位置】表达式，如图22-10所示。

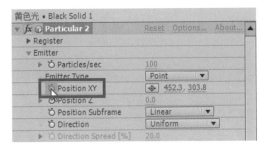

图22-10

**STEP 09** Expression Position XY【xy位置表达式】右边的等号按钮用于激活和关闭表达式，关闭表达式时，该按钮的状态为一个不等号。时间线栏中有一个表达式的文本输入框，该输入框可用于编辑所需的表达式。这里不需要手动输入表达式，只要单击等号右边的表达

式关联器并按住鼠标左键，将其拖到灯光层的Position【位置】参数上，即可使表达式文本框以数值的形式记录下刚才的关联操作，即粒子特效的xy轴位置被关联到灯光的xz轴位置上，如图22-11所示。

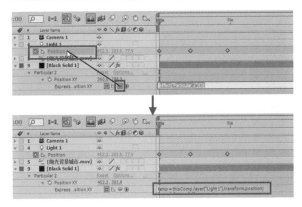

图22-11

**STEP 10** 此时，仅将粒子特效的xy轴位置关联到灯光上，但由于灯光还有一个z轴的动画，因此，还要给Particular【粒子】特效的Position Z【z轴位置】设置一个表达式，将其与灯光的z轴位置关联起来。操作方法与之前的操作一样，如图22-12所示。

图22-12

**STEP 11** 至此，粒子特效的x、y、z轴位置就都被关联到灯光位置上了，这表示此时的粒子已经可以完全跟随灯光运动了，其表达式内容如图22-13所示。

图22-13

**STEP 12** 拖动时间滑块后，窗口中的白色粒子呈扩散状跟随灯光运动。调整粒子的扩散效果，让粒子排成一条线，如图22-14所示。

图22-14

**STEP 13** 将Emitter【发射器】栏下的粒子的Velocity【速度】值设为1。此时，可以看到粒子已有一个长长的拖尾效果了，它们就好像是从灯光发射出来的拖尾粒子。此时的粒子拖尾线条的噪乱程度比较大，而且，比较粗，如图22-15所示。

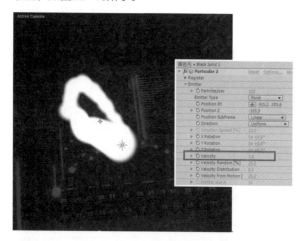

图22-15

**STEP 14** 到Emitter【发射器】栏下，分别将粒子的Velocity【速度】，Velocity Random[%]【速度随机性】、Velocity Distribution【速度分布】和Velocity from Motion【速度跟随运动】的数值都设为1。这样，粒子的拖尾线条就变得比较流畅了，如图22-16所示。

**STEP 15** 降低粒子的大小值。将Particle【粒子】栏中的Size【大小】值设为1。粒子被缩小后，由于粒子的数量不够多，因此，粒子的拖尾线条变得不连贯了，如图22-17所示。

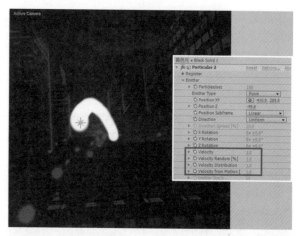

图22-16

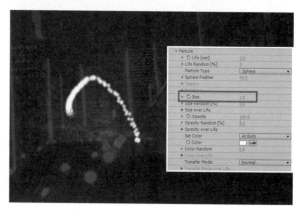

图22-17

**STEP 16** 将Emitter【发射器】栏下的Particles/sec【每秒粒子数】值设为2000，再将粒子Size【大小】值减小到0.3。此时，粒子依然没有形成一条连贯的线，并且，尾部的粒子有了细微的扩散效果，如图22-18所示。

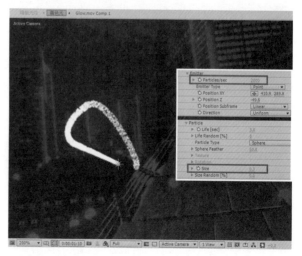

图22-18

**STEP 17** 将Physics【物理】栏的Air【空气】栏下的Air Resistance【空气阻力】设为55，不让粒子产生扩散的效果。拖动时间滑块后，拖尾的粒子变成了一条细长的线条，如图22-19所示。

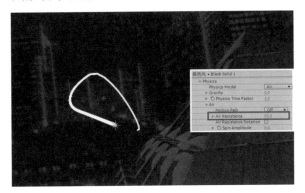

图22-19

**STEP 18** 给粒子线条添加噪波效果。将Air【空气】栏下的Turbulence Field【紊乱场】中的Affect Position【影响位置】值设为15，此时，可以看到粒子线条产生一点波动的效果了，但是效果不是很明显，如图22-20所示。

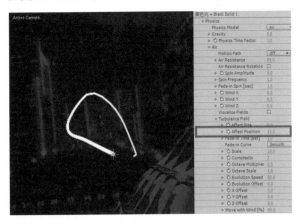

图22-20

**STEP 19** 将Turbulence Field【紊乱场】栏中的Scale【缩放】值设为8并将Octave Scale【八方制级缩放】值设为2.2，以在紊乱的基础上再给粒子增添紊乱的细节效果，如图22-21所示。

**STEP 20** 延长粒子的线条长度并使线条的拖尾产生一个衰减的效果（即逐渐消失的效果）。将Particle【粒子】栏下的Life【生命】值设为2，Life Random【生命随机性】设为50，Size【大小】值设为0.1。这样，不仅延长了粒子的线条长度，而且，拖尾粒子线条的尾部还出现了衰减的效果。通过观察可以发现，尾部的衰减线条不够连贯，如图22-22所示。

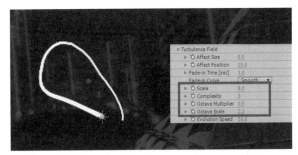

图22-21

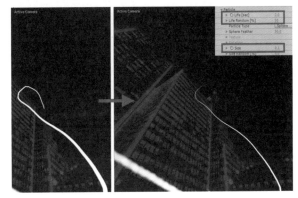

图22-22

**STEP 21** 下面，用另一种更为简单的方法来设置粒子线条的衰减效果。Particle【粒子】栏下的Size Over Life【大小覆盖生命】栏用于设置粒子按生命的长度来产生大小的变化，这里选择粒子大小变化窗口中右边的第二个变化样式，这样，从第1到第100帧位置，粒子会逐渐缩小并产生一个非常自然的衰减效果，如图22-23所示。

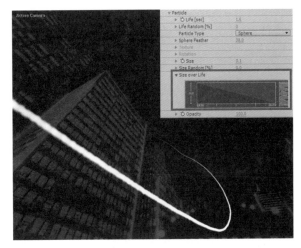

图22-23

至此，第一条光效跟随灯光运动的动画便制作完成了。

**STEP 22** 制作更多的光线效果。将第一条光效固态层复制一层,为了让光线不重叠到一起,可将World Transform【全局变换】栏下的Z Offset【z轴偏移】值设为4,即让光线沿z轴偏移4个单位,如图22-24所示。

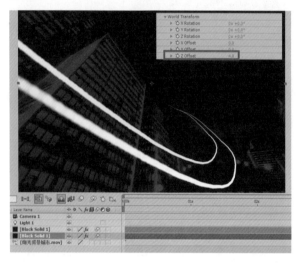

图22-24

**注意:** 这里需要把两个光效固态层的运动模糊开关都打开,以使粒子线条变得更加圆滑。

**STEP 23** 用同样的方法进行复制后,得到第三条光线,将光线的颜色设为黄色。为了不让这条光线的噪波效果和其他两条光线的效果一样,可将Air【空气】栏下的Turbulence Field【紊乱场】中的Affect Position【影响位置】值设为27,使第三条光线产生扭曲的效果。这里将第三条光线的Z Offset【z轴偏移】值设为3,不让3条光线重叠在一起,如图22-25所示。

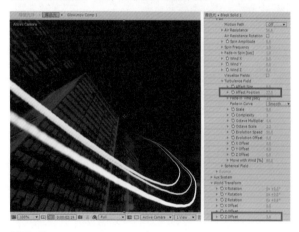

图22-25

**STEP 24** 用同样的方法进行复制,得到更多的光线固态层,如图22-26所示。

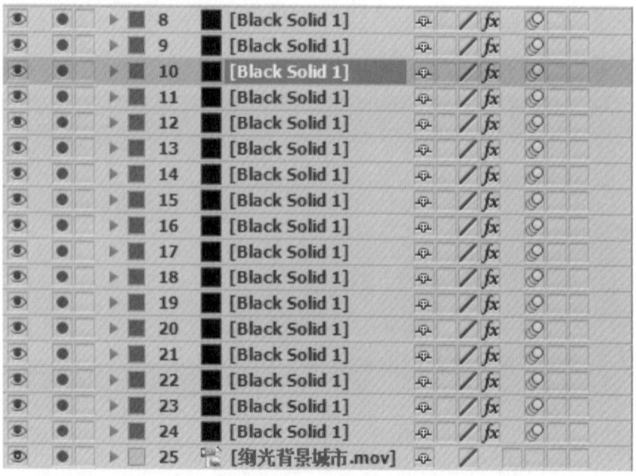

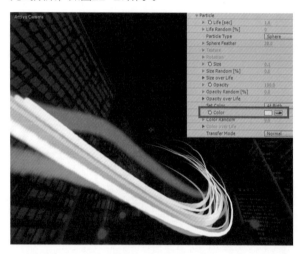

图22-26

**STEP 25** 将所有的光线聚集到一起并改变光线的颜色。在Particle【粒子】栏下对Color【颜色】进行设置,给不同的光线设置不同的颜色,从而形成一个五彩斑斓的光线效果,如图22-27所示。

图22-27

**STEP 26** 灯光的拖尾线条全部制作完后,给灯光设置一个光晕效果,即在所有光线的开头位置添加一个光晕效果,让光晕效果遮住头部凌乱的光线。新建一个固态层,将其命名为光晕,如图22-28所示。

**STEP 27** 给光晕层添加一个Particle【粒子】特效,再将粒子特效的x、y、z轴分别关联到灯光对应的位置上,表达式的设置如图22-29所示。

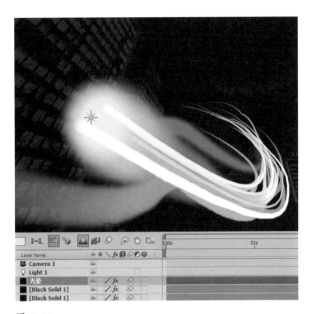

图22-28

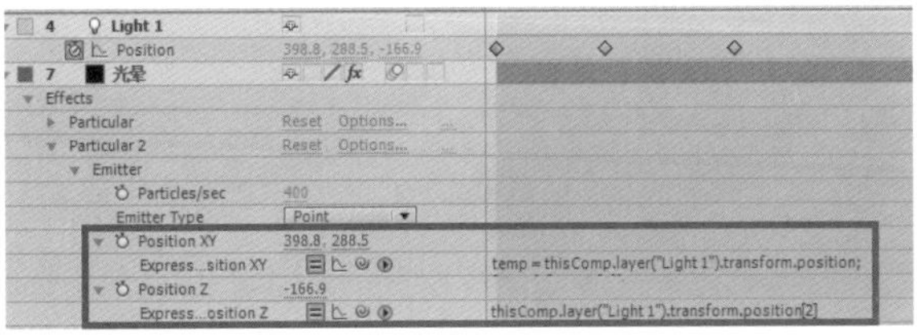

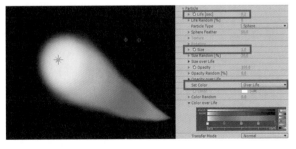

图22-29

**STEP 28** 将Particle【粒子】栏下的Life【生命】值设为0.2,Size【大小】值设为1,再将Set Color【设置颜色】的方式设置为Over Life【覆盖生命】。此时,Color Over Life【颜色覆盖生命】栏下出现了一个七彩的颜色条,该颜色条上的颜色会自动赋予粒子。这样,便得到一个头部为黄色、尾部拖着七彩线条的光晕效果了,如图22-30所示。

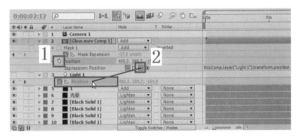

图22-30

**STEP 29** 制作完光晕效果后,通过观察可以发现,此时的光晕还不能完全遮挡住光线头部的凌乱效果,下面,在光线的头部添加一个绚丽的光球,让光球拖动粒子线条飞舞。将光球导入到时间线上,如图22-31所示。

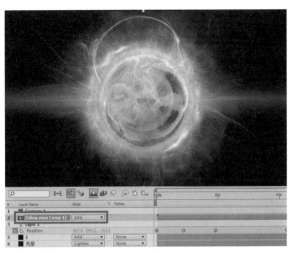

图22-31

**STEP 30** 打开光球的位置表达式开关,再将光球的位置关联到灯光1位置上,使光球跟随灯光运动,如图22-32所示。

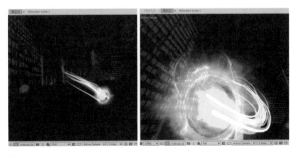

图22-32

**STEP 31** 拖动时间滑块后,即可看到一个金色的光球拖着长长的若干条光线在运动,如图22-33所示。

图22-33

**STEP 32** 制作一个蓝色光球拖着蓝色光线运动的动画。切换到项目窗口中,找到黄色光合成层,将其复制一个,再将复制所得的层命名为蓝色光。双击以打开蓝色光合成层,在合成窗口中新建一个调节层并给调节层添加一个Tritone【三色调】效果,把三色泽的颜色改为蓝色调。此时,原本的金色光球和光线都变成蓝色了,如图22-34所示。

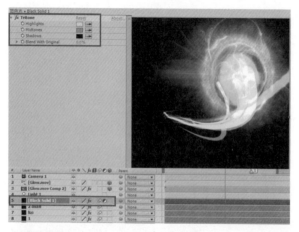

图22-34

**STEP 33** 调整蓝色光合成窗口中的灯光位置，让其位置与黄色光合成窗口中的灯光位置有所区别，并且，让蓝色光线和黄色光线在场景中交错运动。最终的光线效果如图22-35所示。

图22-35

## 22.3　光效转场动画的合成

　　这一节将主要介绍如何用穿梭的光效来巧妙地转换两个完全不同的场景，并且，让转场的效果绚丽且独具特色。制作的思路为：先将两组素材拼接好；然后，用灯光来模拟光效的转场动画轨迹；再将光效关联到灯光上。这样，便可以得到一个华丽的光效转场动画了，如图22-36所示。

图22-36

图22-36（续）

STEP 01 打开前面制作好的黄色光合成层，删除光球层，并删除灯光层的位置关键帧，如图22-37所示。

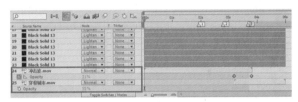

图22-38

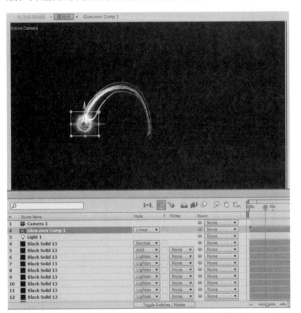

图22-37

STEP 02 导入冲击波素材和之前制作好的穿梭城市动画文件到合成窗口中，将这两个完全不相干的场景联系起来，再让两个素材有一个流畅的过接效果。虽然这里给它们制作了一个淡入淡出的透明度动画，但两个场景之间的视觉反差依然很强烈。下面，用光线的转场来巧妙地将这两个场景关联起来，如图22-38所示。

STEP 03 设置光效的动画。光线实际上是由灯光牵引的，因此，这里只设置灯光的动画即可。在第0帧到第17帧位置，让灯光从冲击波的中心发射出来，再将镜头向前移到合适的位置，如图22-39所示。

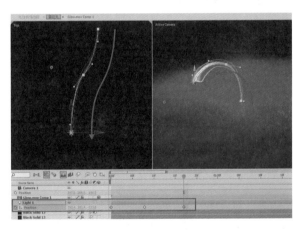

图22-39

STEP 04 将时间滑块拖到第1秒10帧位置处，在顶视图窗口中将灯光移向镜头；在摄像机窗口中将灯光移到窗口右下角位置，准备进行划屏动画，如图22-40所示。

STEP 05 此时的灯光已经在窗口的右下角位置了，下面，要借助摄像机动画来完成划屏动画。摄像机动画的另一个作用是给镜头制造一种假象，让镜头在移动的同时进行划屏动画，以使镜头感更加逼真。由于在第0帧到第17帧位置处，光线是从冲击波中发射出来，因此，要在前视图窗口中给摄像机设置一个略微上升的动画，使镜头有一个略微下沉的动画效果，如图22-41所示。

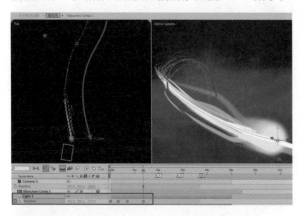

图22-40

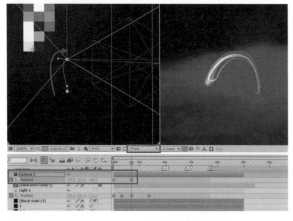

图22-41

STEP 06 将前视图切换为顶视图，再在第1秒10帧位置处给摄像机制作一个从左至右的位移动画，使镜头有一个向左偏移的动画，直到灯光的位置偏移到摄像机窗口的左下角，如图22-42所示。

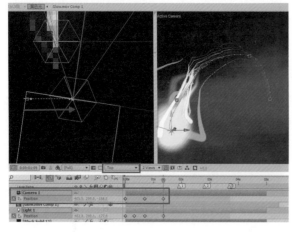

图22-42

STEP 07 此时，可以从画面中看到灯光准备从窗口的左下角进行划屏动画，添加摄像机前和添加摄像机后的效果如图22-43所示。

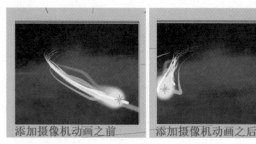

添加摄像机动画之前　　添加摄像机动画之后

图22-43

STEP 08 在第2秒位置处将灯光从窗口的左边移至窗口的右边。为了在划屏的过程中让光线有一个紧贴镜头划过的视觉冲击感，这里要添加一个关键帧，让灯光有一个大弧度的抛物线运动，如图22-44所示。

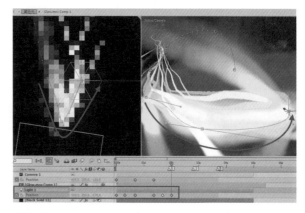

图22-44

STEP 09 在第3秒20帧位置处让光线缓缓划过屏幕。虽然划屏的时间只有一秒多，但在这段时间内，冲击波动画刚好淡出到城市的场景画面，如图22-45所示。

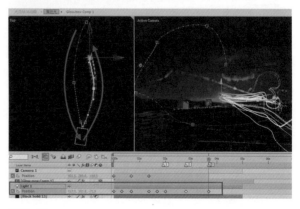

图22-45

STEP 10 通过观察可以发现，光线顺着划屏的轨迹运

动，最后，穿梭到城市当中，这样，两个完全不相干的
场景就被很自然地转换了。此时，转场效果的气势还不
够强，下面，在到场景中添加一个蓝色光线，让它与黄
色光线同时进行划屏转场，如图22-46所示。

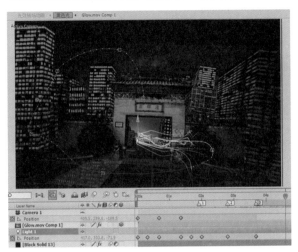

图22-46

**STEP 11** 在项目窗口中复制黄色光合成层，将复制所得
的层命名为蓝色光并在该合成层中将光线的颜色设为蓝
色。改变灯光的动画运动轨迹，使灯光在合成窗口的上
半部分划过，如图22-47所示。

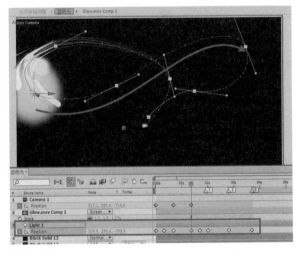

图22-47

**STEP 12** 蓝色光线的划屏效果如图22-48所示。

**STEP 13** 此时，两道光线都将从冲击波的中心发射出
来。从镜头前划过时，两道光线分别从镜头画面中的
上、下两部分划过，并且，光线的划屏时间刚好和冲击
波画面的淡出时间同步，如图22-49所示。

图22-48

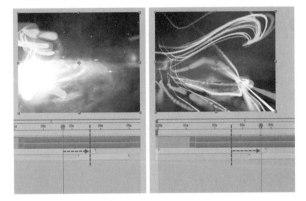

图22-49

**STEP 14** 至此，两道绚丽光线的转场动画便已制作完
成，最终效果如图22-50所示。

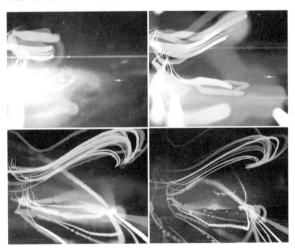

图22-50

## 22.4　辉光特效的应用

　　这一节将主要介绍一种常见的辉光特效的独特用法，以及如何让其更立体地融入场景中。这里打破了辉光特效的常规用法，是通过三维中导出的助手层来设定光效的空间位置，再将狭长的助手层替换成辉光特效并调整辉光特效的动画，使其从地面发射出来，这样，便可以得到一个富有视觉冲击感的辉光特效了，如图22-51所示。

图22-51

STEP 01 将在三维中准备好的助手层导入合成窗口中，让这些助手层排列成一个呈环绕状的、竖着的助手层场景。在环绕的中心位置添加立体电视机架并给场景中的摄像机设置一个细微的弧形运动动画，如图22-52所示。

STEP 02 制作助手层中的辉光效果。进入Helper Layer 1【助手层1】，关闭该助手层中原有的固态层，再新建一个固态层，如图22-53所示。

STEP 03 给新建的固态层添加一个Optical Flares【光学耀斑】特效，保持默认的参数设置不变。此时，可以看到助手层中的辉光效果默认为一个呈反射状的太阳效果，而且，光效被狭长的合成窗口裁掉一部分了，如图22-54所示。

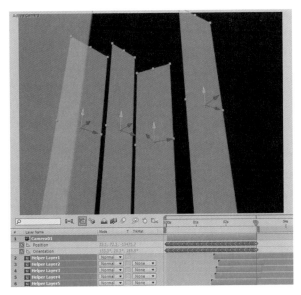

图22-52

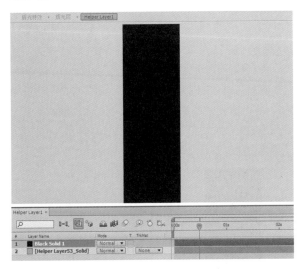

图22-53

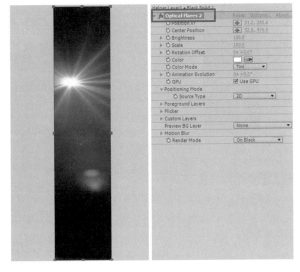

图22-54

STEP 04 调整辉光效果,设置一个与狭长的助手层窗口相匹配的光效。单击Optical Flares【光学耀斑】特效右上角的Options【选项】,进入辉光的选项窗口。在光效的Browser【浏览器】面板中选择一个Polar Sun【极光】光效,如图22-55所示。

图22-55

STEP 05 在光效的Stack【堆叠】面板中将那些不需要的效果层隐藏起来,只留下横向放射的光线效果。要将效果层隐藏起来,只需单击每个效果层右边的HIDE【隐藏】按钮即可,如图22-56所示。

图22-56

STEP 06 对横向放射的光线的大小进行调整。每个效果层都有一个可调的光效的亮度和大小值,这里将光线的大小和亮度都设置成光效不超出默认的预览窗口,如图22-57所示。

STEP 07 设置好光效后,单击选项窗口右上角的OK【确定】按钮。此时,可以看到助手层窗口中的光效是横向的,这与助手层窗口不匹配,如图22-58所示。

STEP 08 在辉光特效的参数设置面板中将Rotation Offset【旋转偏移】值设为90°,使原来横着的光线呈纵向放射的效果,如图22-59所示。

图22-57

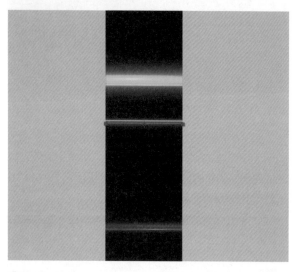

图22-58

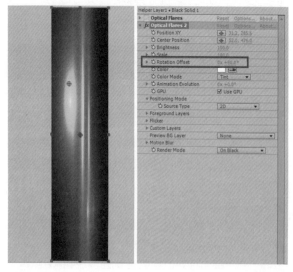

图22-59

**STEP 09** 调整辉光的两个坐标点的位置。将放射光源的坐标点移到窗口的底部，让辉光从窗口的底部发射出

来。将目标中心点稍往下移，让光线的上部分不超出窗口太多，如图22-60所示。

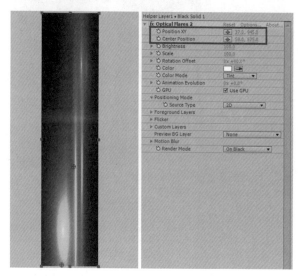

图22-60

**STEP 10** 通过观察可以发现，此时的光线有点亮，并且，光线超出了窗口的边缘，所以，需要调整光线的大小。将辉光特效的设置面板中的Scale【缩放】值设为40，缩小辉光中每一个光效的大小。修改该值不会改变光线整体的大小，Scale【缩放】功能和Brightness【亮度】功能有点相似，如图22-61所示。

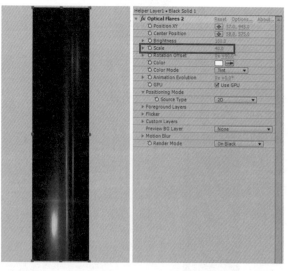

图22-61

**STEP 11** 给辉光特效设置一个发光动画。在第8帧位置处给辉光Center Position【中心位置】的坐标点值和Scale【缩放】值创建一个关键帧。将时间滑块移到第0帧位置处，将中心坐标的位置移到窗口底部并将Size【大小】值设为0，如图22-62所示。

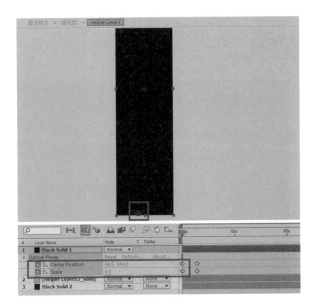

图22-62

**STEP 12** 给光线设置一个快速发射出来后的缓缓移动的动画。在第3秒位置处将中心坐标点稍向上移,不能移动太多,否则,光线会超出窗口。这样,一个简单的纵向辉光动画就制作完成了,如图22-63所示。

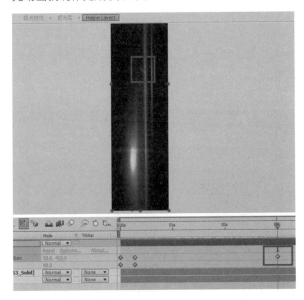

图22-63

**STEP 13** 用同样的方法制作出其他助手层的辉光动画,得到的效果如图22-64所示。

**STEP 14** 由于最前端的光效挡住了后面的几个光效,而且,辉光层都是带黑背景的,因此,此时的窗口中有3个辉光效果。要看到全部的5个光效,就要将最前端辉光的透明度设为0,如图22-65所示。

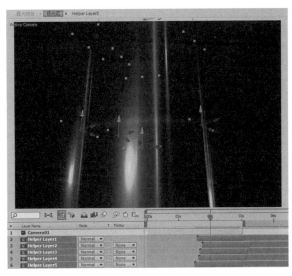

图22-64

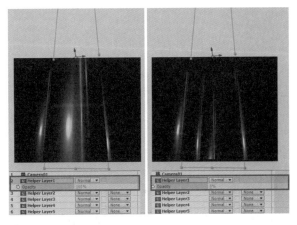

图22-65

**STEP 15** 将所有辉光层的图层模式都设为Add【叠加】模式,这样便可看到全部的辉光效果了,如图22-66所示。

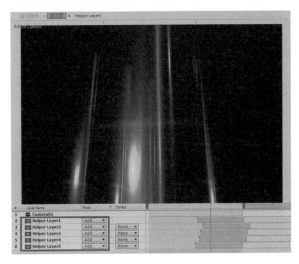

图22-66

**STEP 16** 将辉光层导入辉光特效的总合成窗口中，此时，辉光层又变得不透明了，如图22-67所示。

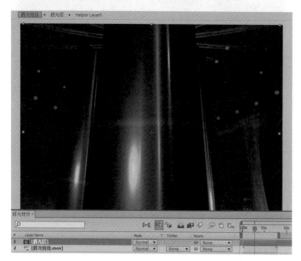

图22-67

**STEP 17** 再次将辉光层的图层模式设为Add【叠加】模式，如图22-68所示。

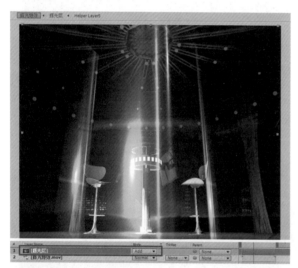

图22-68

**STEP 18** 此时，辉光的边缘有一条明显的生硬切边效果，这让光效看起来像是平面的效果，而且，有点不协调，如图22-69所示。

**STEP 19** 给辉光层中的每一个助手层都添加一个Curves【曲线】效果，加大光效的对比度，使生硬的边缘有一个虚化效果，如图22-70所示。

**STEP 20** 调节辉光对比关系前后的对比画面如图22-71所示。

**STEP 21** 至此，辉光的特效处理便完成了。可以从最终的画面效果中看到，几道绚丽的光效从舞台中心的地面

发射出来，这些光效紧紧地围绕在立体电视架的周围，与场景中呈放射状的顶部交相辉映，使本来简单的场景充满了神秘感，如图22-72所示。

图22-69

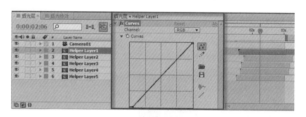

图22-70

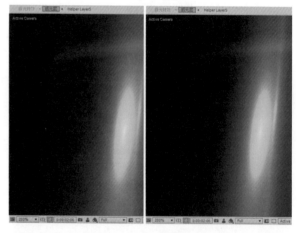

图22-71

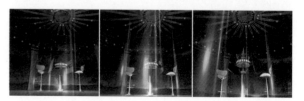

图22-72

# 第23章

## 《中国电影排行榜》栏目的包装技术解析

**本章内容**
- ◆ 镜头模型和金属材质的制作
- ◆ 镜头材质的制作
- ◆ 镜筒玻璃材质的制作

本章将主要对电影杂志栏目——《中国电影排行榜》的包装中的核心技术点进行详细的解析。将主要介绍如何用3ds Max软件来制作摄影机和电视架的模型，以及如何用mental ray渲染器来制作金属材质、玻璃材质和车漆材质，除此之外，还将对mental ray渲染器的渲染输出设置进行介绍。

## 23.1 项目创作分析

《中国电影排行榜》是一个内容创新、形式新颖的电影杂志栏目，该栏目将中国电影排行制成电视栏目并播出。它与观众的娱乐诉求紧密联系，深入采访电影文化产业的投资者，并且，围绕排行榜显示的数据和信息，深度剖析电影的文化产业链，从投资到制片、从导演到演员、从内容生产到院线上映都是栏目所要介绍的内容，该栏目的敏感性和权威性使之成为电影产业的"风向标"和"温度计"。

该栏目的包装主要是将和影视相关的摄影机、镜头、电视等作为主要的视觉元素。整个栏目包装都是用三维的表现手法，将金属银色作为画面的主色调，将红色作为点缀色，配合简单的动画后，画面呈现出一个简洁、大气的包装风格，整个片头的动画效果充分体现出了该栏目的宣传宗旨。该栏目包装的效果分镜如图23-1所示。

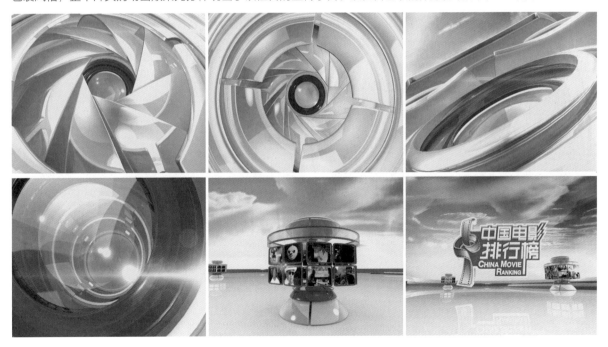

图23-1

该栏目的片头动画主要由6个镜头组成，其中第一、第二、第三个镜头是一个抽象的镜头打开的动画，从各个角度来展示摄影机镜头外部的金属材质效果；第四个镜头是一个镜头由外部冲进镜筒内部的穿梭动画，主要用于表现镜筒的玻璃材质效果；第五个镜头是一个电视架从镜筒中穿梭出来的动画；第六个镜头是栏目标识的定版镜头。

通过对该栏目的片头动画进行分析，提炼出了本章的主要内容，这也是该栏目包装的几个核心技术点。首先，是在3ds Max中制作摄影机镜头外部模型和金属材质，其次，是对镜筒内部模型的制作和对玻璃质感的刻画，最后，是对电视架模型的创建和对车漆质感的表现。

图23-2

**注意：** 这里并没有遵循真实物理材质的质感来制作摄像机镜头，所有的质感表现都是为了创造出更好的视觉效果。摄影机镜头的外部模型和金属材质效果如图23-2所示。

镜筒内部模型和玻璃材质的效果如图23-3所示。

图23-3

## 23.2　制作镜头模型

　　图23-4所示为一个镜头的外部模型，不包括镜筒部分。这里制作的镜头模型主要从视觉效果出发，没有按照真实的镜头结构来制作。镜头模型的结构是一环扣一环的，形成了一个层层包裹的视觉效果。

图23-4

### 23.2.1　制作光圈叶片模型

　　光圈叶片模型是摄像机镜头中运动幅度最大的部分，它以螺旋开合的运动方式控制着镜头的进光量，如图23-5所示。

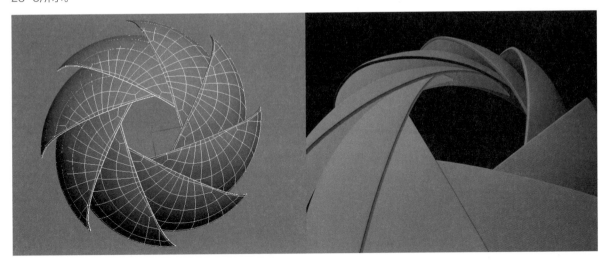

图23-5

STEP 01　创建一个半球体。在Sphere【球体】参数面板中勾选启用切片选项，将切片结束位置设为-180，得到一个半球体，如图23-6所示。

STEP 02　给球体添加一个切片修改器。激活切片的切片平面模式，在切片参数面板中点选移除底部选项。继续对球体进行切割，在顶视图中旋转并移动切片平面到合适的位置，如图23-7所示。

STEP 03　给球体添加一个编辑多边形修改器。在编辑多边形的状态下，选中球体的下半部分，被选中的部分将变成红色，将红色部分删除，如图23-8所示。

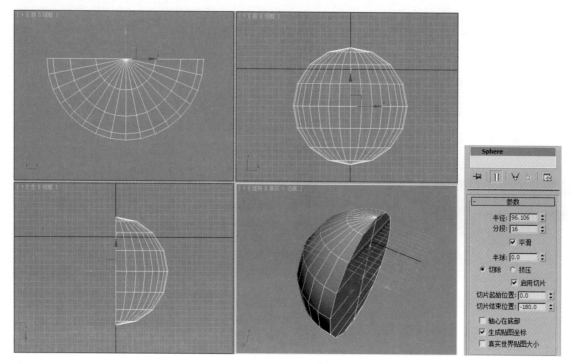

图23-6

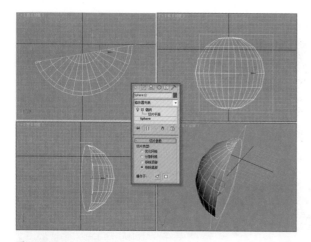

图23-7

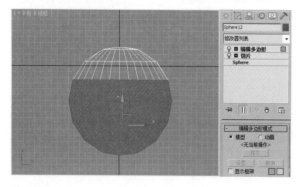

图23-8

**STEP 04** 旋转剩下的面，对面片进行挤出。单击挤出按钮，在挤出模式中选择本地法线后，面片将按图中白色箭头所指示的方向挤出，将挤出高度设为1.5，如图23-9所示。

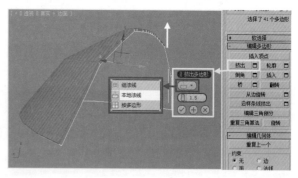

图23-9

**STEP 05** 按组法线挤出和按多边形挤出的效果如图23-10所示。

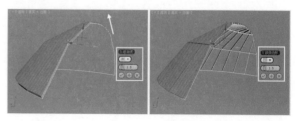

图23-10

**STEP 06** 对挤出后的面片的边缘进行切角处理。先选择其边缘的线段，打开切角的参数设置面板后，单击切角按钮，将切角的大小设为0.15，细分次数设为1，如图23-11所示。

图23-11

**STEP 07** 给半圆片添加一个网格平滑效果，到细分方法设置面板中将迭代次数设为2，如图23-12所示。

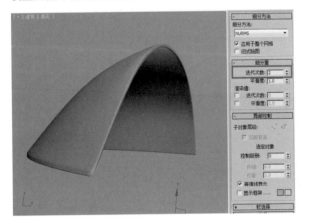

图23-12

**STEP 08** 调整半圆片的角度，这里不通过旋转半圆片来进行调整，而是通过给半圆片添加一个x变换修改器来调整半圆片的角度和位置。激活x变换的Gizmo【线框】模式，将半圆片外部的黄色线框顺时针旋转15°，使半圆片旋转15°，如图23-13所示。

**STEP 09** 按住键盘上的Shift键，在前视图中将半圆片沿y轴旋转-45°。在弹出的克隆选项对话框中将副本数设为7，如图23-14所示。

**STEP 10** 这样，一个类似风车状的模型就制作完成了，这就是一个简单的镜头光圈叶片模型，如图23-15所示。

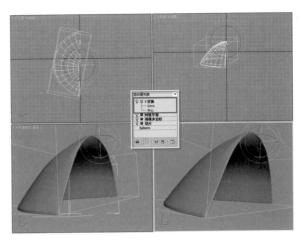

图23-13

**注意：** 此时的半圆片旋转角度只是x变换修改器对半圆片进行旋转的变换角度，但半圆片的实际角度是没有发生改变的。取消x变换修改器的显示，半圆片就会立即恢复到原本的角度。

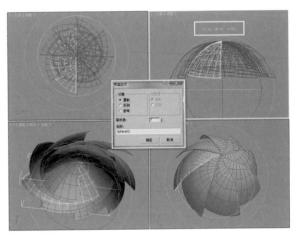

图23-14

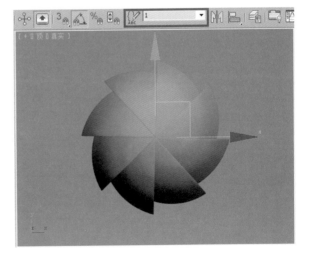

图23-15

## 23.2.2 制作圆环包裹模型

圆环包裹模型是包裹在光圈叶片外表面的一个薄片，它主要用于遮挡光圈叶片外圈的大部分结构，使光圈叶片中心的螺旋开口部分呈现出来，如图23-16所示。

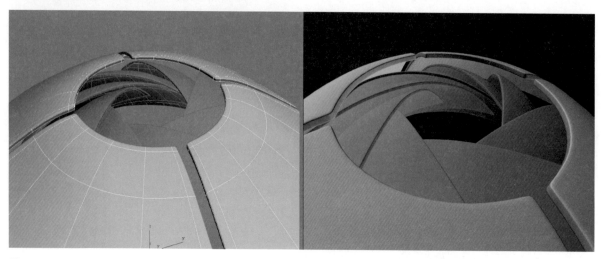

图23-16

**STEP 01** 在光圈叶片的外表面制作一个包裹模型。创建一个圆环片，在参数设置面板中将其厚度设置得与光圈叶片差不多，并且，尽量将端面分段值和高度分段值设置得简练，如图23-17所示。

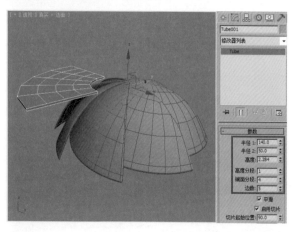

图23-17

**STEP 02** 给包裹模型添加一个编辑多边形修改器。调整圆环片顶点的位置，使之成为一个具有弧度的包裹面片，如图23-18所示。

**STEP 03** 对圆环片进行圆滑处理。先选中圆环边缘的线段（包括圆环4个角的线段），进行切角处理。打开切角设置助手，将切角量设为0.3，分段数设为1；然后，添加一个网格平滑修改器，再在细分量设置面板将迭代次数设为3，如图23-19所示。

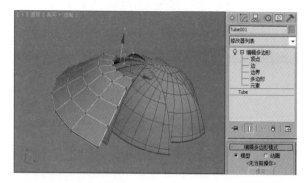

图23-18

图23-19

**STEP 04** 按住键盘上的Shift键，在顶视图中将圆环片沿z轴旋转-90°，再将圆环片复制3块，得到4块圆环片紧密包裹在光圈叶片外表面的圆环包裹模型，如图23-20所示。

**STEP 05** 旋转圆环包裹模型，将其往下移至合适的位置，如图23-21所示。

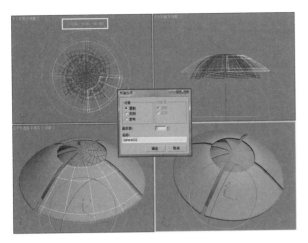

图23-20

图23-21

### 23.2.3 制作镜头内部模型和辅助模型

下面，开始制作镜头内部模型和辅助模型，这部分的镜头模型紧贴在光圈叶片的下面，是镜头入口部分的模型。

STEP 01 在复制出的圆环片上创建一个包裹模型，将复制出的圆环片的开口部分紧紧包裹住。新建一个圆球，选中球体的顶部和下面三分之二部分的面，将其删除。这样，圆球便成了一个有弧度的圆环，如图23-22所示。

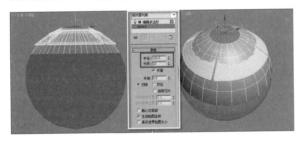

图23-22

STEP 02 此时，圆环与下面的圆环片的开口就紧密地重叠在一起了。给圆环添加一个壳修改器并给圆环设置一个厚度，如图23-23所示。

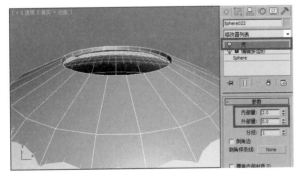

图23-23

STEP 03 继续对圆环进行切角处理。选中圆环上下两端边缘的线段，将切角大小设置成与圆环片同样的大小，如图23-24所示。

图23-24

STEP 04 给圆环添加一个网格平滑修改器，将细分量参数面板下的迭代次数设为2，如图23-25所示。

图23-25

STEP 05 制作一个底部开口的倒立碗形。实际上，这个碗形是光圈叶片打开后，镜头的入口位置呈现出来的开口部分。该碗形是通过给一个圆形添加倒角剖面修改器，再拾取一个碗形的剖面路径所得到的，如图23-26所示。

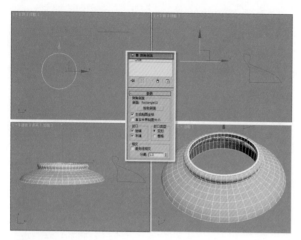

图23-26

**STEP 06** 将碗形复制一个并给复制所得的碗形添加一个拉伸修改器。将修改器的参数面板中的拉伸值设为−0.2，这样，便得到了一个被拉伸过的小碗形，该小碗形的开口是用来放置镜片的。将复制所得的碗形放在大碗形开口的下方位置，在小碗形的开口处放置一个薄薄的圆面并将其作为镜片。该圆面是一个薄薄的圆柱体，可以通过用切片切割球体的顶面来获得，如图23-27所示。

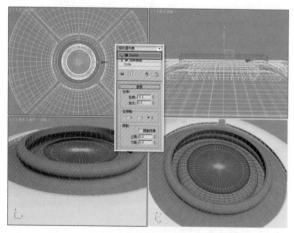

图23-27

**STEP 07** 在碗形的下方创建两个球体。这两个球体主要用于配合镜片，以加强镜片折射后的视觉效果，球体是镜片下方唯一的元素。将小球体的半径设为27，大球体的半径设为34，具体设置如图23-28所示。

**STEP 08** 在整个镜头的外圈创建3个辅助元素。这3个元素其实是同一个模型，它们都是通过给一个圆形路径添加倒角剖面修改器，再拾取画面中黄色圈中的路径所得到的。分别将这3个元素放在环形片和光圈叶片的上方，再对其大小进行调整，如图23-29所示。

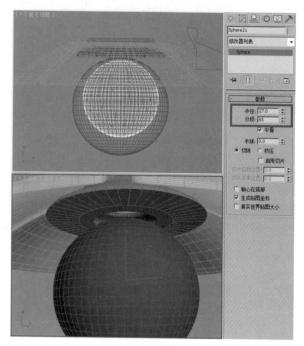

图23-28

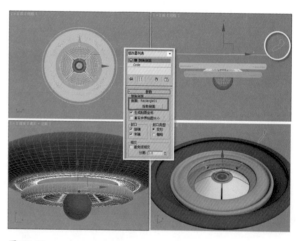

图23-29

**STEP 09** 此时，所有元素之间是一环扣一环的，镜头中心的光圈叶片部分是质感表现的主要位置，也是镜头中唯一有动画的部分，最终的镜头模型效果如图23-30所示。

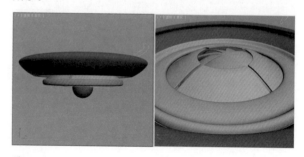

图23-30

## 23.2.4 光圈叶片模型的动画设置

下面，给光圈叶片模型设置一个动画，光圈叶片的动画实质上是一个呈螺旋式开合的动画，这里主要是用x变换修改器来设置光圈叶片的动画。

**STEP 01** 单独显示光圈叶片部分，激活光圈叶片的x变换修改器下的Gizmo【线框】模式，通过对该修改器的线框设置动画来控制光圈叶片的打开动画，如图23-31所示。

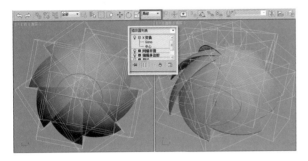

图23-31

**STEP 02** 将时间滑块移到第100帧位置，在顶视图中将任意线框沿x轴旋转-65°。因为光圈叶片相互之间都是关联的，所以，旋转任意线框后，其他的线框也会跟着一起旋转，如图23-32所示。

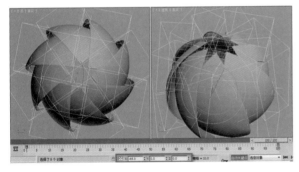

图23-32

**STEP 03** 在顶视图中将线框沿z轴旋转90°，得到的效果如图23-33所示。

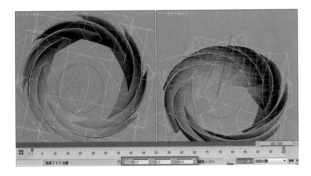

图23-33

**STEP 04** 将线框沿y轴旋转-55°，此时，光圈叶片已经有一个螺旋包裹的动态效果了，但光圈叶片相互之间的包裹还不够紧密，如图23-34所示。

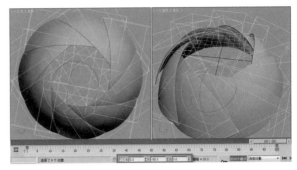

图23-34

**STEP 05** 继续调整光圈叶片的动画，在顶视图中将线框沿y轴旋转-15°，如图23-35所示。

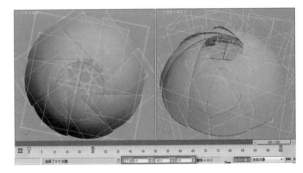

图23-35

**STEP 06** 最后，将线框沿x轴旋转-40°，这样，便得到了一个紧密螺旋包裹着的光圈叶片组了，如图23-36所示。

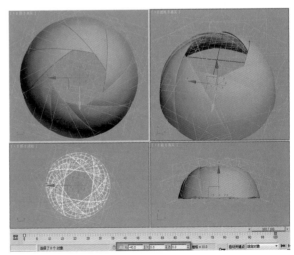

图23-36

**注意:** 光圈叶片的动画制作并不复杂，但需要进行多次尝试才能达到最佳的效果，还要注意其旋转的轴向顺序。

至此，镜头的模型便已制作完成。下面，制作镜头的材质。

# 23.3　制作镜头的材质

镜头模型的材质是一种不锈钢质感的金属材质，该材质由几种材质混合而成，镜头的中心点缀的是一个陶瓷的材质。下面，将重点介绍mental ray渲染器中的Arch & Design【建筑和设计】材质，也将讲解mental ray渲染器的最终聚集和曝光控制对渲染的影响。镜头的材质如图23-37所示。

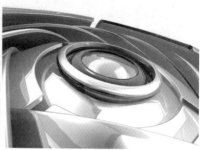

图23-37

## 23.3.1　渲染参数的设置

在制作镜头材质前，先将外圈元素设置为对摄影机不可见，即取消勾选对摄影机可见选项，使外圈元素不参与材质的渲染，只作为其他反射材质的反射元素，如图23-38所示。

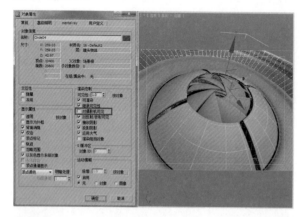

图23-38

STEP 01 将渲染器指定为mental ray渲染器，如图23-39所示。

图23-39

STEP 02 在默认的mental ray渲染器设置下，渲染一帧所需的时间为5秒。在mental ray渲染器窗口下，有一个附件面板，该面板主要用于调整与反射、折射和最终聚集等相关的重要参数。该面板中的参数在渲染设置面板中都有相应的设置，如图23-40所示。

**注意:** 在此时的渲染效果中，各色块之间存在着漫反射颜色的反弹效果，这是因为开启了最终聚集的缘故。

STEP 03 在没有开启最终聚集的情况下，渲染时间仅需1秒，这和默认的扫描线渲染器的渲染时间是一样的。材质调试阶段可以不开启最终聚集，以节省制作时间，如图23-41所示。

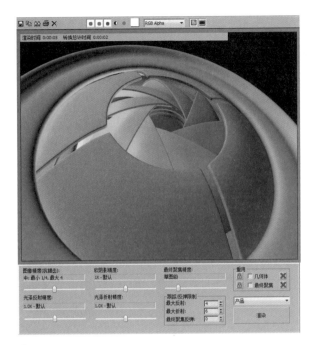

图23-40

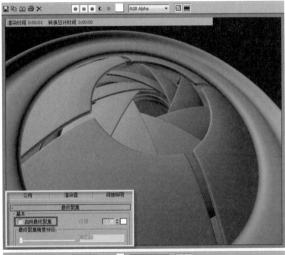

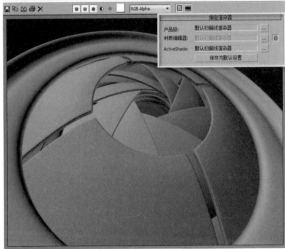

图23-41

STEP 04 勾选最终聚集卷展栏中的启用最终聚集选项后，一般情况下，不需要对里面的参数进行修改，使用默认值即可，如图23-42所示。

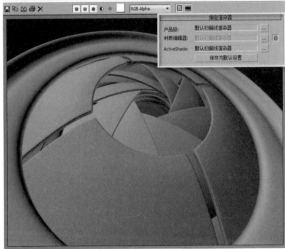

图23-42

**注意：** 最终聚集是用于模拟指定最终聚集点的全局照明。对于漫反射场景，最终聚集通常可以提高全局照明解决方案的质量。若不启用最终聚集，漫反射场景中的全局照明将由该点附近的光子密度（和能量）来估算；启用最终聚集后，漫反射场景将发送许多新的光线来对该点上的半球进行采样，以决定全局照明。

下面，对最终聚集基本栏中的参数进行简单的介绍。

STEP 05 可以在投影最终聚集点的下拉菜单中选择任意一种方式来进行最终聚集的计算，以避免可能由静止或移动摄影机时所造成的渲染动画最终聚集的"闪烁"现象，特别是在场景中包含移动光源或移动对象的情况下，如图23-43所示。

图23-43

下拉菜单中的"从摄影机位置中投影最终聚集(FG)点(最适合用静止)"项指的是单个视口分布的最终聚集点,如果用于渲染动画的摄影机未移动,则可以选择该项,以节省渲染时间。下拉菜单中的"沿摄影机路径的位置投影点"项指的是跨多个视口分布的最终聚集点,如果用于渲染动画的摄影机发生移动,则可以选择此选项;如果主要由最终聚集照明的区域发生闪烁,也可以选择此选项,但是,此选项可能导致渲染的时间有所延长,而且,在使用此选项时,要设置"按分段数细分摄影机路径"的数值。一般情况下,每15帧或每30帧就应设置一个"按分段数细分摄影机路径"数值,同时,还要配合增加"初始最终聚集点密度"的数值。此方法对于移动速度不是很快的摄影机所进行的相对简单的拍摄最为有效。可通过设置"每最终聚集点光线数目"和"插值的最终聚集点数"的数值来减弱噪波效果并增强画面的采样质量,但会延长渲染的时间,所以,一般保持默认值即可。

### 23.3.2　金属材质的制作

镜头模型的材质是一个不锈钢质感的金属材质,这里指定一个虫漆材质给材质球,分别在虫漆材质的基础材质和虫漆材质上设置一个材质,再用虫漆材质的混合关系将两种材质叠加在一起,如图23-44所示。

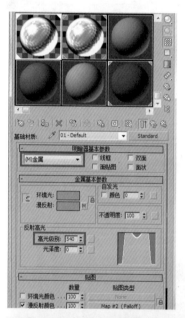

STEP 01 设置基本材质。选择一个标准材质,将明暗器类型设置为金属类型,再设置金属的反射高光级别为540,加大金属的高光面积。在贴图栏中给漫反射颜色和反射指定一个衰减贴图,再在反射的衰减贴图中给白色部分添加一个光线跟踪贴图,如图23-45所示。

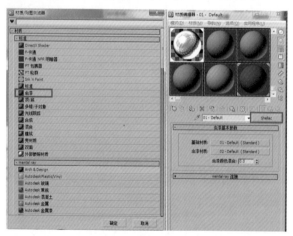

图23-44

**注意:** 漫反射颜色的衰减贴图的混合曲线和反射的衰减贴图的混合曲线是不一样的,漫反射颜色贴图呈直线衰减的效果;而反射贴图呈波浪式的衰减效果,这种材质表面的反射效果会丰富很多。

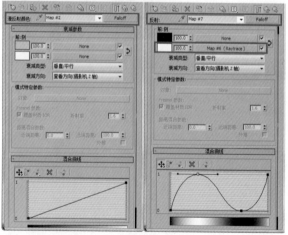

图23-45

**STEP 02** 设置虫漆材质。把明暗器类型设置为金属，将反射高光级别设为373，光泽度设为76，再把虫漆材质的颜色混合设为0，给漫反射颜色和反射指定一样的衰减贴图，得到的材质效果如图23-46所示。

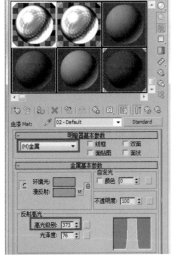

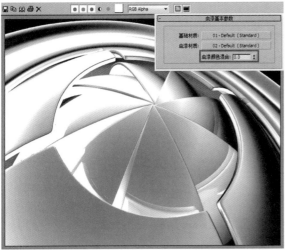

图23-46

**STEP 03** 将虫漆材质的颜色混合设为20，此时的材质效果明显比前面效果的曝光多一些，如图23-47所示。

**STEP 05** 把前面制作的材质拖到合成材质的基础材质上，再给合成材质的材质1指定一个mental ray材质，并且，将材质的混合数量设为20，如图23-49所示。

**STEP 06** 进入mental ray材质面板，给曲面指定一个material to Shader【材质转换为明暗器】。该明暗器可根据指定明暗器的组件（曲面、阴影、置换、体积等）将常规3ds Max的标准材质作为mental ray渲染器的材质组件，如图23-50所示。

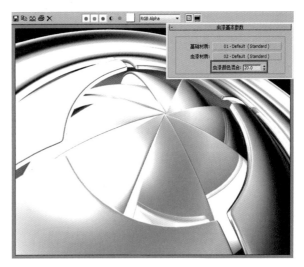

图23-47

**STEP 04** 给新材质球指定一个合成材质，如图23-48所示。

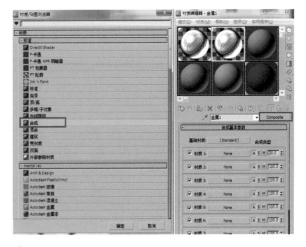

图23-48

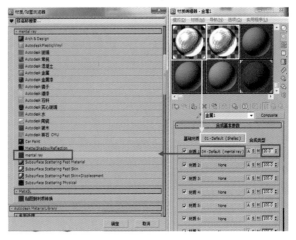

图23-49

**注意：** 合成材质的混合效果和虫漆材质的混合效果是不一样的，合成材质是按照卷展栏中列出的从上到下的材质顺序进行叠加的，其叠加模式有3种，分别是"A"（相加不透明）、"S"（相减不透明）和"M"（根据数量值混合）。

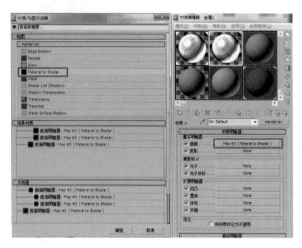

图23-50

**STEP 07** 给Material to Shader【材质转换为明暗器】指定一个Arch & Design【建筑和设计】材质，如图23-51所示。

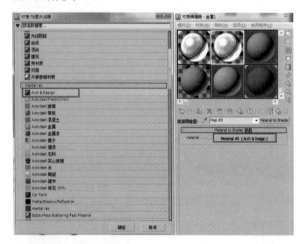

图23-51

Mental ray渲染器中的Arch & Design【建筑和设计】材质是一个坚如磐石的材质明暗器，专门用于设计支持建筑和产品设计渲染中所使用的大多数硬表面材质，如金属、木材和玻璃。它还针对快速光泽反射和折射进行了相应的调整，可以提高建筑渲染的图像质量，并且，能够在总体上改进工作流程并提高各种性能，尤其是能够提高光滑曲面（如地面）的性能。

**STEP 08** 因为不能直接在曲面明暗器下浏览到材质参数，所以，要将其拖到一个新的材质球上，进行材质设置后，再选择以实例的方式进行复制，如图23-52所示。

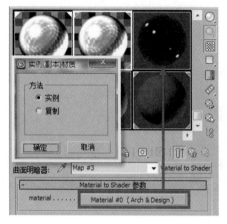

图23-52

**STEP 09** 在Arch & Design【建筑和设计】材质的模板列表中选择一个玻璃（物理）预设材质。这是一种实心对象的折射玻璃材质，它能配合焦散或分段光线来跟踪阴影，从而达到最佳的材质效果，如图23-53所示。

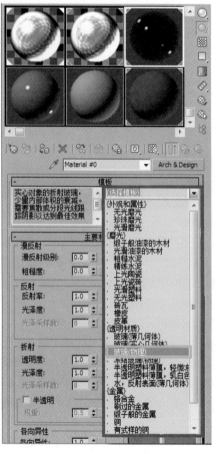

图23-53

**注意：** Arch ＆ Design【建筑和设计】材质中的玻璃（物理）的材质效果和3ds Max早期版本中的Glass physics【物理玻璃】的材质效果很相似，但mental ray渲染器的Arch ＆ Design【建筑与设计】材质中提供了更多高质量的玻璃、陶瓷、塑料、漆类等材质，并且，mental ray材质中有可控性更强的Glass【玻璃】明暗器。

下面，简单介绍一下Arch ＆ Design【建筑与设计】材质的参数。

**STEP 10** Arch ＆ Design【建筑与设计】材质的功能非常强大，其参数是按照常用优先的逻辑方式进行排列的，使用起来非常方便。可以在模板栏中快速访问多种已预设好的常用材质；带有可调整性的BRDF【双向反射比分布函数】用于定义角度对反射率的作用；可以在间接照明栏中设置每个材质的最终聚集精度或间接照明级别，除此之外，还可快速、轻松地设置各种打蜡地板、毛玻璃和抛光、半抛光金属，以及特殊的"粉状"曲面类材质等。Arch ＆ Design【建筑与设计】材质的功能面板如图23-54所示。

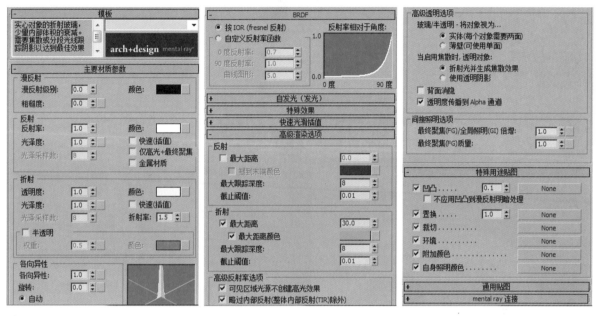

图23-54

**注意：** 用Arch ＆ Design【建筑与设计】材质进行渲染时，建议配合通过色调贴图程序（即曝光控制，如mr摄影曝光控制）与Gamma【伽马】，以及LUT首选项来进行操作。

**STEP 11** 将合成材质赋予光圈叶片模型，保持Arch ＆ Design【建筑与设计】材质为默认的参数值，再把渲染器中间接照明的最终聚集关闭，其他参数保持默认设置即可。渲染一帧后，材质效果的变化不大，而渲染时间却用了7分多钟，这是由于跟踪/反弹限制中的反射和折射次数的数值太大而造成的，如图23-55所示。

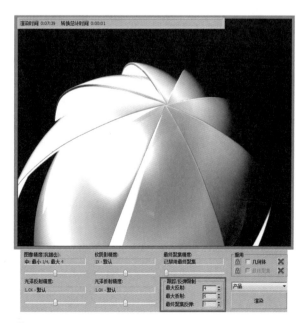

图23-55

**STEP 12** 在渲染窗口的附加面板中将最大反射和最大折射的次数都设为3，再次渲染。这次的渲染时间只有23秒，比上一次快了很多，但所得的渲染效果和之前的渲染效果差不多，如图23-56所示。

下面，继续对材质进行深入刻画。

**STEP 13** 进入Arch & Design【建筑与设计】材质，将折射颜色的RGB值设为0.15，此时，渲染所得的光圈叶片效果比之前的材质效果要略暗一些，但材质的曝光还是过于强烈了，如图23-57所示。

图23-56

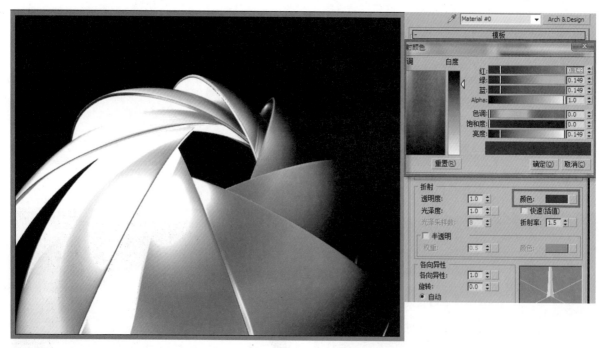

图23-57

### 23.3.3　陶瓷材质的制作

镜头开口部位的碗形的材质是一个简单的陶瓷材质，下面，将介绍该陶瓷材质的制作方法。

**STEP 01** 指定一个新的材质球为Arch & Design【建筑与设计】的材质。在模板中设置一个上光陶瓷材质，这种材质的效果和车漆质感有点相似，均属于光滑反射的材质，如图23-58所示。

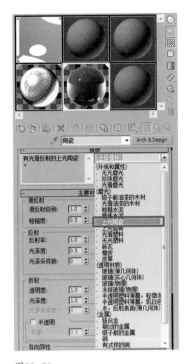

图23-58

**STEP 02** 对陶瓷材质的参数进行设置。将漫反射的粗糙度设为0,使材质的表面变得光滑;将反射光泽度设为1,折射透明度设为0,即没有折射效果;然后,在BRDF【反射率与角度关系】栏中点选自定义反射率函数选项,设置0度反射率为0.48;再在特殊用途贴图栏中给环境指定一张EXR格式的HDR贴图,并且,给漫反射颜色和反射颜色分别指定一个衰减贴图,如图23-59所示。

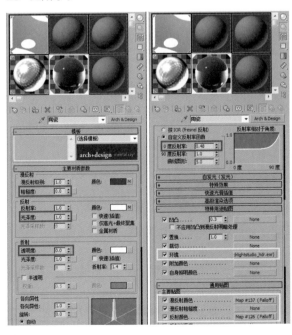

图23-59

**STEP 03** 设置环境贴图。这里给环境贴图指定一张EXR格式的图片,如图23-60所示。

图23-60

**注意:** 这里的EXR格式是个32位FLOAT的图片格式,是工业光魔基于流行的高动态范围图像格式的优缺点来创建的HDRI格式。EXR格式的图像中除了有常用的16位颜色信息、24位通道信息,还有32位物体ID、材质ID、Z通道、UV坐标等信息。其高动态、高精度、无损压缩、高扩展性、开放源代码等多种优点使得它成为极佳的图像存储格式,它在影视包装、动画、游戏开发等方面都有广泛的用途。

**STEP 04** 给漫反射颜色的衰减颜色设置一个从深红到朱红的变化效果,漫反射颜色和反射颜色的衰减贴图设置如图23-61所示。

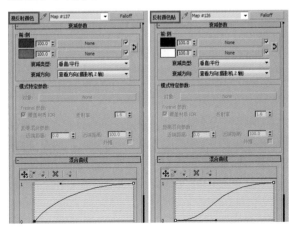

图23-61

**STEP 05** 将陶瓷材质指定给小碗形。应对图中的模型元素进行上下顺序的排列，以展示出模型，如图23-62所示。

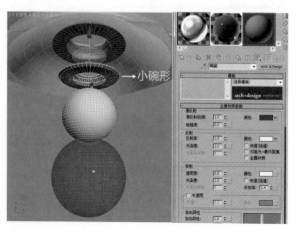

图23-62

**STEP 06** 将陶瓷材质复制一个，再将复制所得的材质调成镜片材质。将折射栏中的透明度设为1，让陶瓷材质完全折射；然后，在BRDF栏中点选按IOR（fresnel

【菲涅尔】反射）选项；再删除环境贴图、漫反射颜色贴图和反射颜色贴图；最后，将材质指定给场景中的镜片、小球和大球模型，如图23-63所示。

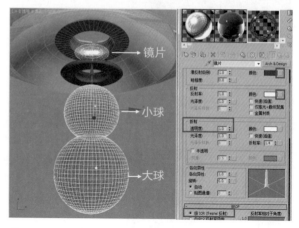

图23-63

至此，各个元素的材质就已全部制作完成了。下面，开始设置环境并对场景元素进行渲染。

### 23.3.4 环境的设置

环境的设置是材质制作完成后的一个重要步骤，主要是通过对光源进行设置和对环境贴图进行处理来完成最终的材质效果，下面，将重点介绍环境面板中的曝光控制参数。

**STEP 01** 给场景添加一个天光修改器，再将天光修改器移到模型顶部的中心位置，并且，将天光的亮度设为0.075，使场景的照明效果变得暗淡，如图23-64所示。

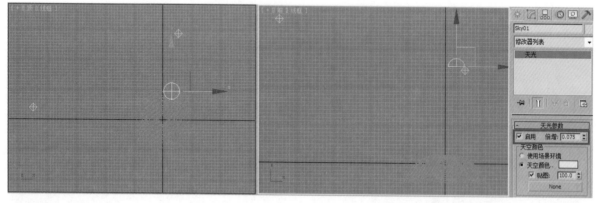

图23-64

**STEP 02** 给场景添加两盏泛光灯，将辅助灯1的倍增值降低至0.2，辅助灯2的倍增值降低到0.075。适当调整两盏灯的位置并调低灯光的亮度，以使金属材质的表面不产生曝光过度的效果，如图23-65所示。

**STEP 03** 单独渲染光圈叶片。因为此时场景中的照明亮度非常低，所以，材质效果显得比较暗淡。光圈叶片的渲染效果如图23-66所示。

**STEP 04** 给场景添加一个环境贴图并通过环境贴图来提高场景中的亮度。单击材质编辑器中的获取材质按钮，给新材质球指定一个混合贴图；然后，给混合贴图的两个颜色贴图指定一张EXR格式的图片；再将混合量设为50，如图23-67所示。

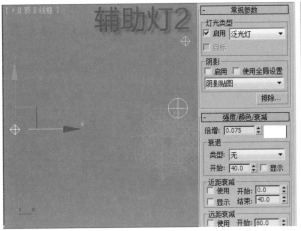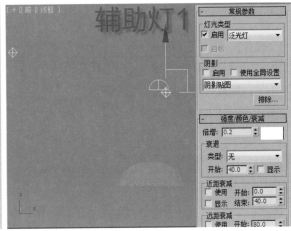

图23-65

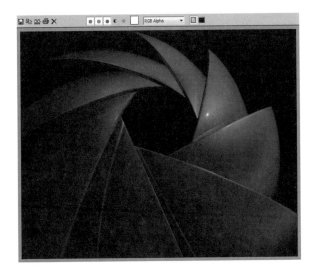

图23-66

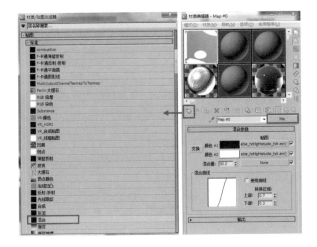

图23-67

STEP 05 对两个混合颜色贴图进行设置。分别将它们的U、V坐标和旋转角度都设置为不一样的数值，如图23-68所示。

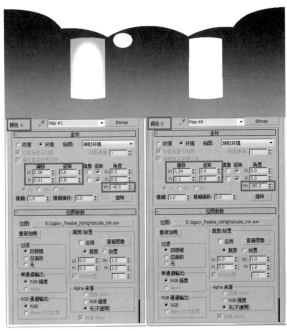

图23-68

STEP 06 打开环境和效果面板，将混合贴图拖到环境面板的环境贴图上，使整个场景都受到环境贴图的亮度影响，如图23-69所示。

STEP 07 渲染一帧后，看到得到的金属质感比之前的效果漂亮了很多，曝光过度的问题也得到了解决。将材质的整体亮度提亮一点并观察暗部的细节，如图23-70所示。

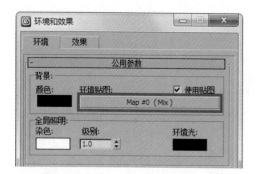

图23-69

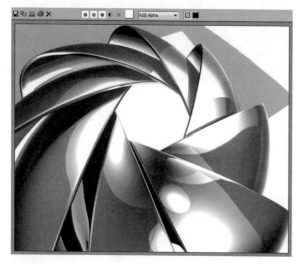

图23-70

STEP 08 在环境面板的曝光控制栏下选择一个mr摄影曝光控制。曝光控制用于调整渲染的输出级别和颜色范围，这里是用mental ray来渲染高动态范围（HDR）图像的，因此，要用mr摄影曝光来控制。此时，活动项默认为被勾选，这表示渲染中会使用曝光控制。保持默认的渲染参数，渲染一帧后，材质被提亮了一些，但效果不是很明显，如图23-71所示。

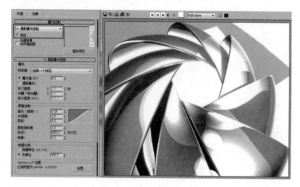

图23-71

STEP 09 勾选处理背景与环境贴图项，该项用于控制场景背景贴图和场景环境贴图受曝光的影响程度。再次渲染，得到的材质效果又亮了一些，如图23-72所示。

图23-72

下面，对mr摄影曝光控制栏进行设置。mr摄影曝光控制栏可以通过控制摄影机来修改渲染输出的效果，其中包括对曝光值、特定快门速度、光圈和胶片速度的设置；它还可以调节高光、中间调和阴影的值，该控制栏适用于用mental ray渲染器渲染的高动态范围场景。

STEP 10 设置图像控制组的参数。该控制组主要用于调整渲染图像中的相对亮度（即高光、中间影调和阴影）。这里将高光值降低到0.2，中间调值提高到1.4，阴影值降低到0.1，如图23-73所示。

图23-73

STEP 11 显示所有的元素，渲染一帧后，可以看到材质的曝光问题基本得到了解决，材质的细节效果也增强了许多，如图23-74所示。

STEP 12 至此，整个金属材质的制作就完成了。最终聚集渲染的效果如图23-75所示。

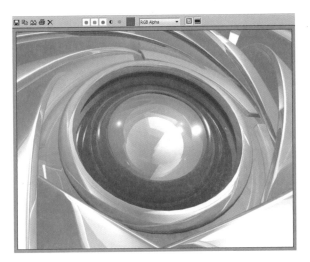

图23-74

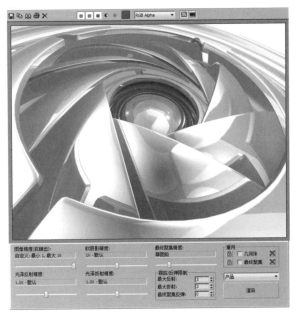

图23-75

## 23.3.5 渲染输出的设置

制作完金属材质后，要对最终效果进行输出。下面，将对渲染输出部分的EXR格式进行重点介绍，并且，对渲染输出的EXR格式存在的一些问题进行解析。

STEP 01 对最终效果进行渲染输出，将图像保存为EXR格式。在弹出的OpenEXR配置对话框中为OpenEXR文件设置输出参数，可以在保存RGBA数据时指定格式，也可以指定保存在4种标准通道中的哪个通道。这里对主要的渲染输出进行设置，如图23-76所示。

STEP 02 在OpenEXR的配置面板中，全局选项组主要用于选择要在输出文件中使用的压缩方法、存储方式和图像的保存区域；渲染元素组主要用于选择和管理要保存在EXR文件中的元素，每个渲染元素都将被保存为一个独立的OpenEXR层；G缓冲区通道组主要用于选择和管理要保存在EXR文件中的G缓冲区通道，可将每个通道都保存为一个独立的OpenEXR层。OpenEXR的配置面板如图23-77所示。

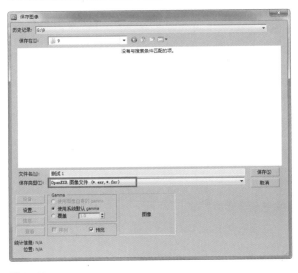

图23-76

图23-77

主要渲染输出组下的格式选项用于指定输出文件中主要层的像素的位深度。如果使用浮点精度，那么，在后期处理应用程序中的自由度就会更大，即用户对图像的亮度、色彩或光线信息等的控制更自由，但图像的存储空间也会相应地增大。这里选择默认的半浮点数(16位/通道)格式，即将图像的像素值保存为16位浮点值，其他选项均保持默认即可。之所以选择该格式，是因为许多后期处理应用程序仅支持该选项，而无法读取带有32位浮点值的EXR文件。

STEP 03 将全局选项组中的压缩方式设置为每一扫描线 zip 压缩(ZIPS)，即每一条扫描线对输出文件进行一次压缩，它是一种无损压缩方式，其他选项均保持默认，如图23-78所示。

渲染出来的效果完全不一样了，如图23-79所示。

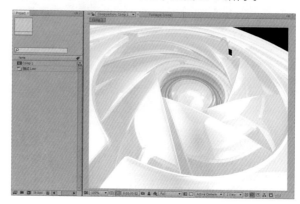

图23-79

图23-78

STEP 04 将输出的EXR格式文件导入后期合成软件After Effects中。导入后发现，图像非常白亮，图像的明度和

STEP 05 由于EXR是一种高精度的保存格式，因此，可以通过调整图像的明度使之恢复到三维软件中的渲染效果。给图像添加一个Levels【色阶】效果，将色阶的Gamma【伽马】值降低到0.18，使图像的整体亮度都降低。此时，图像的细节就完全恢复了，如图23-80所示。

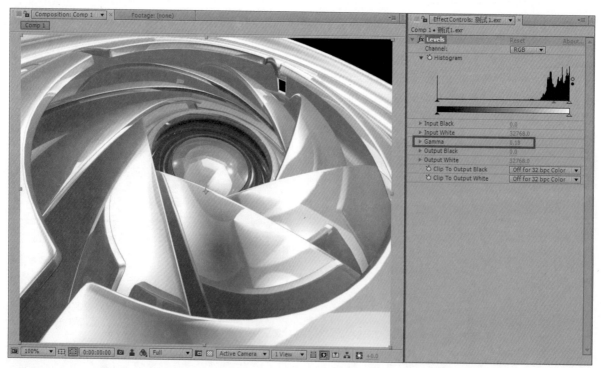

图23-80

STEP 06 将合成窗口的Depth【深度】设为16bits per channel【16位/通道】，这样，对高精度格式的图像进行处理时，图像的所有信息才会被完美地呈现出来，如图23-81所示。

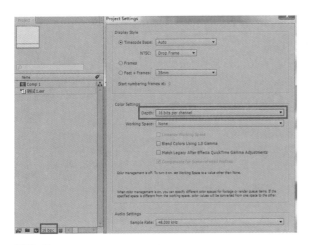

图23-81

**STEP 07** 将图像处理成非常暗的效果后，8位/通道模式下的图像出现了色阶不均匀的效果，从而降低了图像的整体质量；而16位/通道模式下的特效依然非常清晰地呈现出了图像的所有细节（前提是导入的图像必须是高精度的图像格式）。合成窗口为8bits per channel【8位/通道】和16bits per channel【16位/通道】时的图像效果对比如图23-82所示。

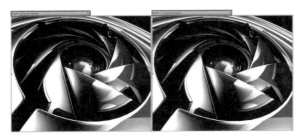

图23-82

**STEP 08** 将图像文件导入After Effects软件中后，图像会变得非常白亮，为了解决这个问题，可打开3ds Max中的首选项设置窗口，再在Gamma【伽马】和LUT【发射器控制塔】面板中勾选启用Gamma/LUT【伽马/发射器控制塔】校正选项，将Gamma【伽马】值调高到2。将位图文件栏中的输入Gamma【伽马】和输出Gamma【伽马】值均设为1，这样，就轻松地解决了图像被导入After Effects后变亮的问题，如图23-83所示。

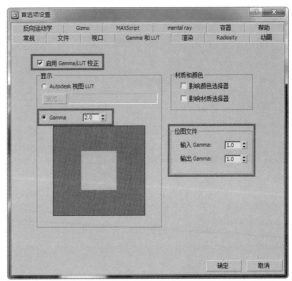

图23-83

**STEP 09** 此时，从三维中输出的图像效果和导入After Effects后的图像效果就完全一致了，如图23-84所示。

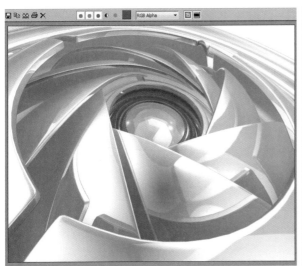

图23-84

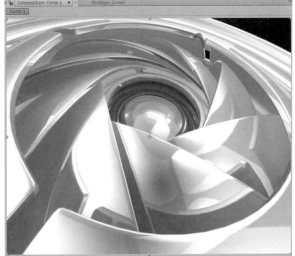

至此，镜头的材质和渲染输出设置已全部完成。

# 23.4 制作镜筒的玻璃材质

镜筒的材质主要表现为玻璃镜片的材质，镜片是镜筒内最重要的模型，也是体现该镜筒材质的核心元素。镜筒内部模型的制作并不复杂，镜筒模型的构建只是为了更好地表现材质，如图23-85所示。

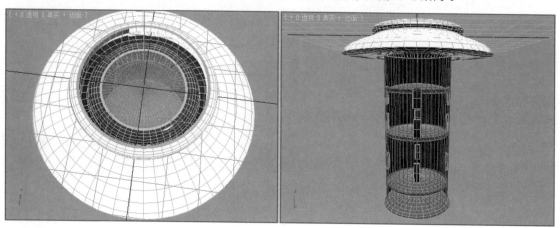

图23-85

镜片是将一个球体切片后得到的圆弧面，这里给圆弧面添加一个壳修改器，使圆弧面有一点厚度。镜筒内部的5块镜片的位置如图23-86所示。

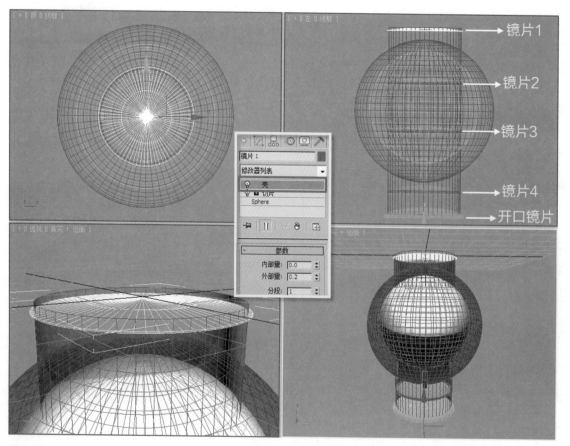

图23-86

### 23.4.1 制作镜片1的玻璃材质

　　镜头内部的结构主要是由镜片构成的，镜头内部的穿梭动画也是在镜片之间进行的，因此，镜片的玻璃材质的制作是本小节的重点。可用镜头内部的其他元素的材质辅助表现镜头的质感，如图23-87所示。

图23-87

STEP 01 为mental ray的Arch & Design【建筑和设计】材质指定一个材质球，在模板栏中选择一个玻璃（物理）材质预设。玻璃（物理）材质是体积内部具有光衰减实体对象的折射玻璃，为了获得最佳效果，要对材质进行分段光线跟踪处理，如图23-88所示。

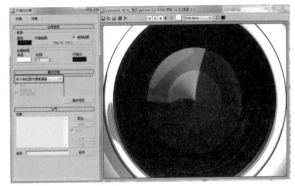

图23-89

STEP 03 调整渲染设置，以提高材质测试阶段的表现。将采样质量设置为一个较小的值，将光线跟踪的最大反射值和最大折射值都设为3，并且，取消勾选启用最终聚集选项，如图23-90所示。

STEP 04 由于要表现的是镜筒的内部质感，因此，要对环境的照明进行调整。对混合贴图中的两张EXR贴图进行调整，再对U、V坐标的相关参数进行调整，并且，提高输出栏中的贴图的RGB级别值，如图23-91所示。

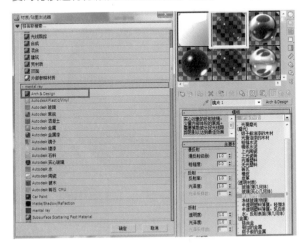

图23-88

STEP 02 将材质赋予镜片，选择曝光控制栏中的"找不到位图代理管理器"选项后，删除场景中的灯光，材质球的参数保持默认设置即可。此时的镜片效果显得暗淡、无光泽，最终渲染效果如图23-89所示。

STEP 05 给场景添加两盏泛光灯，分别将这两盏灯放在镜筒的两边，再在镜头的顶部上空添加一个天光，如图23-92所示。

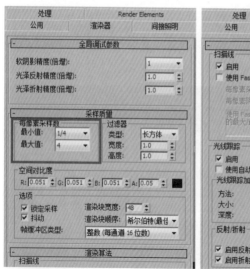

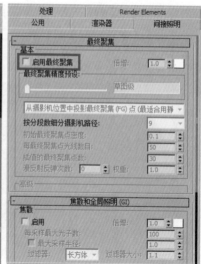

图23-90

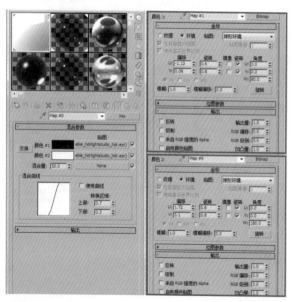

图23-91

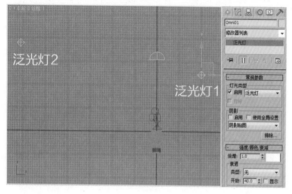

图23-92

**STEP 06** 再次渲染后发现，除了镜片1以外，其他镜片和镜筒都没有被赋予材质。在该场景中，应主要表现的是中心红色部分的质感，周围的元素不属于镜筒质感的表现范围，因此，可以将这些元素隐藏或删除，如图23-93所示。

图23-93

**STEP 07** 通过观察可以发现，开启了最终聚集后的渲染效果和之前的渲染效果的区别比较明显，此时，镜头的色泽和亮度都有了明显的提升，这是因为场景中的天光只有在开启了间接照明的最终聚集后才会有比较明显的效果，否则，它对场景的影响会很小。在渲染效果的测试阶段可不开启最终聚集，以节省渲染的时间，如图23-94所示。

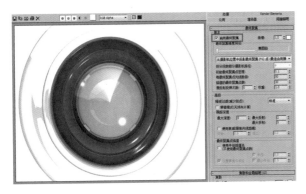

图23-94

**STEP 08** 继续设置镜筒的材质，给镜筒指定一个Ach & Design【建筑和设计】材质。不用在模板选项中提取任何预设，因为镜筒不需要有折射效果，将折射透明度设为0即可，如图23-95所示。

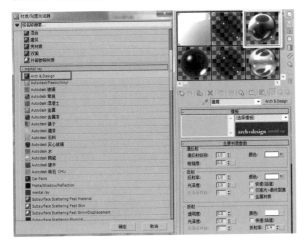

图23-95

**STEP 05** 在BRDF栏中点选自定义反射率函数选项并将0°反射率设为0.31。在特殊用途贴图栏中给环境添加一张EXR贴图；再在环境贴图的输出栏中设置输出量为2，以增加贴图的亮度，如图23-96所示。

**STEP 10** 对漫反射颜色和反射颜色的衰减贴图进行设

置。将漫反射颜色衰减贴图的衰减类型设置为Fresnel【菲涅尔】，反射颜色衰减贴图保持为默认设置，如图23-97所示。

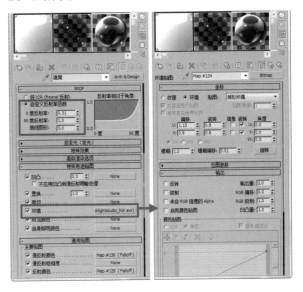

图23-96

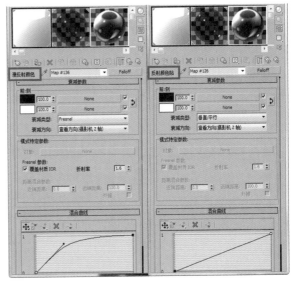

图23-97

## 23.4.2　制作其他镜片的玻璃材质

**STEP 01** 对镜片材质球进行复制，把复制所得的材质指定给镜片2模型。将BRDF栏中的0度反射率设置为0.04，如图23-98所示。

**STEP 02** 将镜筒材质球复制两个，分别将复制所得的材质指定给镜片3和镜片4模型。将折射透明度设为1，再将BRDF栏的0°反射率设为0.2，如图23-99所示。

**STEP 03** 在特殊用途贴图栏中给环境贴图指定一个EXR贴图，再将该贴图关联复制给漫反射颜色贴图。由于镜片3和镜片4模型在镜头内部较深的位置，它们无法反射出场景的环境贴图，因此，分别给它们自身添加一个环境贴图，如图23-100所示。

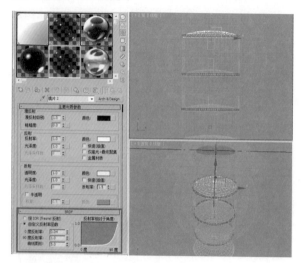

图23-98

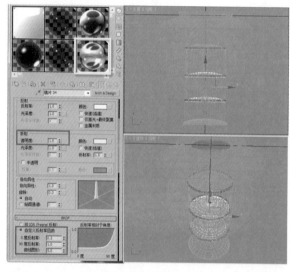

图23-99

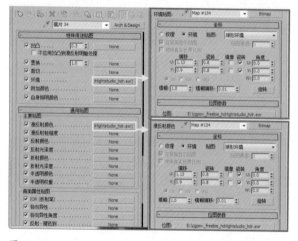

图23-100

STEP 04 对开口镜片的材质进行设置。开口镜片的材质是从镜筒材质复制过来的，这里将折射的透明度设为0，不让其具有折射效果。将BRDF栏中的0°反射率值设为0.2，如图23-101所示。

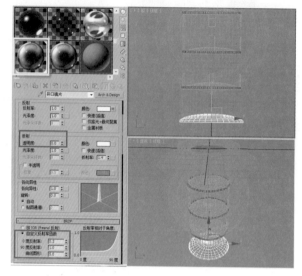

图23-101

STEP 05 勾选高级透明选项中的背面消隐选项，使开口镜片的半月形背面不被渲染出来。在特殊用途贴图栏的环境贴图中给开口镜片指定一张和镜片3及镜片4相同的EXR贴图，如图23-102所示。

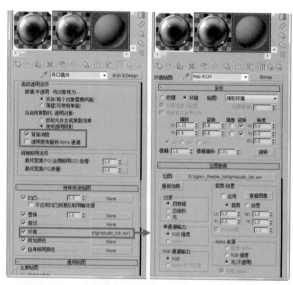

图23-102

STEP 06 给镜筒中的小元素指定一个标准的金属材质，再给漫反射颜色、自发光和反射指定一个衰减贴图，如图23-103所示。

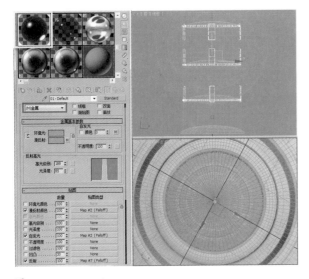

图23-103

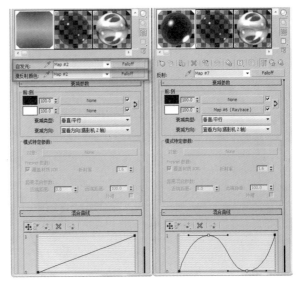

图23-104

**STEP 07** 对漫反射颜色、自发光和反射的衰减贴图进行设置。在反射的衰减贴图的设置面板中，给白色部分添加一个光线跟踪，再将反射的混合曲线调成波浪形，如图23-104所示。

**STEP 08** 将镜筒的各个元素的材质基本设置好后，渲染一帧，通过观察可以发现，此时的材质效果明显比之前的效果精美了很多，而且，镜筒内部的深度感和层次感也丰富了很多，如图23-105所示。

**STEP 09** 此时，4块镜片的材质是不一样的，因为它们位于镜筒内部的不同深度，所以，反映出来的材质效果也是不同的。将4块镜片的材质统一设置成与镜片1相同的材质（即最顶部镜片的材质），如图23-106所示。

图23-105

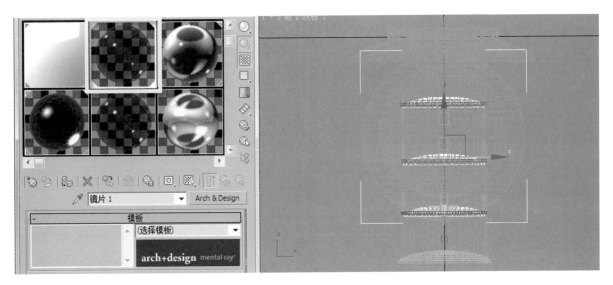

图23-106

**STEP 10** 渲染一帧后发现，得到的效果和之前的效果差不多，实际上，它们还是有区别的，如图23-107所示。

图23-107

**STEP 11** 将两次的渲染结果进行对比，可以明显地发现，用不同镜片材质的效果比用同一镜片材质的效果要丰富得多。用同一镜片材质渲染所得的效果比较单调，而且，缺少细节，如图23-108所示。

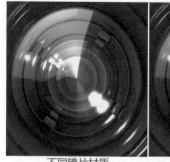

不同镜片材质　　　　　　同一镜片材质

图23-108

**STEP 12** 将摄影机移入镜筒内部，即放到第一块镜片中心的上方位置，如图23-109所示。

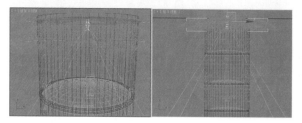

图23-109

**STEP 13** 再次对两种不同材质的效果进行对比后发现，用不同镜片材质所渲染出来的效果的细节要多一些，深度感也更加强烈一些，如图23-110所示。

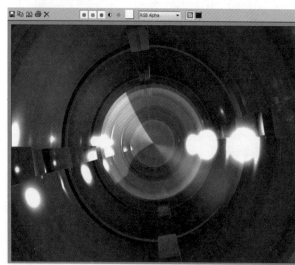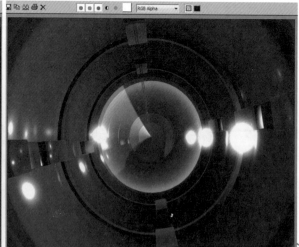

图23-110　　　　　不同镜片材质　　　　　　　　　　　　　　　　同一镜片材质

　　至此，镜筒内部的材质也制作完成了。